NMR-Spektren richtig ausgewertet

Reinhard Meusinger

NMR-Spektren richtig ausgewertet

100 Übungen für Studium und Beruf

Springer

Dr. Reinhard Meusinger
Institut für Organische Chemie
und Biochemie
TU Darmstadt
Petersenstraße 22
64287 Darmstadt
Deutschland
meusi@oc.chemie.tu-darmstadt.de

ISBN 978-3-642-01682-0 e-ISBN 978-3-642-01683-7

DOI 10.1007/978-3-642-01683-7

Springer Heidelberg Dordrecht London New York

Bibliografische Information der Deutschen Nationalbibliothek
Die Deutsche Nationalbibliothek verzeichnet diese Publikation in der Deutschen Nationalbibliografie; detaillierte bibliografische Daten sind im Internet über http://dnb.d-nb.de abrufbar.

Einbandgestaltung: WMX Design GmbH, Heidelberg

Gedruckt auf säurefreiem Papier

Springer ist Teil der Fachverlagsgruppe Springer Science+Business Media (www.springer.com)

Vorwort

Lieber Leser,

das vorliegende Buch richtet sich vor allem an Studenten und technische Mitarbeiter in der universitären Ausbildung und in der Industrie, die sich mit der selbständigen Auswertung von NMR Spektren vertraut machen wollen. Es beinhaltet eine Sammlung von Übungen und Aufgaben mit denen der Zusammenhang von chemischen Strukturen und NMR Spektren systematisch erlernt werden kann. Die Bandbreite der Aufgaben reicht von der einfachen Spektreninterpretation bei der die richtige Struktur gegeben ist, über Verifizierungen bei denen man aus mehreren Strukturvorschlägen den richtigen herausfinden muss, bis hin zur vollständigen Strukturaufklärung einer unbekannten Verbindung.

Die einhundert Beispiele wurden aus einer grossen Fülle von experimentellem Material gezielt für Anfänger zusammengestellt. Der Schwierigkeitsgrad der Aufgaben beginnt auf einem einfachen Niveau und steigert sich kontinuierlich durch das gesamte Buch, so dass auch andere Interessierte, die ihre früheren NMR Kenntnisse wieder auffrischen wollen, an beliebiger Stelle „einsteigen" können. Die theoretischen Grundkenntnisse der NMR Spektroskopie werden allerdings vorausgesetzt und in diesem Buch nicht ausführlich erklärt. Eine Vorlesung oder einen Weiterbildungslehrgang zur NMR Spektroskopie kann und soll diese Buch also nicht ersetzen. Dies ist kein Lehrbuch der NMR Spektroskopie, sondern eine Sammlung praktischer Aufgaben, die zur selbständigen Arbeit ebenso geeignet sind wie zur Verwendung in Übungen und Seminaren.

NMR Lehrbücher gibt es bereits in grosser Vielfalt und Anzahl für die verschiedensten Anwender und Anwendungen. Im Vergleich dazu ist das Buchangebot an Sammlungen von Übungsaufgaben zur Strukturaufklärung mit Hilfe der NMR Spektroskopie recht überschaubar. Die wichtigsten Bücher dieser Art sind „Organic Structures from Spectra" von S. Sternhell und J. R. Kalmann, „Vom NMR-Spektrum zur Strukturformel organischer Verbindungen" von E. Breitmaier, „Strukturaufklärung mit moderner NMR-Spektroskopie" von H. Duddeck und W. Dietrich und „NMR – from Spectra to Structures" von T. N. Mitchell und B. Costisella. Die meisten sind allerdings schon vor über zwanzig Jahren erschienen und entsprechen nicht mehr den technischen Möglichkeiten heutiger NMR Labore.

Den Arbeitskreisen der organischen und makromolekularen Chemie der Technischen Universität Darmstadt sowie vielen Praktikanten danke ich für die mehreren hundert Substanzen, die sie mir in den letzten Jahren für meine Spektrensammlung zur Verfügung gestellt haben. Für die Hilfe bei der Aufnahme zahlreicher Spektren danke ich meinen Mitarbeitern Herrn K. O. Runzheimer und Frau K. Jung von der NMR Abteilung des Fachbereichs Chemie. Herrn Heinz Kolshorn von der Johann-Gutenberg-Universität Mainz danke ich für die zahlreichen, erfrischend kritischen Diskussionen und Herrn Falko Radke danke ich für die vielen Stunden aufwendiger Layout-Arbeit.

Darmstadt, Dezember 2009 *Reinhard Meusinger*

Inhaltsverzeichnis

Zum Aufbau des Buches

Um eine Sortierung der Aufgaben von einfach nach schwer zu erzielen, wurde eine dreifache Gliederung vorgenommen:

- Erstens die Unterteilung in die NMR Messmethoden:
  a) die Aufgaben beinhalten nur ^{1}H-NMR-Spektren,
  b) die Aufgaben beinhalten ^{1}H-, ^{13}C- und ^{13}C-DEPT-Spektren,
  c) die Aufgaben beinhalten ^{1}H-, ^{13}C-, DEPT- und zweidimensionale NMR Spektren.
- Zweitens die Unterteilung in Beispiele, Übungen und Aufgaben:
  d) die Beispiele beinhalten den vollständigen und ausführlich erklärten Lösungsweg,
  e) die Übungen sind Aufgabenblätter zur selbständigen Arbeit, die vollständige Lösung wird aber direkt im Anschluss gegeben, so dass man die eigenen Ergebnisse schnell überprüfen kann,
  f) die Aufgaben sind als Aufgabenblätter zur selbständigen Arbeit geeignet und stellen den Grossteil dieser Sammlung dar. Ihre Lösungen befinden sich am Ende des Buches.
- Drittens die Unterteilung in drei Schwierigkeitsgrade:
  g) Schwierigkeit 1: einfache Aufgaben die für Anfänger geeignet sind, da hier nur wenige Spektrenparameter zur Auswertung benötigt werden,
  h) Schwierigkeit 2: „normale“ NMR Auswerteprobleme, wie sie im Labor- und Praktikumsalltag vorkommen,
  i) Schwierigkeit 3: für den Anfänger schwierigere Aufgaben, bei denen in der Regel alle Spektrenparameter zur Lösung benötigt werden.

Für Anfänger wird empfohlen, die Aufgaben in der gegebenen Reihenfolge abzuarbeiten.

Alle Spektren wurden in der NMR Abteilung des Fachbereichs Chemie der Technischen Universität Darmstadt gemessen. Es handelt sich ausnahmslos um Substanzen aus verschiedenen Praktika und Forschungsgruppen. Die Messungen wurden an einem Avance 300 und einem DRX 500 der Fa. Bruker BioSpin durchgeführt. Für alle Messungen wurden 5 mm Probenköpfe mit z-Gradienten verwendet. Die jeweils verwendeten Lösungsmittel können Sie dem Aufgabenblatt entnehmen. Die Prozessierung der Spektren erfolgte mit dem MestReNova Programm der Fa. Mestrelab Research S.L.

Kapitel 1
Einführung in die NMR Spektrenauswertung

R. Meusinger, *NMR-Spektren richtig ausgewertet*,
doi: 10.1007/978-3-642-01683-7, © Springer 2010

Die wichtigsten Spektrenparameter zur Auswertung von ^{1}H-NMR Routinespektren sind:

1. die Anzahl der Signale N
2. die Intensität der Signale I
3. die Signalmultiplizität M
4. die chemische Verschiebung δ
5. die Kopplungskonstante J und
6. die Linienbreite

Tabelle 1. Der Zusammenhang zwischen den ^{1}H-NMR Spektrenparametern und der chemischen Struktur am Beispiel von Ethanol

NMR Spektren-parameter	liefert folgende Strukturinformation	Beispiel Ethanol $HO\text{-}CH_2\text{-}CH_3$
die Anzahl der Signale (N)	entspricht der Zahl der Atome oder Atomgruppen in chemisch unterschiedlichen Umgebungen	**HO** + **CH$_2$** + **CH$_3$** drei ^{1}H-NMR Signale
die Intensität, bzw. das Integral (I)	entspricht dem Atomverhältnis zwischen den chemisch nicht äquivalenten Gruppen	**HO** + **CH$_2$** + **CH$_3$** I = 1 : 2 : 3
die Multiplizität (M)	liefert Informationen über die Zahl der Nachbaratome (n) über zwei und/oder drei Bindungen Multiplizitätsregel: M = n + 1	CH_3: Triplett (M = 3) M – 1 = n Nachbaratome 3 – 1 = 2 (CH_2 Nachbargruppe)
die chemische Verschiebung (δ)	ist u. a. von der Hybridisierung der C-Atome und der Art, Anzahl und Entfernung von Substituenten abhängig	HO - CH_2 - CH_3 4,4 3,45 1,05 ppm
die Kopplungskonstante (J)	ist u. a. von der Hybridisierung, dem Bindungswinkel und dem Torsionswinkel abhängig	$^3J_{CH2, CH3}$ ca. 7 Hz
die Linienbreite	ist u. a. von dynamischen Effekten abhängig. Bei X-H Protonen können lösungsmittelabhängige H-D-Austauscheffekte auftreten	HO - CH_2 - CH_3 breit schmal schmal

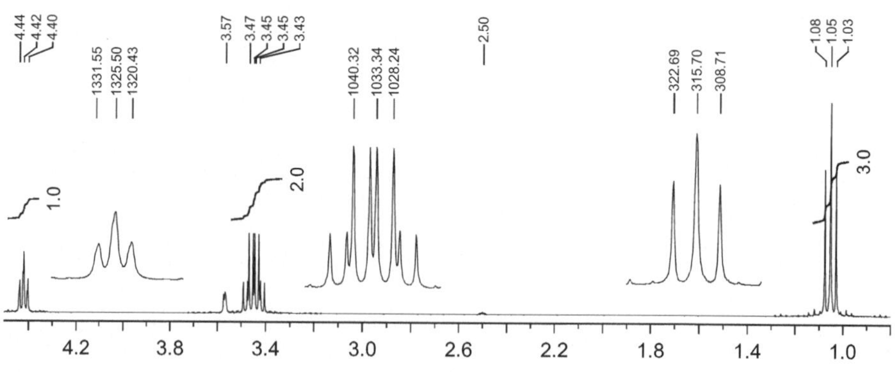

300 MHz ^{1}H-NMR Spektrum von Ethanol in DMSO-d_6

Die wichtigsten Spektrenparameter zur Auswertung von ^{13}C-NMR Routinespektren sind

1. die Anzahl der Signale N, deren Intensitäten nicht quantitativ bestimmt werden und
2. die chemische Verschiebung δ
3. die Signalmultiplizität M wird erst durch ein zusätzliches DEPT-135 Experiment als Phaseninformation zugänglich. Dabei werden die CH_n Kohlenstoffsignale nach geradzahliger und ungradzahliger Anzahl gebundener H-Atome unterschieden. In diesem Buch sind die ungeradzahligen CH- und CH_3-Signale immer positiv und die CH_2-DEPT Signale immer negativ dargestellt. Quartäre C-Atome werden im DEPT-135 Spektrum nicht detektiert.

Tabelle 2. Der Zusammenhang zwischen den ^{13}C-NMR Spektrenparametern und der chemischen Struktur am Beispiel von Ethanol

NMR Spektren-parameter	liefert folgende Strukturinformation	Beispiel Ethanol HO-CH_2-CH_3
die Anzahl der Signale (N)	entspricht der Zahl der Atome oder Atomgruppen in chemisch unterschiedlichen Umgebungen	**C**H_2 und **C**H_3 zwei ^{13}C-NMR Signale
die Intensität (I)	entspricht theoretisch dem Verhältnis von chemisch nichtäquivalenten C-Atomen Routine ^{13}C-NMR Spektren werden nicht integriert, sondern nur semiquantitativ ausgewertet, da insbesondere quartäre C-Atome deutlich zu kleine Intensitäten aufweisen.	CH_2 und CH_3 ca. 1 : 1
die Multiplizität (M)	liefert Informationen über die Zahl der Nachbar H-Atome über eine Bindung $^1J_{C,H}$ Routine ^{13}C-NMR Spektren werden ^{1}H-entkoppelt gemessen, so dass alle Signale als Singuletts erscheinen. Im DEPT-135 Spektrum lassen sich die CH_3- und CH-Gruppen von den CH_2-Gruppen unterscheiden	CH_2 und CH_3 theor.: Triplett (T) Quartett (Q) ^{13}C: Singulett (S) Singulett (S) DEPT: negativ positiv
die chemische Verschiebung	ist u. a. von der Hybridisierung der C-Atome und der Art, Anzahl und Entfernung von Substituenten abhängig.	CH_2 und CH_3 56,38 ppm und 18,46 ppm

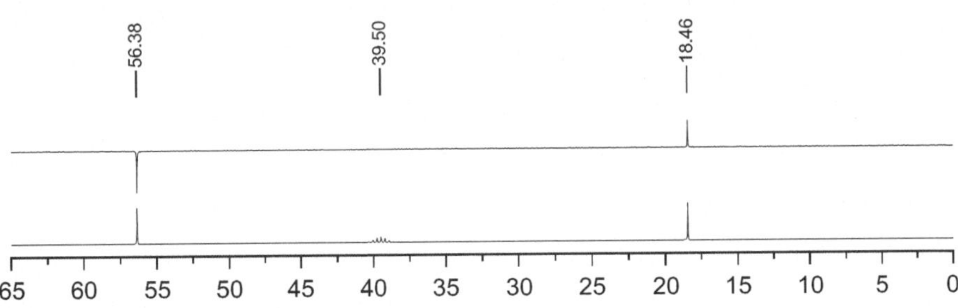

^{13}C-NMR (unten) und DEPT-135 Spektrum (oben) von Ethanol in DMSO-d_6

Die Anzahl der Signale (N) und die Signalintensität (I)

Atome in unterschiedlicher chemischer Umgebung sind chemisch nicht äquivalent und liefern verschiedene NMR-Signale (*anisochrone* Kerne), während Atome in gleicher chemischer Umgebung chemisch äquivalent sind und die gleiche NMR-Resonanzfrequenz besitzen (*isochrone* Kerne). Demzufolge sind die Parameter N und I von der Symmetrie der Molekülstruktur abhängig. In symmetrischen Verbindungen können mehrere Atome durch eine Symmetrieoperation ununterscheidbar ineinander überführt werden. So lassen sich beispielsweise die beiden *ortho*-CH Gruppen in einem monosubstituierten Benzol durch eine 180°-Drehung (Drehachse) ununterscheidbar ineinander überführen, was zur Folge hat, dass sowohl die beiden *ortho*-Wasserstoffatome als auch die beiden *ortho*-Kohlenstoffatome jeweils nur ein einziges Signal liefern. Das gleiche trifft auf die beiden *meta*-CH Gruppen zu.

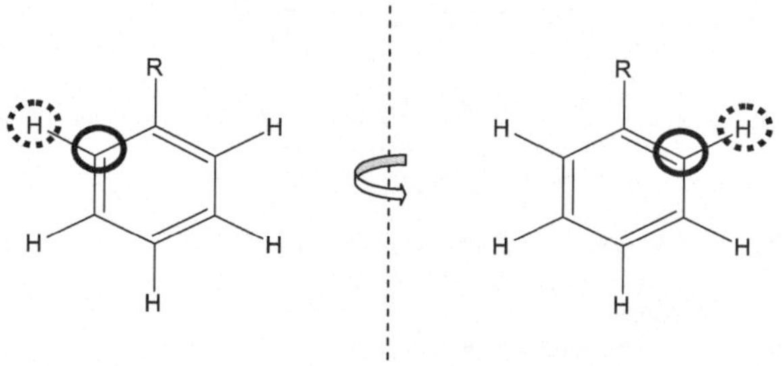

Gleiche chemische Umgebungen können auch bei zeitlich gemittelten Strukturen vorliegen, z.B. wenn nicht äquivalente Kerne ihre unterschiedlichen Umgebungen durch schnelle Konformationsgleichgewichte austauschen. Schnell bedeutet hier, dass der Austauschprozess innerhalb der NMR Mess- oder Aquisitionszeit abgeschlossen ist. Beispielsweise befinden sich die Wasserstoffatome des Cyclohexans in der *axialen* und in der *äquatorialen* Position in unterschiedlichen chemischen Umgebungen. Dennoch beobachtet man im ^{1}H-NMR Spektrum nur ein einziges Signal, da das Cyclohexanmolekül bei Raumtemperatur in einem schnellen Konformationsgleichgewicht vorliegt:

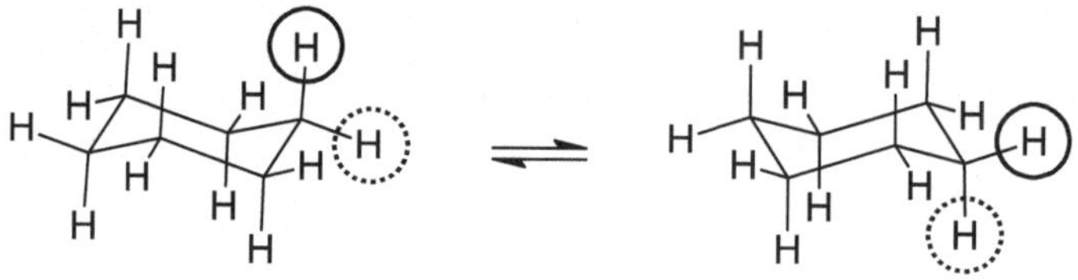

Die Chemische Verschiebung (δ)

Die chemische Verschiebung ist von der Elektronendichte um den beobachteten Atomkern abhängig. Die wichtigsten Einflussfaktoren sind paramagnetische Felder (z.B. in Komplexverbindungen), die Hybridisierung der Kohlenstoffatome, die Art von benachbarten Substituenten, die Anzahl der benachbarten Substituenten, die Entfernung, d.h. die Anzahl der Bindungen zu diesem Substituent, Anisotropieeffekte insbesondere von Phenylringen und Strukturgruppen mit Mehrfachbindungen, Lösungsmitteleinflüsse, die Temperatur, die Konzentration und der pH-Wert.

Die chemische Verschiebung wird stets als Differenz zu einer Referenzsubstanz angegeben (Tetramethylsilan, $Si(CH_3)_4$, TMS, $^1H_{TMS}$ und $^{13}C_{TMS}$ = 0,00 ppm). Ist in der Probe keine Referenzsubstanz enthalten, können die Lösungsmittelsignale mit bekannter chemischer Verschiebung zur Referenzierung verwendet werden (s. Tab. 3). Die in der NMR Spektroskopie üblichen Bezeichnungen für die Positionierung von Signalen sind:

- Tieffeldverschiebung: aufgrund geringerer Elektronendichte (kleinerer Abschirmung) erfährt das Signal eine Verschiebung im Spektrum nach links zu grösseren ppm-Zahlen,
- Hochfeldverschiebung: aufgrund höherer Elektronendichte (grösserer Abschirmung) erfährt das Signal eine Verschiebung im Spektrum nach rechts zu kleineren ppm-Zahlen.

Die Protonen und Kohlenstoffatome in Strukturgruppen mit Doppelbindungen (Ketone –C(O)–, Säuren und Säurederivate –COOR, Aldehyde –CHO, Aromaten C_6H_n und Olefine > C=CH–) liefern üblicherweise Signale im Tieffeldbereich (TF) grösser 5 ppm (für ^{1}H) bzw. grösser 100 ppm (für ^{13}C). Dagegen liefern Protonen und Kohlenstoffatome von aliphatischen Gruppen Signale im Hochfeldbereich (HF) kleiner 5 ppm (für ^{1}H) bzw. kleiner 100 ppm (für ^{13}C).

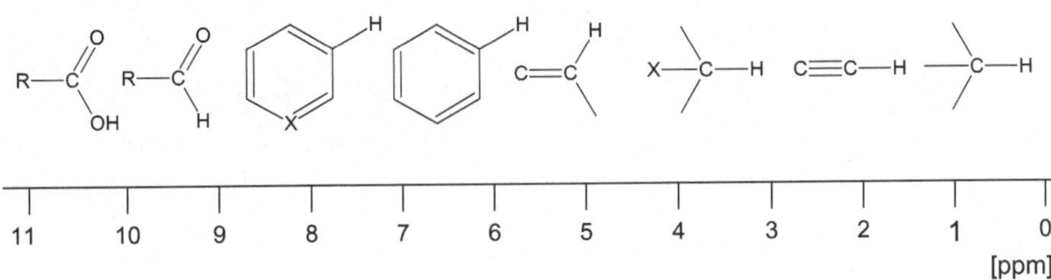

Erwartungsbereiche der ^{1}H-NMR chemischen Verschiebungen ausgewählter Strukturgruppen

Tabelle 3. Einige wichtige NMR-Lösungsmittel und ihre Eigenschaften

Name	Formel	Fp [°C]	Bp [°C]	^{1}H [ppm] (M)	^{13}C [ppm] (M)
Aceton – d_6	CD_3COCD_3	–49,7	56,3	2,05 (5)	30,5 (7) und 205,1 (1)
Benzol – d_6	C_6D_6	5,5	80,1	7,2 (1)	128,5 (3)
Chloroform – d_1	$CDCl_3$	–63,5	61,1	7,24 (1)	77,2 (3)
Dichlormethan – d_2	CD_2Cl_2	–95,1	39,8	5,3 (3)	53,73 (5)
Dimethylsulfoxid (DMSO) – d_6	$(CD_3)_2S=O$	18,5	189,0	2,5 (5)	39,5 (7)
Methanol – d_4	CD_3OD	–97,7	64,7	3,3 (5)	49,0 (7)
Tetrahydrofuran (THF) – d_8	C_4D_8O	–108,4	66,0	1,7 (m) und 3,6 (m)	25,26 (5) und 67,2 (5)
Wasser – d_2	D_2O	0	100	4,7 (1)	

Um die chemischen Verschiebungen für eine gegebene Struktur abzuschätzen, sind für den Anfänger die zwar ungenauen, dafür aber einfach und schnell zu erlernenden Inkrementsysteme zu empfehlen. Hierbei wird die chemische Verschiebung stark vereinfacht als Summe eines substanzklassenspezifischen Basiswertes (B) und entfernungsabhängiger substituentenspezifischer Inkremente (Z_i) betrachtet.

Inkrementsysteme zur Berechnung von ^{13}C-NMR chemischen Verschiebungen δ_C
δ_C = B (Basiswerte) + Z_i (stellungsabhängige Substituenteninkremente)

substituierte Aromaten	substituierte Olefine	substituierte Alkane
$\delta_C = 128{,}5 + Z_i$	$\delta_C = 123{,}3 + Z_i$	$\delta_C = -2{,}3 + Z_i$

Berechnung der ^{13}C-NMR chemischen Verschiebung vom Kohlenstoff 4-C im 2-Phenylbutan-2-ol.

Substituent	α-Position	β-Position	γ-Position	δ-Position
>C<	9,1	9,4	–2,5	0
-Phenyl	22,1	9,3	–3,4	–0,6
-OH	49,0	10,1	–6,2	0

$$
\begin{array}{lccccccccccccc}
 & B & + & \alpha_C & + & \beta_C & + & \gamma_C & + & \gamma_{OH} & + & \gamma_{Phenyl} & & \\
\delta_{C4}\,(\text{calc}) = & -2{,}3 & + & 9{,}1 & + & 9{,}4 & + & (-2{,}5) & + & (-6{,}2) & + & (-3{,}4) & = & \underline{4{,}1\ \text{ppm}}
\end{array}
$$

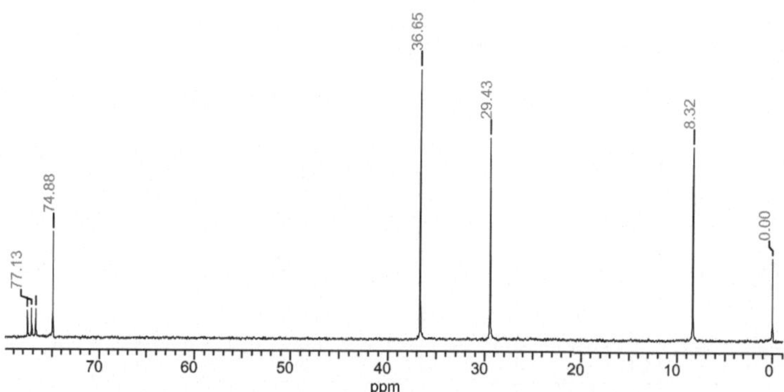

Der Vergleich mit dem experimentellen Spektrum zeigt, dass es auf diesem Wege möglich ist das Signal sicher zuzuordnen (4-C = 8,32 ppm). Generell ist bei diesem einfachen Verfahren aber ein Fehler von ± 5 ppm zu berücksichtigen. Für die Berechnung der anderen Kohlenstoffatome sind zusätzlich noch sogenannte sterische Korrekturterme notwendig (siehe Lehrbücher der NMR Spektroskopie).

Die Signalmultiplizität (M)

Nichtäquivalente Atomkerne können sich gegenseitig durch die sogenannte Spin-Spin-Kopplung beeinflussen. Man unterscheidet zwischen homonuklearen (^{1}H,^{1}H) und heteronuklearen (^{1}H,^{13}C) Kopplungen. Dieser Effekt ist meist nur über eine bis drei, seltener über vier oder fünf Atombindungen zu beobachten. Nach der Anzahl der Bindungen bezeichnet man diese Kopplungen als:

direkte Kopplung	**^{1}H-^{13}C**	^1J	(nur heteronuklear)
geminale Kopplung	**^{1}H-C-^{1}H**	^2J	(auch **^{1}H-C-^{13}C**)
vicinale Kopplung	**^{1}H-C-C-^{1}H**	^3J	(auch **^{1}H-C-C-^{13}C**)
long range Kopplung	**^{1}H-C=C-C-^{1}H**	^4J,^5J	(in Olefinen und Aromaten, sonst selten)

Durch die Kopplung mit ***n*** magnetisch äquivalenten Kernen splittet das Signal in ***n*+1** Linien auf (Multiplizitätsregel)

n Nachbarn	0	1	2	3	4	5
***n*+1** Linien	1	2	3	4	5	6
Bezeichnung	Singulett	Dublett	Triplett	Quartett	Pentett	Sextett oder Multiplett
Abkürzung ^{1}H	s	d	t	q	p	m
Intensitäten I	1	1 : 1	1 : 2 : 1	1 : 3 : 3 : 1	1 : 4 : 6 : 4 : 1	1 : 5 : 10 : 10 : 5 : 1
Abkürzung ^{13}C	S	D	T	Q	–	–
DEPT-135	positiv	negativ	positiv	–	–	–

Hinweise:

Magnetisch äquivalente Kerne (z.B. die drei Wasserstoffatome in einer Methylgruppe) koppeln nicht miteinander.

Die chemische Verschiebung eines Multipletts wird mit dessen Mittelpunkt angegeben.

Die Kopplung eines Kerns **A** mit mehreren nichtäquivalenten Kernen ($\mathbf{X_p}$, $\mathbf{Y_m}$) ergibt ein Multiplett von Multipletts: Die Signalmultiplizität (Anzahl der Linien) von A berechnet sich dann als $M_A = (p+1) \times (m+1)$.

Lassen sich die Multiplizitäten nicht mehr nach diesem einfachen Schema auswerten, so liegen häufig Spektren höherer Ordnung vor. Die Auswertung der Signalmultiplizität „per Hand“ liefert dann keine eindeutigen Ergebnisse mehr und muss kritisch betrachtet werden oder sie ist ganz unmöglich.

Routine ^{13}C-NMR Spektren werden immer protonenentkoppelt aufgenommen. Alle Signale werden dabei unabhängig von ihrer Multiplizität als Singuletts detektiert. Mit Hilfe eines DEPT-135 Spektrums kann aber die Unterscheidung zwischen C-Atomen mit einer geradzahligen Anzahl von Nachbar-H Atomen (CH_2-Gruppen) und mit einer ungeradzahligen Anzahl von Nachbar-H Atomen (CH und CH_3-Gruppen) sicher getroffen werden. Die phasengleichen CH- und CH_3-Signale lassen sich oft aufgrund ihrer unterschiedlichen chemischen Verschiebungen sicher zuordnen.

Die Kopplungskonstante (*J*)

Die durch eine Spin-Spin-Kopplung hervorgerufene Kopplungskonstante *J* wird als Abstand zwischen den Linien eines Multipletts gemessen. Ihre Grösse ist unabhängig von der Magnetfeldstärke des NMR Spektrometers und die Angabe erfolgt immer in Hz. Die Größe der Kopplungskonstante nimmt in der Regel mit zunehmender Zahl der Bindungen ab. Eine Ausnahme stellt die geminale Kopplung in einer Vinylgruppe (=CH_AH_B) dar.

Typische Kopplungskonstanten in der ^{1}H-NMR Spektroskopie:

	Struktur	
^2J	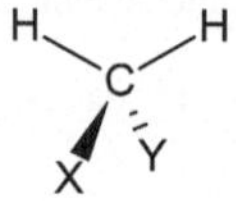 H–C(X)(Y)–H	0 bis –30 Hz geminale Kopplungen treten z.B. bei diastereotopen Methylenprotonen auf
^2J	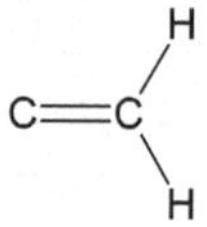 C=C(H)H	1 bis –3 Hz Achtung: bei vinylischen Protonen ist die geminale Kopplung sehr klein
^3J	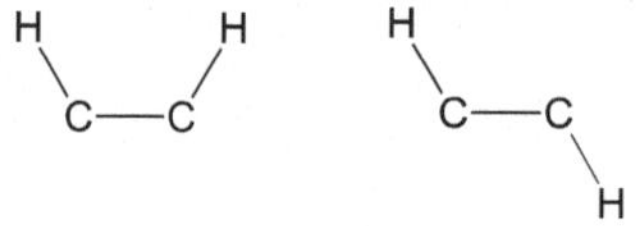 H–C–C–H	0 bis 20 Hz Die Kopplungskonstante ist stark von der Konformation (Torsionswinkel) abhängig; bei gemittelten Konformationen in Aliphaten beträgt sie typischerweise 5 bis 7 Hz
^3J	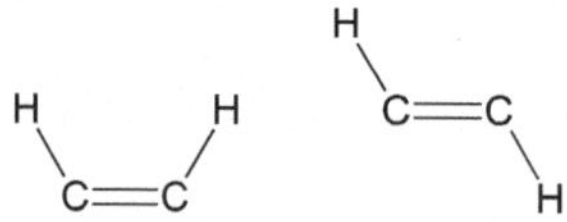 H–C=C–H	*Z*: ca. 8 bis 12 Hz *E*: ca. 12 bis 20 Hz Die Kopplungskonstante kann häufig zur sicheren Zuordnung von *E*-/*Z*-Isomeren verwendet werden
^4J ^5J	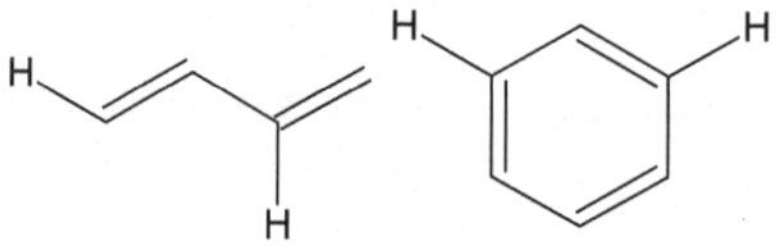 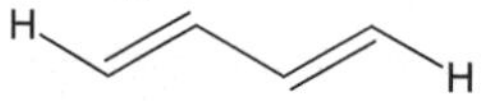 H H H H H H	0 bis 3 Hz in Aromaten und Olefinen sind die long range Kopplungen oft hilfreich zur Bestimmung des Substitutionsmusters, da sie sich meist gut von den wesentlich grösseren ^3J-Kopplungen unterscheiden lassen
^4J	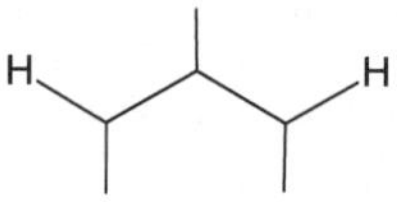 H H	0 bis 2 Hz die sogenannte W-Kopplung ist nur in konformativ fixierten Strukturen z.B. in Bicyclen zu beobachten, wo sie bei der Signalzuordnung hilfreich ist

Erkennung von austauschbaren Protonen (-O**H** und -N**H**)

Die an Heteroatome gebundenen -X**H** Protonen unterscheiden sich von -C**H**$_n$ Protonen durch wesentlich kleinere Bindungsenergien. In protischen Lösungsmitteln wie Wasser oder Methanol findet ein schneller Austausch dieser Protonen mit den Protonen des Lösungsmittels statt, was den Begriff "austauschbare" Protonen erklärt. Diesen Effekt kann man für die Signalzuordnung ausnutzen, indem man eine kleine Menge deuteriertes Wasser (D_2O) oder deuteriertes Methanol (CD_3OD oder CH_3OD) zur NMR-Probe zugibt. Im erneut gemessenen ^{1}H-NMR Spektrum sind die Signale der austauschbaren Protonen "verschwunden", da sie gegen Deuterium ausgetauscht wurden. Auch die Kopplungen zwischen austauschbaren und benachbarten CH-Protonen sind lösungsmittelabhängig. So zeigen OH Protonen in $CDCl_3$ häufig keine Aufspaltung wohl aber in DMSO. Im Vergleich mit CH Protonen haben die OH und NH Protonen oft eine grössere Linienbreite und ihre chemischen Verschiebungen sind wesentlich stärker temperatur-, konzentrations-, pH-Wert- und lösungsmittelabhängig.

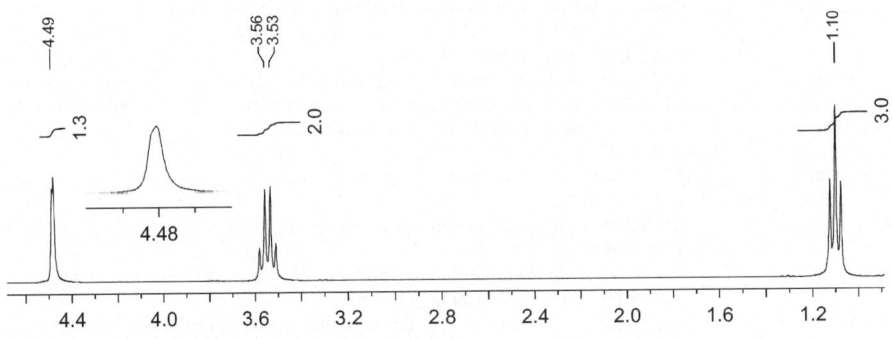

300 MHz ^{1}H-NMR Spektrum von Ethanol in $CDCl_3$

Zweidimensionale Spektren

Es soll gar nicht erst der Versuch unternommen werden die 2D-NMR Techniken an dieser Stelle „in Kürze" zu erklären. Es sei auf die einschlägigen Lehrbücher der NMR Spektroskopie hingewiesen. In den Beispielen und Übungen des Kapitels 4 sind aber einige Hinweise zur Auswertung der hier demonstrierten Spektren gegeben.

Aus der Vielzahl von zweidimensionalen NMR Techniken wurde nur eine kleine Auswahl getroffen. Dabei handelt es sich um die im Alltag des Chemikers am häufigsten verwendeten. Im Einzelnen sind dies:

COSY gradientenselektierte doppelquantengefilterte homonukleare Korrelationsspektroskopie (in der Routine mit 256 Inkrementen mit jeweils 2 scans)

HSQC gradientenselektiertes ^{1}H,^{13}C-Heteronuclear Single-Quantum Coherence Spektrum (in der Routine mit 256 Inkrementen mit jeweils 4 scans, optimiert auf 140 Hz Kopplungen)

HMBC gradientenselektiertes ^{1}H,^{13}C-Heteronuclear Multiple Bond Correlation Spektrum (in der Routine mit 256 Inkrementen mit jeweils 8 scans, optimiert auf 8 Hz Kopplungen)

NOESY gradientenselektierte Nuclear Overhouser Enhancement SpectroscopY (in der Routine mit 256 Inkrementen mit jeweils 8 scans, 700 ms Mixzeit)

Aufnahmeparameter

Von jeder NMR Messung wurden die drei wichtigsten und zur Auswertung notwendigen Parameter – die detektierte Kernsorte, die Feldstärke (exakt die Protonenresonanzfrequenz) und das verwendete NMR Lösungsmittel – in der Kopfzeile angegeben.

Zur Orientierung für den Anfänger und als Auswahlkriterium für Fortgeschrittene wurden zusätzlich neun weitere Informationsfelder eingerichtet, deren Angaben sich auf die jeweilige Aufgabe beziehen:

N und I	Shift (δ)	Kopp-lung	X-H	Sym	Stereo-chem.	2D	anderes	Schwie-rigkeit	$^{1}H/^{13}C$ 500 MHz $CDCl_3$
×	×	×	×	×	×	×	–	1	

N und I	Bei diesen Aufgaben muss die Anzahl chemisch nichtäquivalenter Atome und Atomgruppen aus dem Strukturvorschlag und/oder die Anzahl der anisochronen Kerne aus der Zahl der NMR Signale einschliesslich der entsprechenden Intensitäten bestimmt werden.
Shift (δ)	Die chemische Verschiebung ist selbstverständlich bei jeder Aufgabe wichtig, bei den angekreuzten Aufgaben spielt sie aber eine herausragende Rolle, z. B. in Form der Berechnung von ^{13}C chemischen Verschiebungen mit Hilfe von Inkrementen.
Kopplung	Die Multiplizitäten und/oder Kopplungskonstanten sind zur Lösung dieser Aufgaben wichtig.
X-H	Bei diesen Aufgaben kommen austauschbare Protonen in der Struktur und/oder im Spektrum vor.
Sym	Beachten Sie die Symmetrie der Struktur. Dieser Punkt steht mit dem Ersten (N/I) immer im engen Zusammenhang.
Stereochemie	Es sind nur wenige Aufgaben dabei, bei denen die dreidimensionale Struktur eine Rolle spielt. Da diese für Anfänger in der Regel zu kompliziert sind, bilden sie keinen Schwerpunkt in dieser Aufgabensammlung. Aber ganz weglassen kann man sie nicht.
2D	Aufgaben bei denen mindesten ein zweidimensionales Spektrum gegeben ist.
anderes	Es wird auf eine Besonderheit der Messung aufmerksam gemacht.
Schwierigkeitsgrad	Eine nicht messbare aber auch nicht ganz willkürliche Einteilung in drei Niveaus mit zunehmender Schwierigkeit.

Eine Übersicht über alle Tabellenkopfangaben, die Ihnen bei der Auswahl von Aufgaben für bestimmte didaktische Zwecke helfen kann, finden Sie am Ende des Buches.

Kapitel 2
Beispiele und Übungen zur ^{1}H-NMR Spektroskopie

R. Meusinger, *NMR-Spektren richtig ausgewertet*,
doi: 10.1007/978-3-642-01683-7, © Springer 2010

Nr. 001

N und I	Shift δ	Kopplung	X-H	Sym	Stereochem.	2D	anderes	Schwierigkeit	^{1}H
×	×	×	×	×	–	–	–	1	500 MHz $CDCl_3$

An diesem Beispiel wird die systematische ^{1}H-NMR Spektrenauswertung ausführlich demonstriert. Bei einer gegebenen Strukturformel sollte man immer mit der Strukturbetrachtung beginnen, erst danach das Spektrum auswerten und dann die beiden Ergebnisse vergleichen.

5-Isopropyl-2-methylphenol
(Carvacrol)

$C_{10}H_{14}O$; 150,2 g/mol

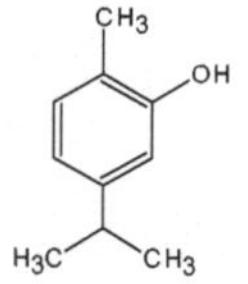

Strukturbetrachtung	Beispiel Carvacrol		
Handelt es sich bei der gegebenen Strukturformel um eine symmetrische oder asymmetrische Verbindung? Daraus leitet man ab, ob sich chemisch äquivalente H-Atome in der Struktur befinden. Beachten Sie, dass die Wasserstoffatome in einer Methylgruppe immer äquivalent sind, ebenso wie die *ortho*- bzw. *meta*-ständigen Atome in monosubstituiertem Benzol.	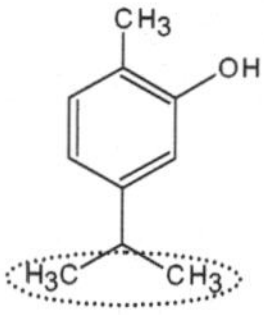 Die beiden Methylgruppen des Isopropylrestes sind äquivalent.		
Bestimmen Sie die Anzahl der chemisch nicht äquivalenten H-Atome oder Gruppen von H-Atomen. Das entspricht der Gesamtanzahl der zu erwartenden ^{1}H-NMR Signale. Bestimmen Sie die Anzahl aller H-Atome, das entspricht der Gesamtintensität der ^{1}H-NMR Signale.	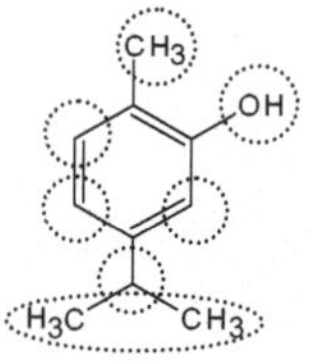 Erwartet werden sieben ^{1}H-NMR Signale mit einer Gesamtintensität von I = 14.		
	X-H	Tieffeld	Hochfeld
Bestimmen Sie die Anzahl der austauschbaren H-Atome (XH).	1 (OH)		
Unterteilen Sie die restlichen Signale nach deren zu erwartenden chemischen Verschiebungen grob in einen Tieffeldbereich (TF > 5 ppm) und in einen Hochfeldbereich (HF < 5 ppm).		3 3-H, 4-H, 6-H	3 CH_3, CH, $(CH_3)_2$
Bestimmen Sie die Intensitäten der Signale (jeweils äquivalente Kerne werden dabei addiert).	1	1 : 1 : 1	3 : 1 : 6
Bestimmen Sie die Multiplizitäten der Signale nach der Multiplizitätsregel (1. Ordnung). s = Singulett, d = Dublett, t = Triplett usw.	s	d, d, s	s, septett, d

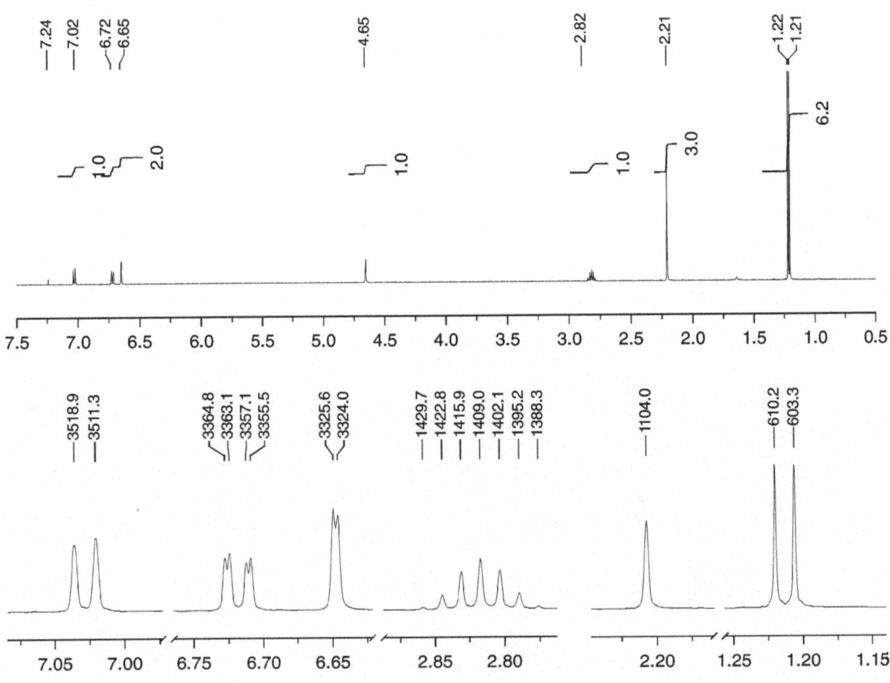

^{1}H-NMR Spektrenauswertung	Beispiel Carvacrol	
Bestimmen Sie die Anzahl der Signale.	Sieben Signale (7.24 ppm von $CHCl_3$)	
Verteilung der Signale in den chemischen Verschiebungsbereichen	Tieffeld	Hochfeld
	3	4
Intensitäten der Signale	1 : 1 : 1	1 : 1 : 3 : 6*
Multiplizitäten der Signale unter Berücksichtigung von „grossen“ Kopplungen > 2 Hz.	d, d, s	s, septett, s, d

Zuordnung der Signale zur Struktur (5-Isopropyl-2-methylphenol)			
CH_3 OH H_3C CH_3	3-H	7,02 ppm, 1, d	($^{3}J_{3,4}$ = 7,6 Hz)
	4-H	6,72 ppm, 1, d	($^{3}J_{4,3}$ = 7,6 Hz, $^{4}J_{4,6}$ = 1,6 Hz)**
	6-H	6,65 ppm, 1, s	($^{4}J_{6,4}$ = 1,6 Hz)
	1-OH	4,65 ppm, 1, s	
	CH	2,82 ppm, 1, septett	(^{3}J = 6,9 Hz)
	2-Me	2,21 ppm, 3, s	
	$(CH_3)_2$	1,22 ppm, 6, d	(^{3}J = 6,9 Hz)

* die experimentellen Integralwerte werden ganzzahlig gerundet.

** die *meta*-Kopplung (^{4}J) ermöglicht die sichere Zuordnung des Dubletts zur 4-Position.

Achtung: bei dieser Art von Verifizierung lässt sich als Ergebnis nur feststellen, dass das Spektrum dem Strukturvorschlag nicht widerspricht. Die Übereinstimmung von Struktur- und Spektrenauswertungstabellen bestätigt aber noch nicht die Richtigkeit des Strukturvorschlages. Im vorliegenden Fall könnte es sich z. B. auch um Thymol (2-Isopropyl-5-methylphenol) handeln. Diese Unterscheidung gelingt nur mithilfe weiterer NMR-Experimente und/oder der sicheren Vorhersage der chemischen Verschiebungen.

Nr. 002

N und I	Shift δ	Kopplung	X-H	Sym	Stereochem.	2D	anderes	Schwierigkeit	^{1}H 500 MHz $CDCl_3$
×	–	–	–	×	–	–	–	1	

Werten Sie das Spektrum aus indem Sie die Signale zuordnen. (die Intensität des kleinsten Signals wurde I=1 gesetzt)

4-Brom-2,5-bis(brommethyl)-anisol

$C_9 H_9 Br_3 O$; 372,9 g/mol

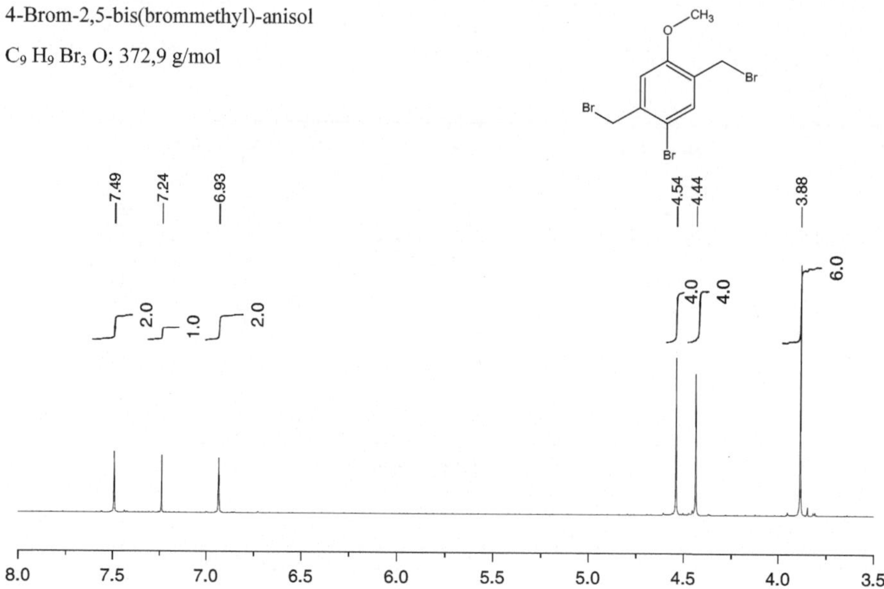

Fragestellung	aus der Struktur abgeleitet:			im Spektrum beobachtet:		
Gibt es chemisch äquivalente H-Atome? (ausser in $-CH_3$ Gruppen)	Ja, jeweils innerhalb der beiden CH_2-Gruppen, da die Struktur in der Papierebene spiegelsymmetrisch ist.					
Gesamtanzahl chemisch nicht äquivalenter H-Atome oder Gruppen von H-Atomen (und deren Gesamtintensität)	5 (9)			6 (19 bzw. 19/2 = 9,5) *		
Anzahl der Signale unterteilt nach ihren chemischen Verschiebungen	X-H	Tieffeld	Hochfeld	X-H	Tieffeld	Hochfeld
	0	2	3	0	3	3
Intensitäten	–	1 : 1	3 : 2 : 2		2 : 1* : 2 (1 : 0.5 : 1)	4 : 4 : 6 (2 : 2 : 3)
Multiplizitäten	–	s, s	s, s, s	–	s, s, s	s, s, s
Zuordnung der Signale	aromatische H-Atome (TF): 3-H (ortho- zu –Br) 1, s 6-H (ortho- zu –OMe) 1, s aliphathische H-Atome (HF): $-CH_2$-Br (HF) 2, s ** $-CH_2$-Br (HF) 2, s $-O-CH_3$ (HF) 3, s			 7,49 ppm, 1, s 6,93 ppm, 1, s 4,54 ppm, 2, s 4,44 ppm, 2, s 3,88 ppm, 3, s		

* Die Intensität des Restprotonensignals ($CHCl_3$, 7,24 ppm) entspricht zufällig 0,5 H-Atomäquivalenten der Substanzsignale.

** Die sichere Zuordnung der Methylensignale zu den Positionen 2 und 5 ist hier nicht möglich.

Nr. 003

N und I	Shift δ	Kopplung	X-H	Sym	Stereochem.	2D	anderes	Schwierigkeit	^{1}H 500 MHz $CDCl_3$
×	×	×	×	×	–	–	–	1	

Ordnen Sie alle Signale zu. Bei den nicht gespreizten Signalen handelt es sich um Singuletts.

N-Allylacetamid
C_5H_9NO; 99,1 g/mol

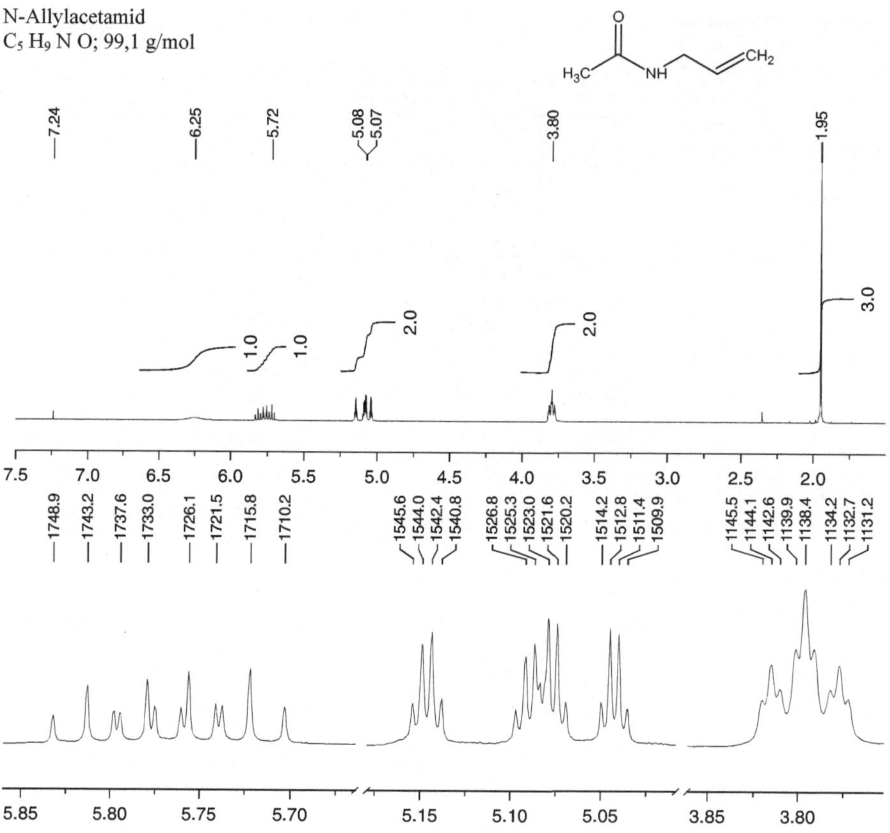

Fragestellung	aus der Struktur abgeleitet:			im Spektrum beobachtet:		
Gibt es chemisch äquivalente H-Atome? (ausser in $-CH_3$ Gruppen)	Ja, innerhalb der $N-CH_2$-Gruppe. Die beiden allylischen $=CH_2$ Protonen (6_{cis} und 6_{trans}) sind chemisch nicht äquivalent.					
Gesamtanzahl chemisch nicht äquivalenter H-Atome oder Gruppen von H-Atomen (und deren Gesamtintensität)	6 (9)			5 (9) + $CHCl_3$ (7.24)		
Anzahl der Signale unterteilt nach ihren chemischen Verschiebungen	X-H	Tieffeld	Hochfeld	X-H	Tieffeld	Hochfeld
	1	3	2	1	2	2
Intensitäten	1	1 : 1 : 1	2 : 3	1	1 : (1+1)	2 : 3
Multiplizitäten (^{2}J- u. ^{3}J-Kopplungen, einschliesslich der NH Kopplungen)	t	ddt, dd, dd	dd, s	s (breit)*	ddt, dq, dq	tt, s

Zuordnung der Signale:

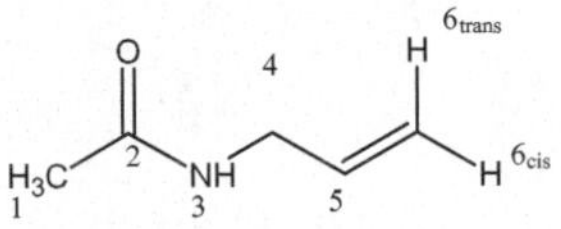

aus der Struktur abgeleitet:		im Spektrum beobachtet:
3-NH	XH, 1, t	6,25 ppm, 1, s (breit) *
5–CH=	TF, 1, ddt	5,77 ppm, 1, ddt ($^3J_{5,6tr}$ = 17,7 Hz; $^3J_{5,6cis}$ = 10,3 Hz; $^3J_{5,4}$ = 5,7 Hz)
6_{trans} $=CH_2$	TF, 1, dd **	5,12 ppm, 1, dq *** ($^3J_{6trans,5}$ = 17,7 Hz)
6_{cis} $=CH_2$	TF, 1, dd **	5,06 ppm, 1, dq ($^3J_{6cis,5}$ = 10,3 Hz) und für beide geminale Protonen: $^4J_{6,4} \approx {}^2J_{6,6}$ = 1,5 Hz ***
4-CH_2-	HF, 2, dd	3,80 ppm, 2, tt ($^3J_{4,3} \approx {}^3J_{4,5}$ = 5,7 Hz und $^4J_{4,6}$ = 1,5 Hz)
1-CH_3	HF, 3, s	1,95 ppm, 3, s

* Die $^3J_{3,4}$-Kopplung ist nur in der 4-CH_2-Gruppe sichtbar.

** Die beiden terminalen olefinischen H-Atome 6_{cis} und 6_{trans} haben ähnliche chemische Verschiebungen und wurden gemeinsam integriert (I=2).

*** Die Kopplungskonstanten der ^{4}J long range Kopplungen in Olefinen sind ähnlich klein wie der Betrag der geminalen Kopplung zwischen den terminalen $=CH_2$ Protonen (1 bis 2 Hz). Die 4-CH_2-Protonen verursachen daher eine Pseudoquartettaufspaltung.

Nr. 004

N und I	Shift δ	Kopplung	X-H	Sym	Stereochem.	2D	anderes	Schwierigkeit	^{1}H 300 MHz $CDCl_3$
×	×	×	×	×	–	–	–	1	

Verifizieren Sie die Struktur.

p-Aminobenzoesäureethylester (Benzocain)

$C_9H_{11}NO_2$; 165,2 g/mol

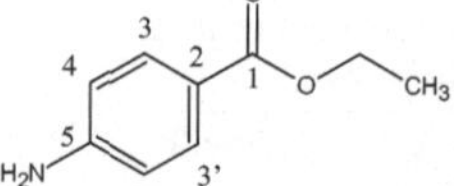

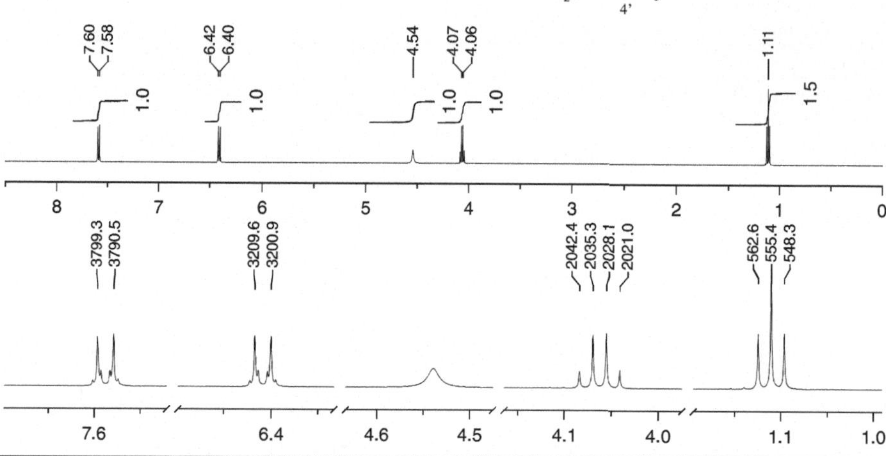

Fragestellung	aus der Struktur abgeleitet:			im Spektrum beobachtet:		
Gibt es chemisch äquivalente H-Atome? (ausser in $-CH_3$ Gruppen)	Ja, innerhalb der $-CH_2-$ und NH_2-Gruppe und im Phenylring. Die aromatischen *ortho*- und *meta*-Protonen (3,3' und 4,4') sind jeweils chemisch äquivalent.					
Gesamtanzahl chemisch nicht äquivalenter H-Atome oder Gruppen von H-Atomen (und deren Gesamtintensität)	5 (11)			5 (5,5 × 2 = 11)		
Anzahl der Signale unterteilt nach ihren chemischen Verschiebungen	X-H	Tieffeld	Hochfeld	X-H	Tieffeld	Hochfeld
	1	2	2	1	2	2
Intensitäten	2	2 : 2	2 : 3	2	2 : 2	2 : 3
Multiplizitäten (nur ^{3}J-Kopplungen)	s	d, d	q, t	s (breit)	d, d	q, t
Zuordnung der Signale	3,3'-CH_{arom} 4,4'-CH_{arom} NH_2 CH_2 CH_3	TF, 2, d TF, 2, d XH, 2, s HF, 2, q HF, 3, t		7,85 ppm, 2, d ($^3J_{3,4}$ = 8,8 Hz) * 6,62 ppm, 2, d ($^3J_{4,3}$ = 8,8 Hz) ** 4,12 ppm, 2, s breit *** 4,31 ppm, 2, q ($^3J_{9,10}$ = 7,0 Hz)**** 1,35 ppm, 3, t ($^3J_{10,9}$ = 7,0 Hz)		

* Durch Substituenteneffekte lassen sich die aromatischen Signale eindeutig zuordnen: der elektronenziehende Effekt der C=O Gruppe bewirkt eine Tieffeldverschiebung von 3-H und 3'-H, während der elektronendrückende Effekt der NH_2-Gruppe eine Hochfeldverschiebung von 4-H und 4'-H bewirkt.

** Die aromatischen Protonen sind chemisch äquivalent, aber magnetisch nicht äquivalent (z. B. ist $^3J_{3,4} \neq {}^5J_{3,4'}$). Sie bilden ein AA'BB'-Spinsystem, welches einem AB-System (zwei Dubletts) ähnlich ist.

*** Das NH_2 Signal ist in $CDCl_3$ durch Austauscheffekte verbreitert.

**** Die Signale der Ethoxygruppe bilden ein einfach auszuwertendes A_2X_3 Spinsystem 1.Ordnung.

Nr. 005

N und I	Shift δ	Kopplung	X-H	Sym	Stereochem.	2D	anderes	Schwierigkeit	^{1}H 300 MHz $CDCl_3$
×	×	–	–	–	–	–	–	1	

Ordnen Sie die Signale zu und erklären Sie die kleinen Signale in der Nähe der beiden Hauptsignale sowie das kleine Signal bei 7,24 ppm.

Monochlordimethylether
(Chlormethoxymethan)

C_2H_5ClO; 80,5 g/mol

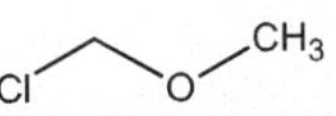

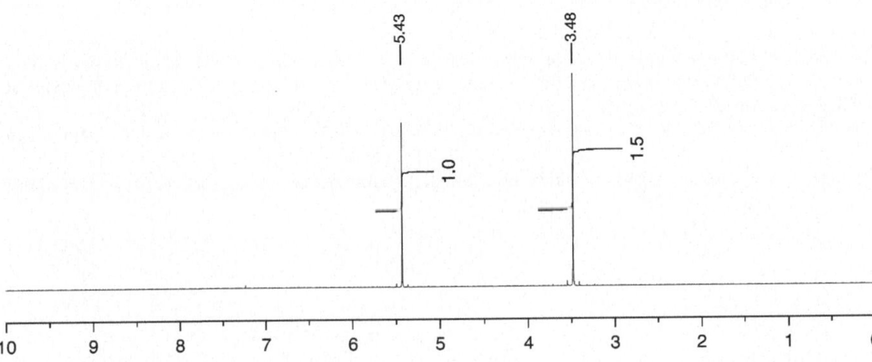

Fragestellung	Struktur			Spektrum		
chemisch äquivalente H-Atome?						
Anzahl Signale (Gesamtintensität)						
Anzahl der Signale unterteilt nach ihrer chemischen Verschiebung	X-H	Tieffeld	Hochfeld	X-H	Tieffeld	Hochfeld
Intensitäten						
Multiplizitäten						

Fragestellung	Struktur			Spektrum		
chemisch äquivalente H-Atome?	Ja, die beiden Protonen in der CH_2-Gruppe sind jeweils chemisch äquivalent und Methylprotonen sind immer äquivalent.					
Anzahl der Signale (Intensität)	2 (5)			2 (2,5 × 2 = 5) *		
Anzahl der Signale unterteilt nach ihrer chemischen Verschiebung	X-H	Tieffeld	Hochfeld	X-H	Tieffeld	Hochfeld
	0	0	2	0	1	1
Intensitäten	–	–	2 : 3	–	1 × 2 = 2	1.5 × 2 = 3
Multiplizitäten	–	–	s , s	–	s	s
Zuordnung	$-CH_2-$ HF, 2, s $-CH_3$ HF, 3, s			$-CH_2-$ 5,43 ppm, 2, s ** $-CH_3$ 3,48 ppm, 3, s		

* Die kleinen Signale die sich symmetrisch links und rechts von den Hauptsignalen befinden sind sogenannte Rotationsseitenbänder. Diese werden bei Messungen mit Probenrotation durch Magnetfeldinhomogenitäten hervorgerufen. Ihr Abstand zur Hauptlinie entspricht der Rotationsfrequenz des NMR Röhrchens im Magnet (häufig 20 Hz).

Das Signal bei 7,24 ppm ist das Restprotonensignal (ca. 0,1% $CHCl_3$) vom NMR Lösungsmittel $CDCl_3$.

** Durch den Einfluss der beiden elektronegativen Nachbaratome Chlor und Sauerstoff ist das Methylensignal stark tieffeldverschoben (>5 ppm).

Nr. 006

N und I	Shift δ	Kopplung	X-H	Sym	Stereochem.	2D	anderes	Schwierigkeit	^{1}H 300 MHz $CDCl_3$
×	×	×	–	–	–	–	–	1	

Verifizieren Sie die Struktur.

Nitroessigsäreethylester
(Ethylnitroacetat)

$C_4 H_7 N O_4$; 133,1 g/mol

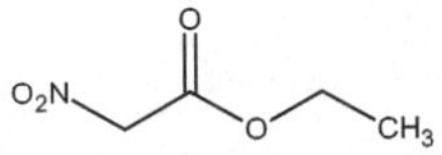

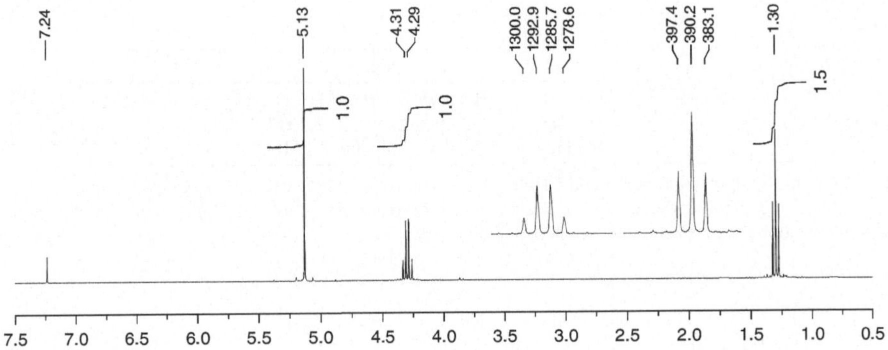

Fragestellung	Struktur			Spektrum		
chemisch äquivalente H-Atome? (ausser in $-CH_3$ Gruppen)						
Anzahl Signale (Gesamtintensität)						
Anzahl der Signale unterteilt nach ihrer chemischen Verschiebung	X-H	Tieffeld	Hochfeld	X-H	Tieffeld	Hochfeld
Intensitäten						
Multiplizitäten						
Zuordnung						

Fragestellung	Struktur			Spektrum		
chemisch äquivalente H-Atome? (ausser in -CH_3 Gruppen)	Ja, die Methylenprotonen in den beiden –CH2-Gruppen sind jeweils äquivalent.					
Anzahl Signale (Intensität)	3 (7)			3 ($3{,}5 \times 2 = 7$) *		
Anzahl der Signale unterteilt nach ihrer chemischen Verschiebung	X-H	TF	HF	X-H	TF	HF
	0	0	3	0	1	2
Intensitäten	–	–	2 : 2 : 3	–	2	2 : 3
Multiplizitäten	–	–	s, q, t	–	s	q, t
Zuordnung	N-CH_2- 5,13 ppm, 2, s ** O-CH_2- 4,30 ppm, 2, q, $^3J = 7{,}1$ Hz -CH_3 1,30 ppm, 3, t, $^3J = 7{,}1$ Hz					

* 7,24 ppm, Restprotonensignal von $CHCl_3$.

** Durch den Einfluss zweier elektronenziehender Gruppen (-NO_2 und -COO-) ist das Methylensignal der Säuregruppe stark tieffeldverschoben.

Nr. 007

N und I	Shift δ	Kopplung	X-H	Sym	Stereochem.	2D	anderes	Schwierigkeit	^{1}H
×	×	×	–	–	–	–	–	1	300 MHz $CDCl_3$

Um welche der drei Strukturen handelt es sich bei diesem Spektrum?

jeweils
$C_5H_{10}O_2$
102,1 g/mol

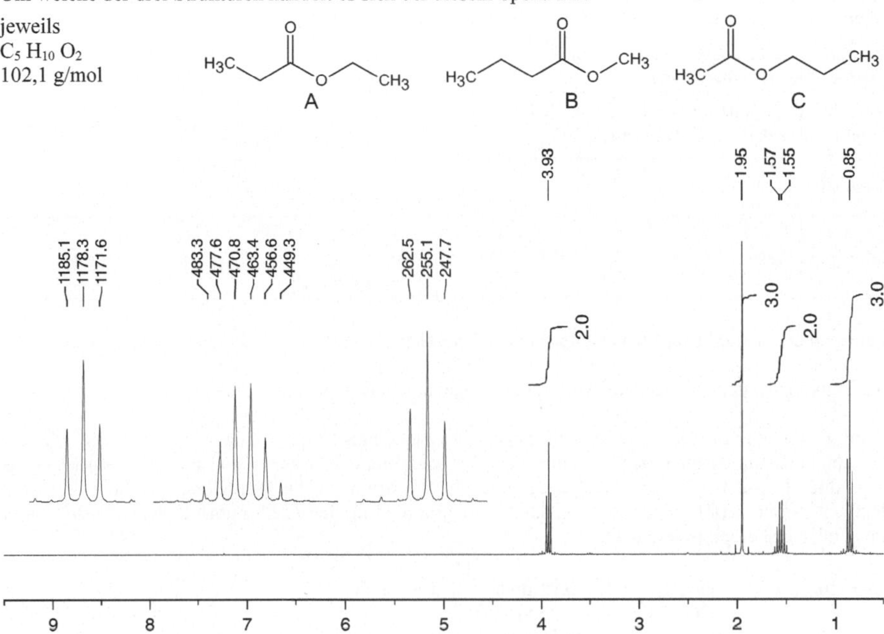

Füllen Sie die Tabelle für alle drei Strukturen aus und vergleichen Sie danach mit dem Spektrum.

Fragestellung	Struktur			Spektrum		
chemisch äquivalente H-Atome? (ausser in $-CH_3$ Gruppen)						
Anzahl Signale (Gesamtintensität)	A: B: C:					
Anzahl der Signale unterteilt nach ihrer chemischen Verschiebung	X-H	Tieffeld	Hochfeld	X-H	Tieffeld	Hochfeld
	A: B: C:					
Intensitäten	A: B: C:					
Multiplizitäten	A: B: C:					

O H_3C O CH_3 A | O H_3C O CH_3 B | O H_3C O CH_3 C

Fragestellung	Struktur			Spektrum		
chemisch äquivalente H-Atome? (ausser in $-CH_3$ Gruppen)	in allen $-CH_2$-Gruppen sind die Methylenprotonen jeweils äquivalent					
Anzahl Signale (Intensität)	A, B, C je 4 (je 10)			4 (10)		
Anzahl der Signale unterteilt nach ihrer chemischen Verschiebung	X-H	TF	HF	X-H	TF	HF
	0	0	A,B,C je 4	0	0	4
Intensitäten	–	–	A,B,C je 3 : 2 : 2 : 3	–	–	2 : 3 : 2 : 3
Multiplizitäten	–	–	A: t,q,q,t B: t,sex,t,s C: s,t,sex,t	–	–	t,s,sex,t

Aufgrund der Anzahl und Intensität der Signale lässt sich kein Strukturvorschlag ausschliessen.

Die Struktur A lässt sich nach der Multiplizitätsregel ausschliessen.

B und C können nur mit Hilfe ihrer chemischen Verschiebungen unterschieden werden. Die grössten Verschiebungsunterschiede sind für die sauerstoffbenachbarten Gruppen zu erwarten. Das ist bei B eine Methyl- und bei C eine Methylengruppe. Im Spektrum ist die Methylengruppe mit 3,93 ppm deutlich stärker tieffeldverschoben als das Methylgruppensingulett (1,95 ppm). Es handelt sich somit um den Essigsäurepropylester (C).

Zuordnungen:	$O-CH_2-$	3,93 ppm, 2, t, $^3J = 6,8$ Hz
	$CO-CH_3$	1,95 ppm, 3, s
	$C-CH_2-$	1,56 ppm, 2, sextett, $^3J = 6,8$ Hz
	$-CH_3$	0,85 ppm, 3, t, $^3J = 7,4$ Hz

Das Methylengruppensignal bei 1,56 ppm spaltet wegen der sehr ähnlichen Kopplungskonstanten zu einem Pseudosextett auf.

Nr. 008

N und I	Shift δ	Kopplung	X-H	Sym	Stereochem.	2D	anderes	Schwierigkeit	^{1}H 300 MHz $CDCl_3$
×	×	×	×	×	–	–	–	2	

Ordnen Sie das Spektrum dem Zimtsäurebutylester (A) oder dem Säureamid (B) zu.

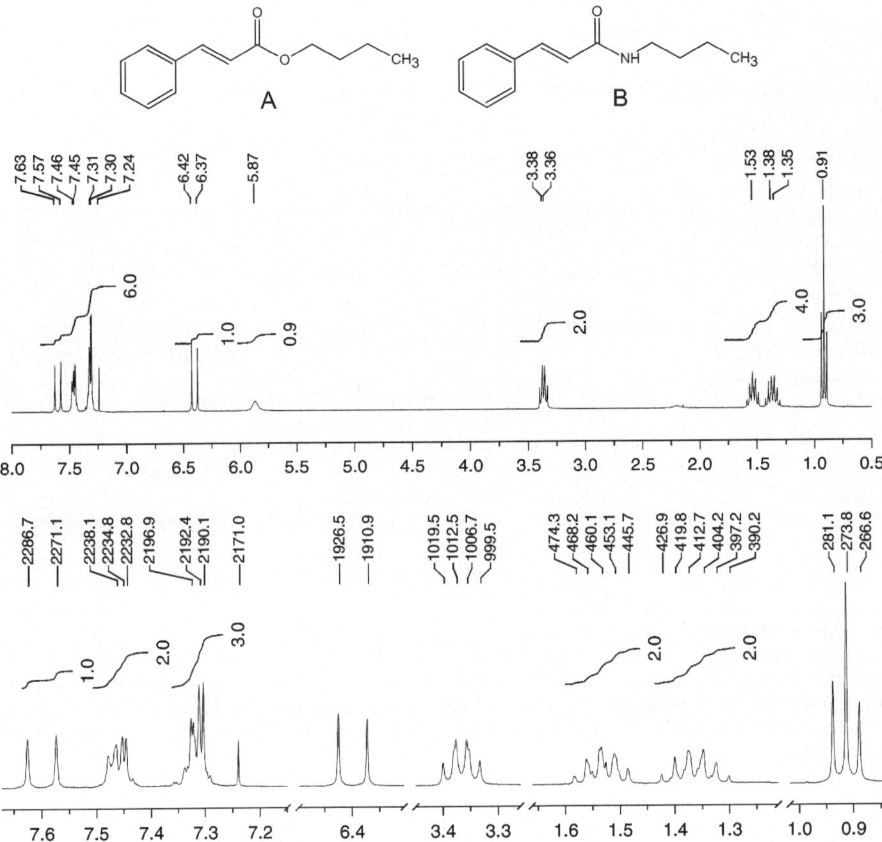

Fragestellung	Struktur			Spektrum		
chemisch äquivalente H-Atome? (ausser in $-CH_3$ Gruppen)						
Anzahl Signale (Gesamtintensität)	A: B:					
Anzahl der Signale unterteilt nach ihrer chemischen Verschiebung	X-H	Tieffeld	Hochfeld	X-H	Tieffeld	Hochfeld
	A: B:					
Intensitäten	A: B:					
Multiplizitäten	A: B:					

Das Spektrum wurde von der Substanz B (Zimtsäurebutylamid) aufgenommen.

$C_{13}\,H_{17}\,N\,O$; 203,3 g/mol

Fragestellung	Struktur			Spektrum		
chemisch äquivalente H-Atome? (ausser in -CH_3 Gruppen)	Ja, alle Methylenprotonen sind jeweils äquivalent sowie die Phenyl-protonen in der *ortho*- und in der *meta*-Position.					
Anzahl der Signale (und deren Gesamtintensität)	A: 9 (16) B: 10 (17)			9 (17) *		
Anzahl der Signale unterteilt nach ihrer chemischen Verschiebung	X-H	Tieffeld	Hochfeld	X-H	Tieffeld	Hochfeld
	A: 0 B: 1	A: 5 B: 5	A: 4 B: 4	1	4	4
Intensitäten	A: 0 B: 1	A: 1,2,2,1,1 B: 1,2,2,1,1	2,2,2,3 2,2,2,3	0.9	1,2,3,1	2,2,2,3
Multiplizitäten	– t	A: t,t,d,d,d B: t,t,d,d,d	t,p,sex,t dt,p,sex,t	s (breit)	d,m,m,d	q,p,sex,t
Zuordnung	Ph-CH= 7,60 ppm, 1, d, ^3J = 15,6 Hz (*E*-Kopplung) *m*-H 7,45 ppm, 2, m (höhere Ordnung) *p*-,*o*-H 7,31 ppm, 3, m (höhere Ordnung) =CH-CO 6,40 ppm, 1, d, ^3J = 15,6 Hz (*E*-Kopplung) NH 5,87 ppm, 1, breit ** N-CH_2- 3,37 ppm, 2, q, ^3J ca.7 Hz (Pseudoquartett, exakt: dt) ** -CH_2- 1,53 ppm, 2, m, ^3J ca. 7 Hz (Pseudopentett) *** -CH_2- 1,36 ppm, 2, m, ^3J ca. 7 Hz (Pseudosextett) *** -CH_3 0,91 ppm, 3, t, ^3J = 7,2 Hz					

* Das Singulett bei 7.2 ppm ist das Restprotonensignal von ca. 0,1% $CHCl_3$.

** NH-Protonen liefern in $CDCl_3$ im Vergleich zu kohlenstoffgebundenen H-Atomen oft breite Signale, welche die Beobachtung von Kopplungen verhindern. Diese Kopplung kann daher nur bei der benachbarten Methylengruppe (3.37 ppm) beobachtet werden. Da diese weiterhin mit ihrer Nachbar-CH_2-Gruppe koppelt, sollte ein Dublett von Tripletts (dt) resultieren welches aber als Pseudoquartett beobachtet wird.

*** Aufgrund der ähnlichen vicinalen Kopplungskonstanten resultieren für alle Methylengruppen Pseudomultipletts.

Nr. 009

N und I	Shift δ	Kopplung	X-H	Sym	Stereochem.	2D	anderes	Schwierigkeit	^{1}H 500 MHz $CDCl_3$
×	×	–	×	×	–	–	–	2	

Stimmt das vorliegende Spektrum mit dem Strukturvorschlag überein? Ordnen Sie die Signale zu.

Die vier kleinen Signale (siehe Spreizungen) stammen von einem Kondensationsprodukt der Hauptkomponente. Bestimmen Sie die Struktur dieser Nebenkomponente.

4-Hydroxy-4-methyl-2-pentanon
(Diacetonalkohol, Diaceton)

$C_6H_{12}O_2$; 116,2 g/mol

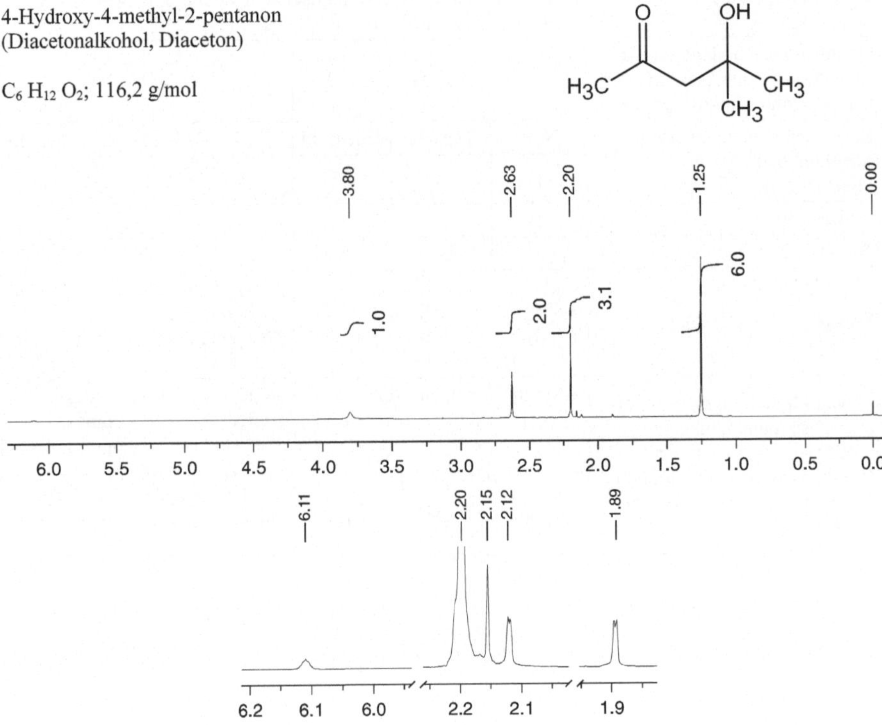

Fragestellung	Struktur			Spektrum		
chemisch äquivalente H-Atome? (ausser in $-CH_3$ Gruppen)						
Anzahl chemisch nicht äquivalenter Atome oder Atomgruppen (und ^{1}H-Gesamtintensität)						
Anzahl der Signale unterteilt nach ihrer chemischen Verschiebung	X-H	Tieffeld	Hochfeld	X-H	Tieffeld	Hochfeld
Intensitäten						
Multiplizitäten						

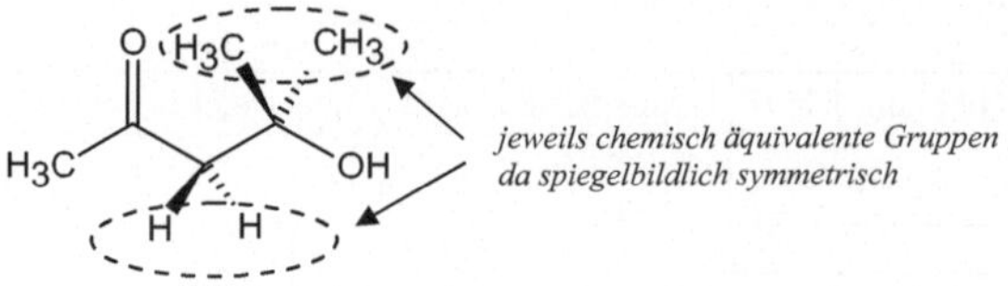

jeweils chemisch äquivalente Gruppen da spiegelbildlich symmetrisch

<table>
<tr><th>Fragestellung</th><th colspan="3">Struktur</th><th colspan="3">Spektrum</th></tr>
<tr><td>chemisch äquivalente H-Atome?</td><td colspan="6">Ja, die beiden geminalen Methylgruppen und die beiden Methylenprotonen sind jeweils chemisch äquivalent, d.h. ihre Signale sind jeweils isochron.</td></tr>
<tr><td>Anzahl chemisch nicht äquivalenter Atome oder Atomgruppen (und ^{1}H-Gesamtintensität):</td><td colspan="3">4 (12)</td><td colspan="3">4 (12)</td></tr>
<tr><td rowspan="2">Anzahl der Signale unterteilt nach ihrer chemischen Verschiebung</td><td>X-H</td><td>Tieffeld</td><td>Hochfeld</td><td>X-H</td><td>Tieffeld</td><td>Hochfeld</td></tr>
<tr><td>1</td><td>0</td><td>3</td><td>1</td><td>0</td><td>3</td></tr>
<tr><td>Intensitäten</td><td>1</td><td>–</td><td>3 : 2 : 6</td><td>1</td><td>–</td><td>2 : 3 : 6</td></tr>
<tr><td>Multiplizitäten</td><td>s</td><td>–</td><td>s, s, s</td><td>s</td><td>–</td><td>s, s, s</td></tr>
<tr><td>Ordnen Sie die Signale zu</td><td colspan="3">-OH -XH, s, 1
3-CH_2 HF, s, 2
1-CH_3 HF, s, 3
5,5'-CH_3 HF, s, 6</td><td colspan="3">3.80 ppm, s, 1 (breit)
2.63 ppm, s, 2
2.20 ppm, s, 3
1.25 ppm, s, 6</td></tr>
<tr><td>Die vier kleinen Signale (Spreizungen) stammen von einem Kondensationsprodukt der Hauptkomponente. Bestimmen Sie die Struktur dieser Nebenkomponente.</td><td colspan="3">4-Methyl-3-penten-2-on 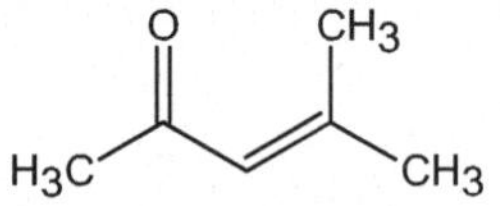</td><td colspan="3">3-CH 6.11 ppm, s, 1
1-CH_3 2.15 ppm, s, 3
5'-$CH_{3,Z}$ 2.12 ppm, s, 3
5-$CH_{3,E}$ 1,89 ppm, s, 3
(zusätzlich werden $^4J_{3,5}$ long range Kopplungen beobachtet)</td></tr>
</table>

Nr. 010

N und I	Shift δ	Kopplung	X-H	Sym	Stereochem.	2D	anderes	Schwierigkeit	^{1}H 500 MHz $CDCl_3$
×	–	×	×	×	×	–	–	3	

Ordnen Sie die Signale zu und interpretieren Sie das ^{1}H-NMR Spektrum von 3-Pentanol.

Pentan-3-ol
$C_5H_{12}O$; 88,2 g/mol

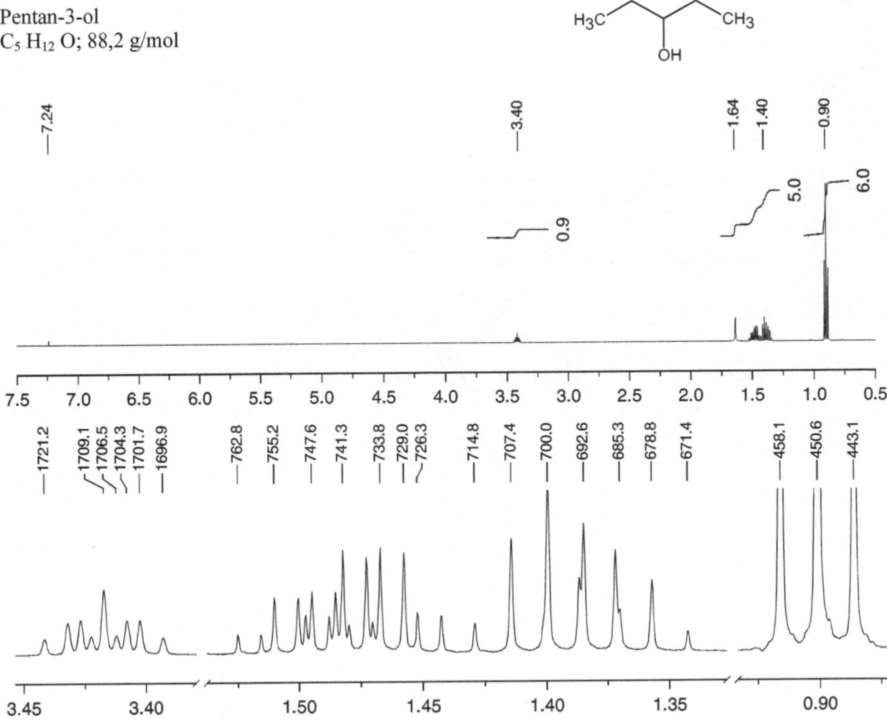

Fragestellung	Struktur			Spektrum		
chemisch äquivalente Gruppen?						
Anzahl Signale (Gesamtintensität)						
Intensitäten und Multiplizitäten der Signale unterteilt nach Verschiebungsbereichen	X-H	Tieffeld	Hochfeld	X-H	Tieffeld	Hochfeld
Zuordnung	1 $-CH_3$ 2 $-CH_2$ 3 $-CH$ $-OH$					

Fragestellung	Struktur			Spektrum		
chemisch äquivalente Gruppen?	Ja, die beiden Ethylgruppen. Innerhalb jeder CH_2-Gruppe sind die Methylenprotonen zueinander aber diastereotop (AB-Spinsystem)!					
Anzahl Signale (Gesamtintensität)	5 (12)			5 (11,9 ≈ 12)		
Intensitäten und Multiplizitäten der Signale unterteilt nach Verschiebungsbereichen	X-H	Tieffeld	Hochfeld	X-H	Tieffeld	Hochfeld
	1, s (ohne Kopplung)	0	1, tt 2, ddq 2, ddq 6, t	1, s (1,65 ppm)	0	1, tt 2, ddq 2, septett 6, t
Zuordnung	1 $-CH_3$ HF, 6, t 2 $-CH_A$ HF, 2, ddq 2 $-CH_B$ HF, 2, ddq 3 $-CH$ HF, 2, tt $-OH$ -XH, 1, s (in $CDCl_3$)			1 $-CH_3$ 0.90 ppm, 6, t 2 $-CH_A$ 1.38 ppm, 2, septett * 2 $-CH_B$ 1.48 ppm, 2, ddq 3 $-CH$ 3.42 ppm, 1, tt $-OH$ 1.64 ppm, 1, s (verbreitert) **		

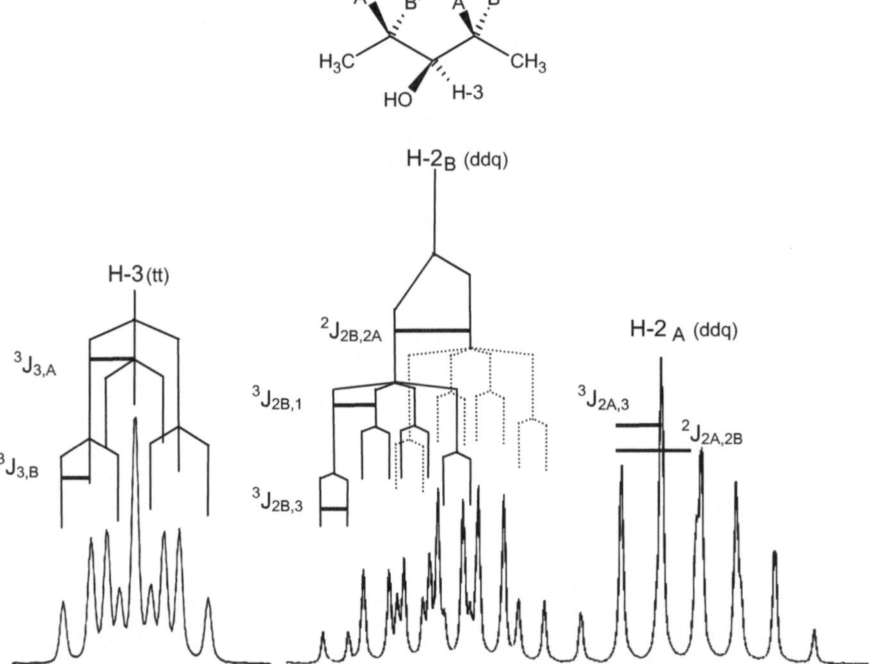

Achtung, die zweidimensionale Strukturformel täuscht. 3-Pentanol ist nicht rotationssymmetrisch, sondern nur spiegelsymmetrisch (in der O-3C-3H Fläche). Die beiden Ethylgruppen sind zwar chemisch äquivalent, aber die Methylenprotonen sind jeweils diastereotop (H_A und H_B). Dadurch ergibt sich insgesamt ein $M(ABX_3)_2$ Spinsystem.

* Kopplungskonstanten: $^2J_{2A,2B} = -15$ Hz; $^3J_{2A,3} = 6{,}5$ Hz; $^3J_{2B,3} = 4{,}7$ Hz; $^3J_{2A,1} = {}^3J_{2B,1} = 7{,}5$ Hz. Da $^3J_{2A,3} \approx {}^3J_{2A,1} = \frac{1}{2}\,{}^2J_{2A,2B}$ bildet 2-H_A ein Pseudoseptett.

** Die $^3J_{OH,3}$ Kopplung wird in $CDCl_3$ nicht beobachtet und das OH-Signal erscheint als Singulett.

Kapitel 3
Beispiele und Übungen zur ^{13}C-NMR Spektroskopie

R. Meusinger, *NMR-Spektren richtig ausgewertet*,
doi: 10.1007/978-3-642-01683-7, © Springer 2010

Nr. 011

N und I	Shift δ	Kopplung	X-H	Sym	Stereochem.	2D	anderes	Schwierigkeit	$^{1}H/^{13}C$ 300 MHz $CDCl_3$
×	×	–	×	–	–	–	–	1	

Bestimmen Sie die Konstitution dieses bromierten Salicyladehyds.

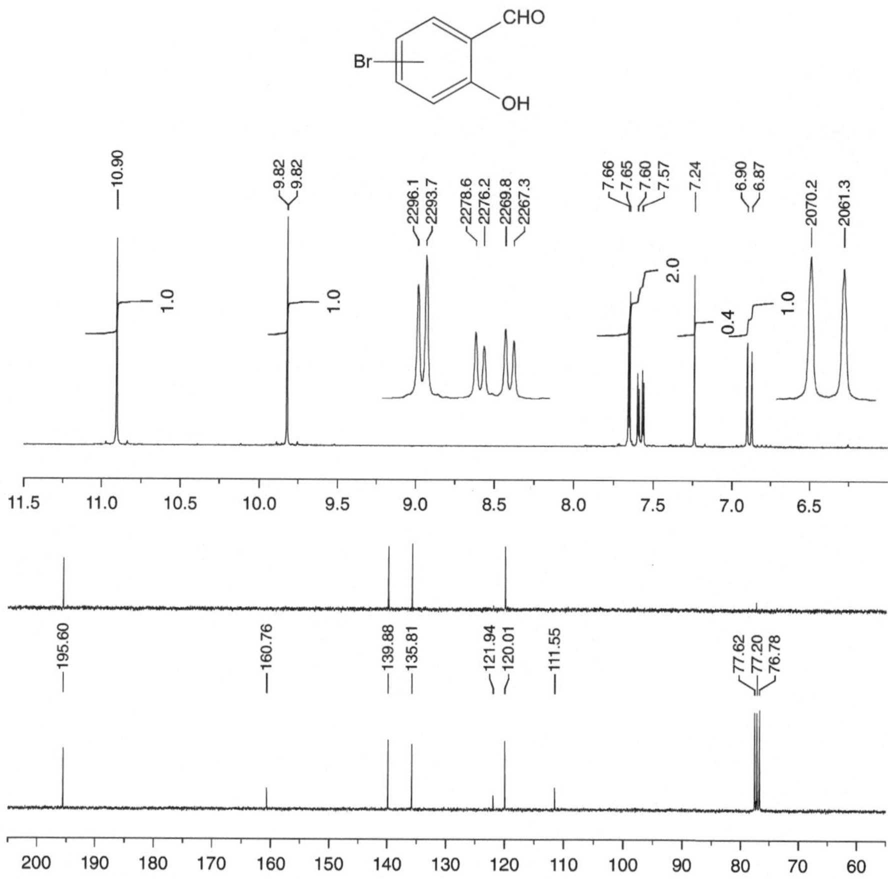

Die Lösung nimmt man in zwei Schritten vor: 1. Bestimmung des Substitutionsmusters aus dem ^{1}H-NMR und 2. Bestimmung der Konstitution durch Berechnung der ^{13}C-chemischen Verschiebungen.

zu 1: die Verbindung ist nur einfach bromiert, da drei aromatische Protonen beobachtet werden. Aus dem ^{1}H-NMR Kopplungsmuster dieser Protonen (7,65 ppm,1,d, $^{4}J = 2,4$ Hz; 7,58 ppm,1,dd, $^{3}J = 8,8$ Hz, $^{4}J = 2,4$ Hz; 6,88 ppm,1,d, $^{3}J = 8,9$ Hz) lässt sich eindeutig ein 1,2,4-substituierter Aromat erkennen (vergleiche mit dem ^{1}H-NMR Beispiel 001). Somit beschränken sich die Möglichkeiten auf die zwei Strukturen 4- (A) und 5-Br-Salicylaldehyd (B):

A B

Fragestellung		Struktur			Spektrum		
chemisch äquivalente Gruppen?		Nein					
Anzahl chemisch nicht äquivalenter Atome oder Atomgruppen (und ^{1}H-Gesamtintensität):	^{1}H	A und B je: 5 (5)			5 (5)		
	^{13}C	A und B je 7			7		
Multiplizität (und ^{1}H Intensität) der Signale unterteilt nach Verschiebungsbereichen: ^{1}H(^{13}C): Singulett s (S), Dublett d (D), Triplett t (T) usw.		X-H/C = O	Tieffeld	Hochfeld	X-H/C = O	Tieffeld	Hochfeld
	^{1}H	A und B: s (1)	A u. B: d,d,s,s (je 1)	– –	s (1)	d,d,s,s (je 1)	–
	^{13}C	A und B: D	A und B: 3×S, 3×D	– –	D	3×S, 3×D	–

zu 2: die Verifizierung dieser beiden Strukturmöglichkeiten kann durch den Vergleich der chemischen Verschiebungen erfolgen. Hierzu eignet sich die Berechnung der ^{13}C chemischen Verschiebungen der aromatischen Kohlenstoffatome mit Hilfe der ^{13}C-shift Inkremente für –CHO, -OH und –Br Substituenten am Benzol. Für die beiden Strukturvorschläge werden folgende Werte berechnet (in shift-Reihenfolge, die Werte für die quartären C-Atome sind unterstrichen):

exp:	$\underline{111,5}$	120,0	$\underline{121,9}$	135,8	139,9	$\underline{160,8}$	
A:	119,5	$\underline{122,9}$	124,9	$\underline{130,3}$	133,3	$\underline{160,7}$	mittlere Abweichung: 4,4 ppm
B:	$\underline{116,2}$	118,4	$\underline{126,1}$	134,4	139,0	$\underline{157,5}$	mittlere Abweichung: 2,7 ppm

Es handelt sich eindeutig um die Struktur B (5-Brom-salicylaldehyd), da sowohl die berechneten shift-Werte als auch die Zuordnungen der quartären C-Atome besser mit dem experimentellen Spektrum übereinstimmen.

Während von dem Lösungsmittel $CDCl_3$ im ^{1}H-NMR Spektrum nur die Restprotonen bei 7,24 ppm sichtbar sind (ca. 0,1 Atom-% $CHCl_3$) können im ^{13}C-NMR Spektrum die Lösungsmittelmoleküle mit der gleichen Wahrscheinlichkeit beobachtet werden wie die Probenmoleküle. Aufgrund der $^{1}J_{C,D}$ Kopplung kommt es hier zu einer auffallenden Triplettaufspaltung (^{13}C-NMR Signale bei 77,2 ppm).

Nr. 012

N und I	Shift δ	Kopplung	X-H	Sym	Stereochem.	2D	anderes	Schwierigkeit	^{1}H/^{13}C
×	×	×	–	–	–	–	–	1	300 MHz CDCl$_3$

Prüfen Sie die Übereinstimmung zwischen dem Strukturvorschlag und den NMR Spektren.

5-Chlormethyl-2-furaldehyd
(5-Chlormethylfurfural)

$C_6 H_5 Cl O_2$; 144,6 g/mol

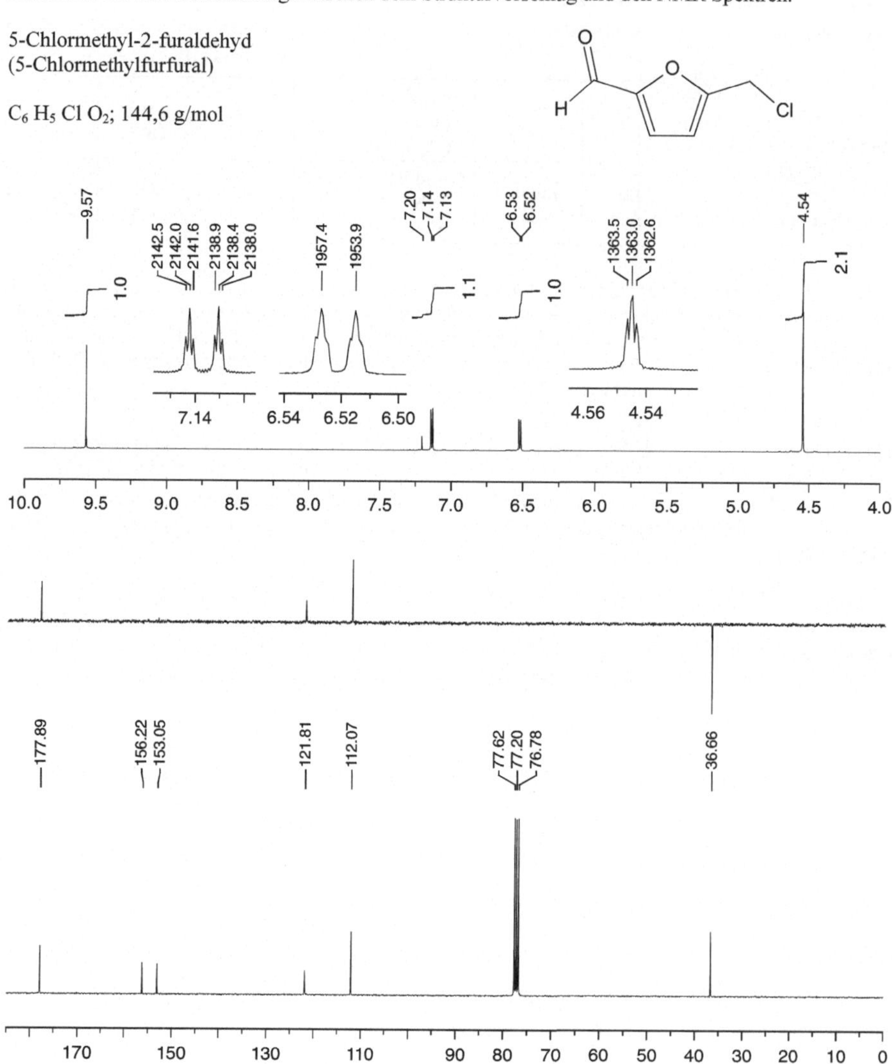

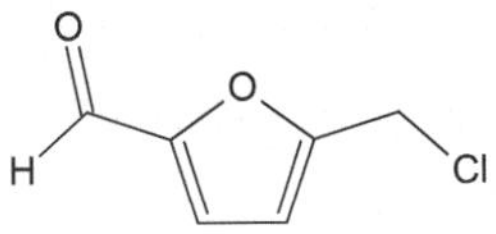

Fragestellung		Struktur			Spektrum		
chemisch äquivalente Gruppen?		Ja, die Methylenprotonen sind chemisch äquivalent					
Anzahl chemisch nicht äquivalenter Atome oder Atomgruppen (und ^{1}H-Gesamtintensität):	^{1}H	4 (5)			4 (5,2 ≈ 5)		
	^{13}C	6			6		
Multiplizität (und ^{1}H Intensität) der Signale unterteilt nach Verschiebungsbereichen: ^{1}H(^{13}C): Singulett s (S), Dublett d (D), Triplett t (T) usw.		X-H/C = O	Tieffeld	Hochfeld	X-H/C = O	Tieffeld	Hochfeld
	^{1}H:	–	s,d,d (je 1)	s (2)	–	s,d,d (je 1)	s (2)
	^{13}C	D	S,S,D,D	T	D	S,S,D,D	T

Zuordnung und Besonderheiten:

1 –CHO ^{1}H: 9,57 ppm, 1, s ^{13}C: 177,89 ppm, D
2 =C- ^{1}H: – ^{13}C: 156,22 ppm, S
3 =CH- ^{1}H: 7,13 ppm, 1, d, ^{3}J = 3,6 Hz (^{5}J = 0,4 Hz) ^{13}C: 121,81 ppm, D
4 =CH- ^{1}H: 6,52 ppm, 1, d, ^{3}J = 3,6 Hz (^{4}J ca. 0,5 Hz) ^{13}C: 112,07 ppm, D
5 =C- ^{1}H: – ^{13}C: 153,05 ppm, S
6 –CH_2- ^{1}H: 4,54 ppm, 2, s, ($^{4,5}J$ ca. 0,5 Hz) ^{13}C: 36,66 ppm, T

Bei beiden aromatischen Protonen beobachtet man neben ihrer gemeinsamen vicinalen Kopplung zusätzliche long range Kopplungen mit den Methylenprotonen der Seitenkette. Diese sind etwa gleichgross, so dass das Methylensingulett eine Feinaufspaltung mit Kopplungskonstanten < 1 Hz zu einem Pseudotriplett aufweisst.

Aus dem ^{13}C-NMR Spektrum kann die Anzahl der Signale und aus dem DEPT leicht deren Multiplizität abgelesen werden. Nur Intensitätsinformationen sind hier nicht erhältlich. Das 3-CH Kohlenstoffsignal bei 121,87 ppm ist aufgrund von Anisotropieeffekten verbreitert und erscheint daher mit deutlich geringerer Linienintensität.

Nr. 013

N und I	Shift δ	Kopplung	X-H	Sym	Stereochem.	2D	anderes	Schwierigkeit	^{1}H/^{13}C
×	×	–	–	×	–	–	–	1	300 MHz $CDCl_3$

Handelt es sich um die Spektren von Propionsäureanhydrid (A) oder von Diethylcarbonat (B)?

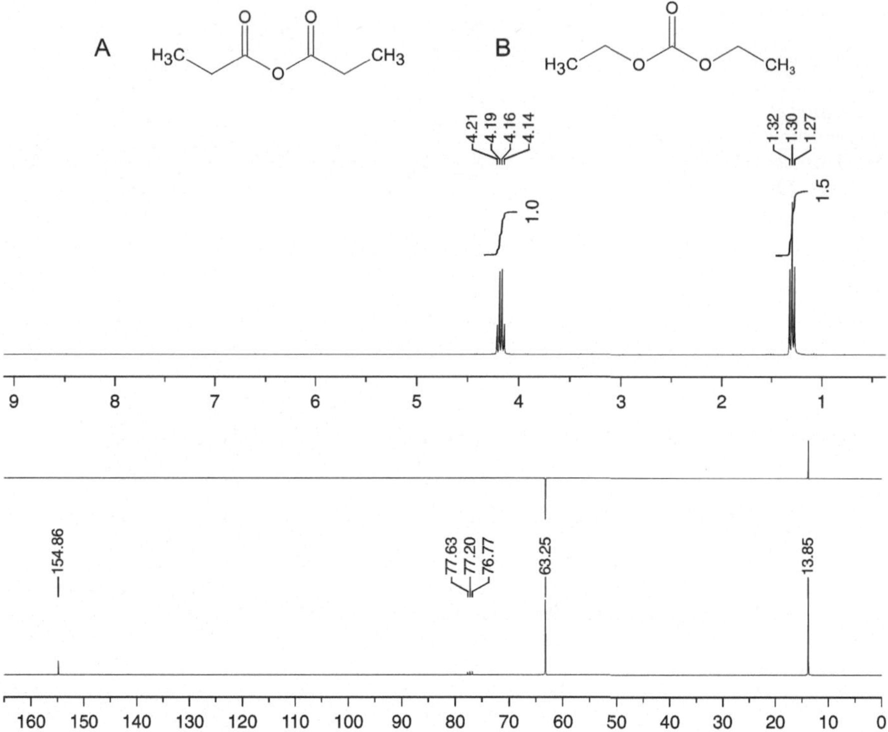

Allein aus der Anzahl und Intensität der ^{1}H- und ^{13}C-Signale kann die Fragestellung nicht eindeutig beantwortet werden, da sich Routine ^{13}C-NMR Spektren nicht exakt quantitativ auswerten lassen. Es gibt keine sichere Aussage, ob das Carbonylsignal bei 154,86 ppm von einem oder von zwei Kohlenstoffatomen erzeugt wurde. Die Fragestellung lässt aber sicher über die ^{1}H- und ^{13}C-chemischen Verschiebungen der CH_2-Gruppen beantworten, die eindeutig auf eine Ethoxystruktur (B) hinweisen.

Fragestellung		Struktur			Spektrum		
chemisch äquivalente Gruppen?		Ja, die Verbindungen sind rotations- und spiegelsymmetrisch.					
Anzahl chemisch nicht äquivalenter Atome oder Atomgruppen (und ^{1}H-Gesamtintensität):	^{1}H	A und B je: 2 (10)			2 (2,5 × 4 = 10)		
	^{13}C	A und B je 3			3		
Multiplizität (und Intensität) der Signale unterteilt nach Verschiebungsbereichen: ^{1}H/^{13}C: Singulett s/S, Dublett d/D, Triplett t/T usw.		X-H/C = O	Tieffeld	Hochfeld	X-H/C = O	Tieffeld	Hochfeld
	^{1}H	A: – B: –	– –	q(4), t(6) q(4), t(6)	0	–	q(4), t(6)
	^{13}C	A: S(2) B: S(1)	– –	T(2), Q(2) T(2), Q(2)	S	–	T, Q

Nr. 014

N und I	Shift δ	Kopplung	X-H	Sym	Stereochem.	2D	anderes	Schwierigkeit	^{1}H/^{13}C
–	×	–	–	–	–	–	–	1	300 MHz CDCl$_3$

Bestimmen Sie ob es sich um Chlor-, Brom- oder Iodethan handelt. Warum kann Fluorethan ausgeschlossen werden?

Halogenethan
C_2H_5X; ? g/mol

$H_3C—CH_2—X$

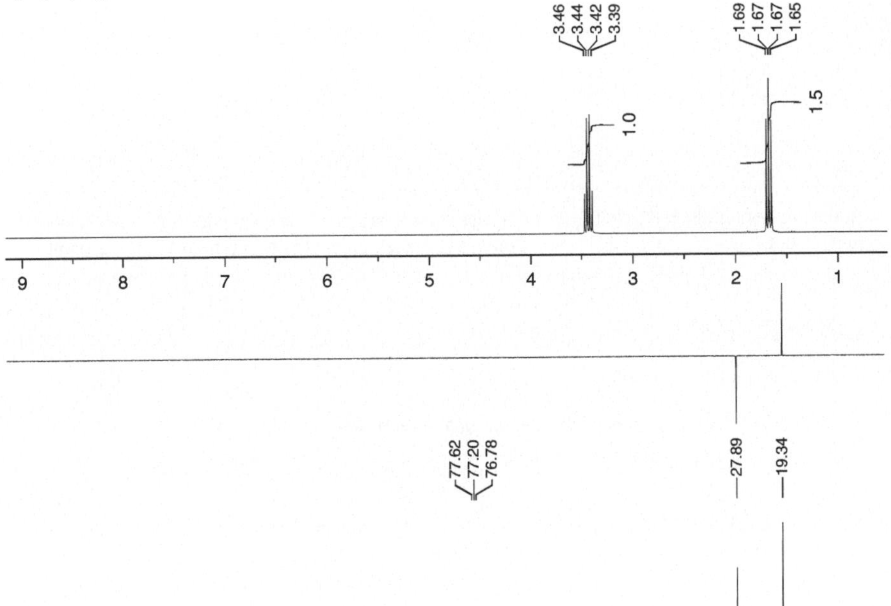

Fragestellung		Struktur			Spektrum		
chemisch äquivalente Gruppen?							
Anzahl chemisch nicht äquivalenter Atome oder Atomgruppen (und ^{1}H-Gesamtintensität):	^{1}H						
	^{13}C						
Multiplizität (und ^{1}H Intensität) der Signale unterteilt nach Verschiebungsbereichen: ^{1}H(^{13}C): Singulett s (S), Dublett d (D), Triplett t (T) usw.		X-H/C = O	Tieffeld	Hochfeld	X-H/C = O	Tieffeld	Hochfeld
	^{1}H						
	^{13}C						

<u>Substituentenbestimmung</u> durch Berechnung der ^{13}C-chemischen Verschiebung der CH_2 Gruppe aus Inkrementen: C_{Basis} = -2,3 ppm, $CH_{3\alpha}$ = 9,1 ppm, Cl_α = 31,0 ppm, Br_α = 18,9 ppm, I_α = -7,2 ppm:

$CH_{2\,\text{Cl-Ethan}}$ =
$CH_{2\,\text{Br-Ethan}}$ =
$CH_{2\,\text{I-Ethan}}$ =

$H_3C—CH_2—Br$

Fragestellung		Struktur			Spektrum		
chemisch äquivalente Gruppen?		Ja, die Methylenprotonen sind chemisch äquivalent					
Anzahl chemisch nicht äquivalenter Atome oder Atomgruppen (und ^{1}H-Gesamtintensität):	^{1}H	2 (5)			2 (2,5 × 2 = 5)		
	^{13}C	2			2		
Multiplizität (und ^{1}H Intensität) der Signale unterteilt nach Verschiebungsbereichen: ^{1}H(^{13}C): Singulett s (S), Dublett d (D), Triplett t (T) usw.		X-H/C = O	Tieffeld	Hochfeld	X-H/C = O	Tieffeld	Hochfeld
	^{1}H	–	–	q(2), t(3)	–	–	q(2), t(3)
	^{13}C	–	–	T, Q	–	–	T, Q

Substituentenbestimmung durch Berechnung der ^{13}C-chemische Verschiebung der CH_2 Gruppe aus Inkrementen: C_{Basis} = -2,3 ppm, $CH_{3\,\alpha}$ = 9,1 ppm, Cl_{α} = 31,0 ppm, Br_{α} = 18,9 ppm, I_{α} = -7,2 ppm:

$CH_{2\ Cl\text{-}Ethan}$ = -2,3 + 9,1 + 31,0 = 37,8 ppm
$CH_{2\ Br\text{-}Ethan}$ = -2,3 + 9,1 + 18,9 = 25,7 ppm stimmt mit dem exp. Wert (27,9 ppm) gut überein
$CH_{2\ I\text{-}Ethan}$ = -2,3 + 9,1 – 7,2 = –0,4 ppm

Es handelt sich um das Bromethan.

^{19}F würde in allen Spektren eine sichtbare Kopplung hervorrufen.

Nr. 015

N und I	Shift δ	Kopplung	X-H	Sym	Stereochem.	2D	anderes	Schwierigkeit	^{1}H/^{13}C 300 MHz $CDCl_3$
×	×	–	–	–	–	–	–	1	

Verifizieren Sie die Struktur.

2-Chlor-2-methylpropan (*tert*-Butylchlorid)

C_4H_9Cl; 92,6 g/mol

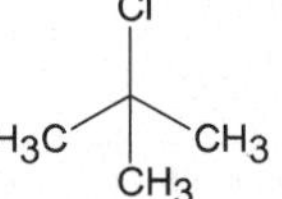

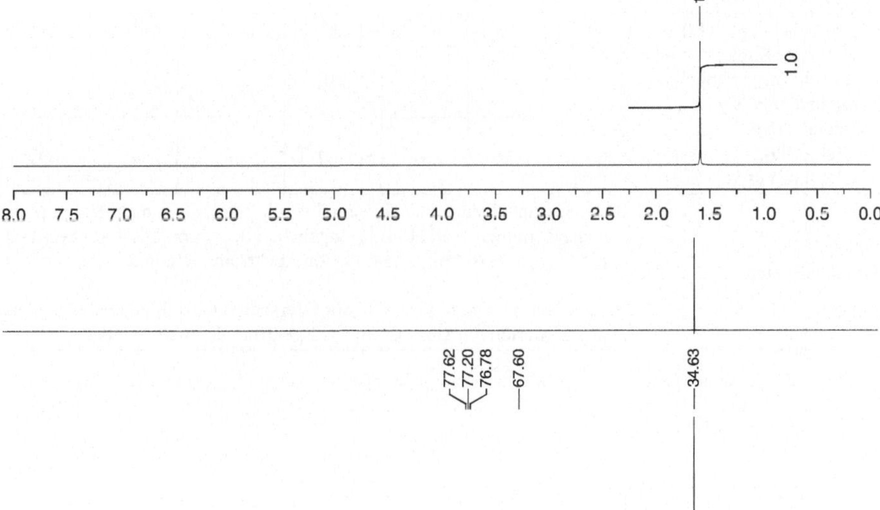

Fragestellung		Struktur			Spektrum		
chemisch äquivalente Gruppen?							
Anzahl chemisch nicht äquivalenter Atome oder Atomgruppen (und ^{1}H-Gesamtintensität):	^{1}H						
	^{13}C						
Multiplizität (und ^{1}H Intensität) der Signale unterteilt nach Verschiebungsbereichen: ^{1}H(^{13}C): Singulett s (S), Dublett d (D), Triplett t (T) usw.		X-H/C = O	Tieffeld	Hochfeld	X-H/C = O	Tieffeld	Hochfeld
	^{1}H						
	^{13}C						
Besonderheiten							

Cl
H_3C CH_3
CH_3

Fragestellung		Struktur			Spektrum		
chemisch äquivalente Gruppen?		Ja, die drei Methylengruppen sind chemisch äquivalent					
Anzahl chemisch nicht äquivalenter Atome oder Atomgruppen (und ^{1}H-Gesamtintensität):	^{1}H	1 (9)			1		
	^{13}C	2			2		
Multiplizität (und ^{1}H Intensität) der Signale unterteilt nach Verschiebungsbereichen: ^{1}H(^{13}C): Singulett s (S), Dublett d (D), Triplett t (T) usw.		X-H/C = O	Tieffeld	Hochfeld	X-H/C = O	Tieffeld	Hochfeld
	^{1}H	–	–	s(9)	–	–	s
	^{13}C	–	–	S(1),Q(3)	–	–	S,Q
Besonderheiten	Bei dem einzelnen ^{1}H-NMR Signal ist die Integration nicht sinnvoll, da Integrale immer Verhältnisse angeben. Die quantitative Auswertung der ^{13}C Signale ist bei diesem Routinespektrum nicht möglich. Der Substituenteneffekt von Chlor (Verschiebungsinkrement 31,0 ppm) auf das quartäre C-Atom ist im ^{13}C Spektrum deutlich sichtbar.						

Nr. 016

N und I	Shift δ	Kopplung	X-H	Sym	Stereochem.	2D	anderes	Schwierigkeit	^{1}H/^{13}C
×	×	×	×	×	–	–	–	1	300 MHz DMSO

Stimmen die Spektren mit der Struktur überein?

4-Iodanilin

C_6H_6IN; 219,0 g/mol

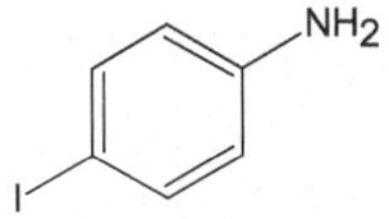

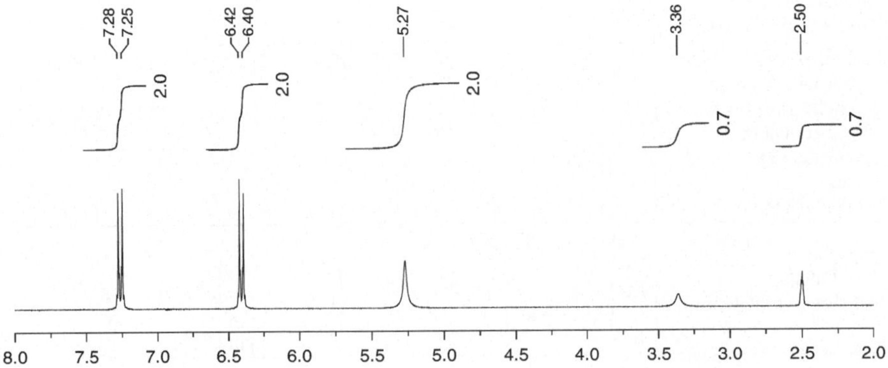

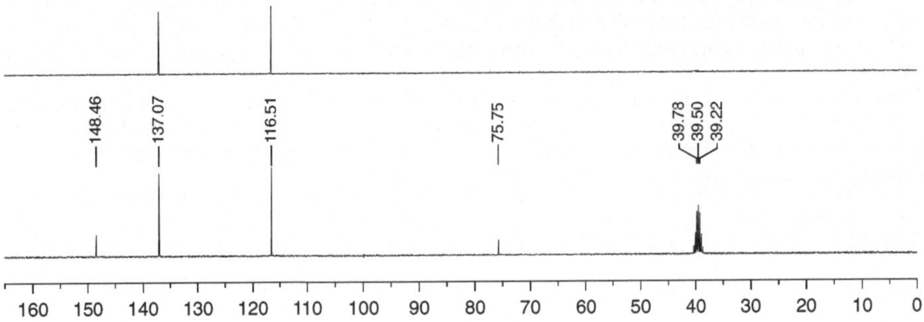

Fragestellung		Struktur			Spektrum		
chemisch äquivalente Gruppen?							
Anzahl chemisch nicht äquivalenter Atome oder Atomgruppen (und ^{1}H-Gesamtintensität):	^{1}H						
	^{13}C						
Multiplizität (und ^{1}H Intensität) der Signale unterteilt nach Verschiebungsbereichen: ^{1}H(^{13}C): Singulett s (S), Dublett d (D), Triplett t (T) usw.		X-H/C = O	Tieffeld	Hochfeld	X-H/C = O	Tieffeld	Hochfeld
	^{1}H						
	^{13}C						
Zuordnung und Besonderheiten							

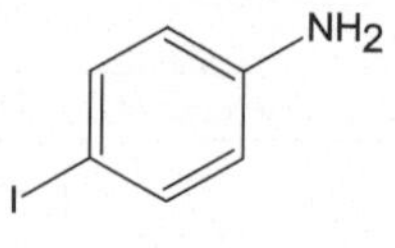

Fragestellung		Struktur			Spektrum		
chemisch äquivalente Gruppen?		Ja, die jeweils *ortho*-ständigen =CH Gruppen 1,6 und 2,5 sind zueinander jeweils chemisch äquivalent.					
Anzahl chemisch nicht äquivalenter Atome oder Atomgruppen (und ^{1}H-Gesamtintensität):	^{1}H	3 (6)			3 (6) + zwei Signale (je 0,7) *		
	^{13}C	4			4		
Multiplizität (und ^{1}H Intensität) der Signale unterteilt nach Verschiebungsbereichen: ^{1}H(^{13}C): Singulett s (S), Dublett d (D), Triplett t (T) usw.		X-H/C = O	Tieffeld	Hochfeld	X-H/C = O	Tieffeld	Hochfeld
	^{1}H	s(2)	d(2), d(2)	–	s(2) breit**	d(2), d(2)	2 × s(0,7)
	^{13}C	–	S,S,D,D	–	–	S,D,D	S
Zuordnung und Besonderheiten	-NH_2	5,27 ppm, 2, s (breit)			–		
	1-C	–			148,46 ppm		
	2,6-CH	7,26 ppm, 2, d			137,07 ppm		
	3,5-CH	6,41 ppm, 2, d			116,51 ppm		
	4-C	–			75,75 ppm ***		

* Die zwei überzähligen Signale im ^{1}H-NMR Spektrum stammen vom Lösungsmittel DMSO (2,5 ppm) und von Wasser (3,36 ppm) welches sehr häufig in DMSO Lösungen zu beobachten ist.

** Das Signal der austauschbaren NH_2-Protonen bei 5,27 ppm ist leicht an der grossen Linienbreite zu erkennen.

*** Iod bewirkt auf das unmittelbar gebundene C-Atom eine charakteristische Hochfeldverschiebung (shift Inkrement: – 31,2 ppm). Zusätzlich bewirkt die *para*-ständige Aminogruppe ebenfalls eine Hochfeldverschiebung (shift Inkrement: – 10,0 ppm). Das ^{13}C Signal des 4-C Kohlenstoffatoms ist darum in dem für Aromaten untypischen Hochfeldbereich (< 100 ppm) zu finden.

Nr. 017

N und I	Shift δ	Kopplung	X-H	Sym	Stereochem.	2D	anderes	Schwierigkeit	^{1}H/^{13}C
×	×	–	–	×	×	–	–	3	300 MHz $CDCl_3$

Von welcher Verbindung wurden diese Spektren aufgenommen?
Warum können die *cis*-Isomeren ausgeschlossen werden?

A und B jeweils
$C_9H_{14}O_6$; 218,2 g/mol

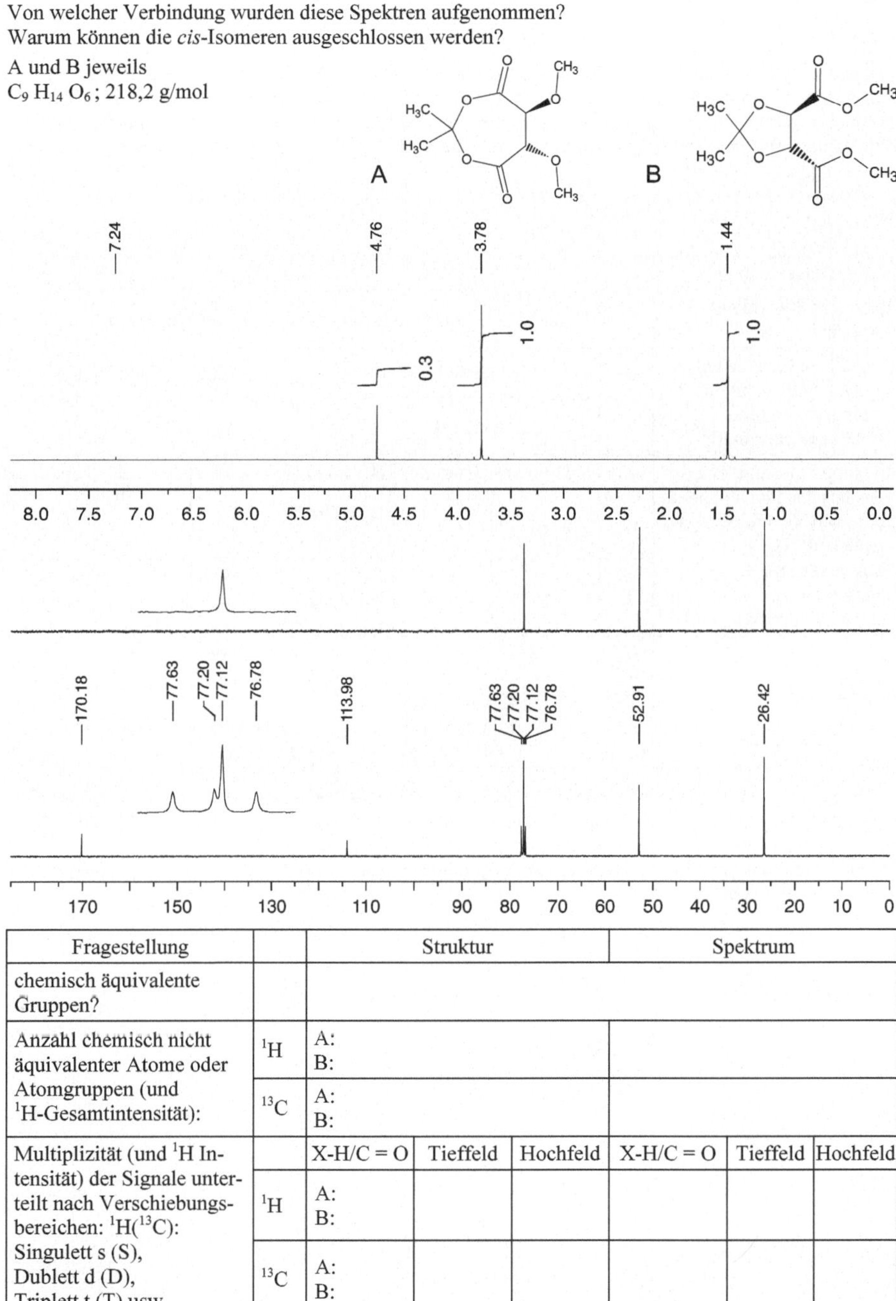

<table>
<tr><td>Fragestellung</td><td></td><td colspan="3">Struktur</td><td colspan="3">Spektrum</td></tr>
<tr><td>chemisch äquivalente Gruppen?</td><td></td><td colspan="6"></td></tr>
<tr><td rowspan="2">Anzahl chemisch nicht äquivalenter Atome oder Atomgruppen (und ^{1}H-Gesamtintensität):</td><td>^{1}H</td><td colspan="3">A:
B:</td><td colspan="3"></td></tr>
<tr><td>^{13}C</td><td colspan="3">A:
B:</td><td colspan="3"></td></tr>
<tr><td rowspan="3">Multiplizität (und ^{1}H Intensität) der Signale unterteilt nach Verschiebungsbereichen: ^{1}H(^{13}C): Singulett s (S), Dublett d (D), Triplett t (T) usw.</td><td></td><td>X-H/C = O</td><td>Tieffeld</td><td>Hochfeld</td><td>X-H/C = O</td><td>Tieffeld</td><td>Hochfeld</td></tr>
<tr><td>^{1}H</td><td>A:
B:</td><td></td><td></td><td></td><td></td><td></td></tr>
<tr><td>^{13}C</td><td>A:
B:</td><td></td><td></td><td></td><td></td><td></td></tr>
<tr><td>Zuordnung</td><td colspan="7"></td></tr>
</table>

B

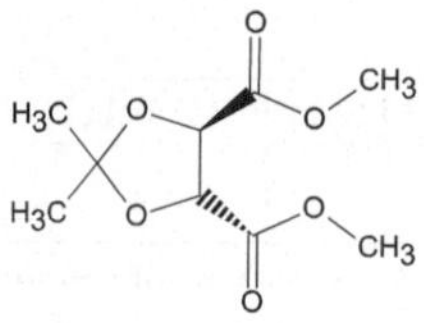

Es handelt sich um die isopropylidengeschützte Weinsäure (B). Aufgrund der Anzahl, Intensität und Multiplizität der Signale kann keine Entscheidung zwischen A und B getroffen werden. Eine Differenzierung ist nur durch die Berechnung bzw. den Vergleich der chemischen Verschiebungen möglich. Eine sichere experimentelle Aussage kann mit Hilfe von 2D-NMR Experimenten vorgenommen werden (z.B. mit H,C-HMBC).
Bei den *cis*-Isomeren sind die geminalen Methylgruppen diastereotop und würden jeweils zwei getrennte Signale zeigen.

Fragestellung		Struktur			Spektrum		
chemisch äquivalente Gruppen?		Ja, da beide Strukturen jeweils rotationssymmetrisch sind.					
Anzahl chemisch nicht äquivalenter Atome oder Atomgruppen (und ^{1}H-Gesamtintensität):	^{1}H	A und B: je 3 (14)			3 ($2{,}3 \times 6 = 13{,}8 \approx 14$)		
	^{13}C	A und B: je 5			5		
Multiplizität (und ^{1}H Intensität) der Signale unterteilt nach Verschiebungsbereichen: ^{1}H(^{13}C): Singulett s (S), Dublett d (D), Triplett t (T) usw.		X-H/C = O	Tieffeld	Hochfeld	X-H/C = O	Tieffeld	Hochfeld
	^{1}H	–	–	s(2),s(6), s(6)	–	–	s(≈2), s(6), s(6)
	^{13}C	S	–	S,D,Q,Q	S	S	Q,D,Q
Zuordnung	-COO >C< H-CH O-CH_3 C-CH_3	– – 4,76 ppm, 2, s 3,78 ppm, 6, s 1,44 ppm, 6, s			170,18 ppm 113,98 ppm * 77,12 ppm ** 52,91 ppm 26,42 ppm		

* Der grösste Verschiebungsunterschied ist für das quartäre aliphatische C-Atom zu erwarten, welches durch die grössere sterische Spannung im Fünfring stärker tieffeldverschoben ist (ca. 114 ppm) als dies beim Siebenring der Fall wäre (ca. 105 ppm).
** Das ^{13}C Signal der CH-Gruppen liegt zufällig inmitten des $CDCl_3$ Tripletts. Im DEPT Spektrum ist es deutlich zu erkennen.

Kapitel 4
Beispiele und Übungen zur 2D-NMR Spektroskopie

R. Meusinger, *NMR-Spektren richtig ausgewertet*,
doi: 10.1007/978-3-642-01683-7,

Nr. 018

N und I	Shift δ	Kopplung	X-H	Sym	Stereochem.	2D	anderes	Schwierigkeit	$^1H/^{13}C$ 500 MHz $CDCl_3$
×	×	×	×	×	×	×	–	3	

1. Ordnen Sie alle Signale diesem Diels-Alder-Produkt zu.

$C_{11}H_{10}O_2$; 174,2 g/mol

^{1}H-NMR

COSY

Fragestellung		Struktur			Spektrum		
chemisch äquivalente Gruppen?		Ja, alle CH und CO Gruppen sind jeweils spiegelsymmetrisch (chemisch äquivalent), die CH_2-Protonen sind diastereotop.					
Anzahl chemisch nicht äquivalenter Atome oder Atomgruppen (und ^{1}H-Gesamtintensität):	^{1}H	6 (10)			6 (5 × 2 = 10)		
	^{13}C	6			6		
Multiplizität (und ^{1}H Intensität) der Signale unterteilt nach Verschiebungsbereichen: $^1H(^{13}C)$: Singulett s (S), Dublett d (D), Triplett t (T) usw.		X-H/C = O	TF	HF	X-H/C = O	TF	HF
	^{1}H:	–	s (2) d (2)	2 × m (je 2), 2 × dt (je 1)	–	s (2) t (2)	2 × m (je 2), 2 × dt (je 1)
	^{13}C	1 × S	2 × D	2 × D 1 × T	1 × S	2 × D	2 × D 1 × T

2. Können Sie entscheiden ob es sich um das *exo*- oder *endo*-verknüpfte Diels-Alder Produkt handelt?

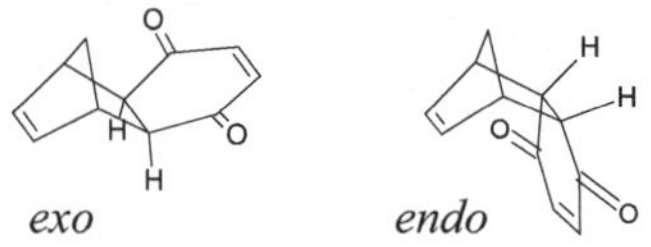

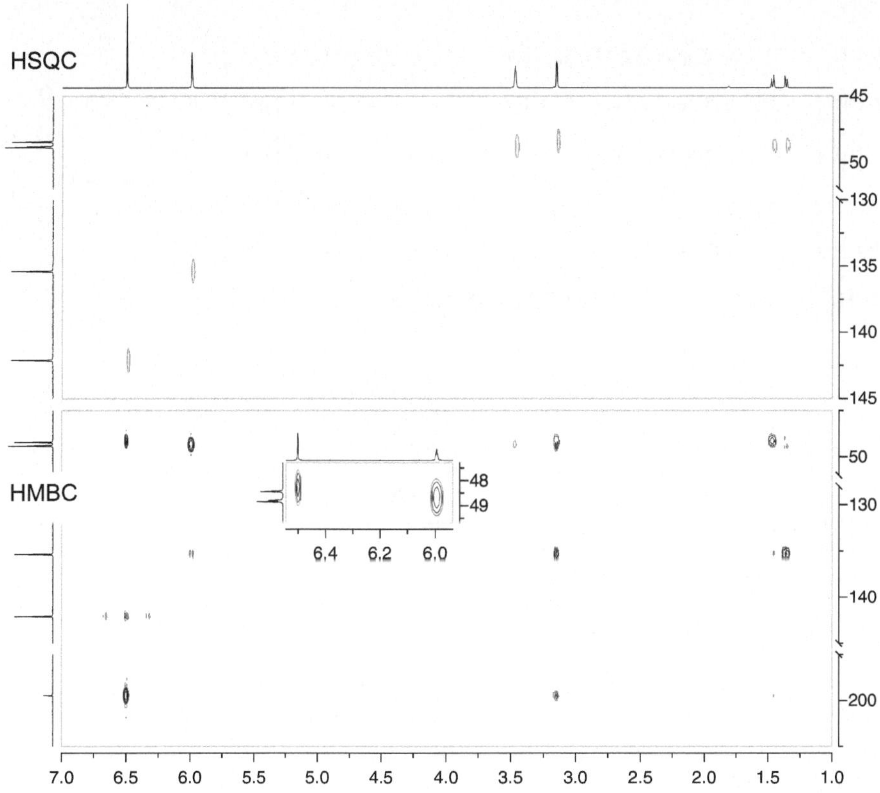

exo *endo*

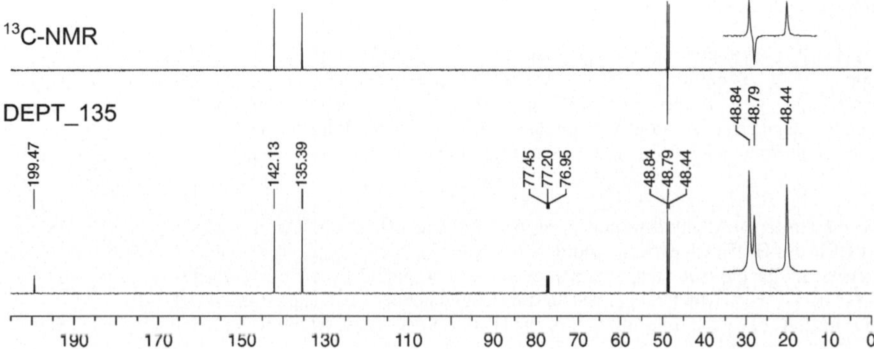

HSQC

HMBC

Aus den ^{1}H- und ^{13}C-NMR (DEPT) Spektren lassen sich die Signale der Methylengruppe (halbe Intensität der ^{1}H-Signale von 6_A und 6_B) und der Carbonylkohlenstoffe (4) sicher zuordnen.

Die olefinischen (1 und 5) und aliphatischen CH Gruppen (2 und 3) lassen sich zwar eindeutig voneinander unterscheiden, eine Zuordnung innerhalb dieser Gruppen ist mit den eindimensionalen Spektren aber nicht möglich.
Im COSY Spektrum beobachtet man die Kopplung zwischen einem olefinischen (6,00 ppm) und einem aliphatischen Proton (3,48 ppm). Hierbei kann es sich nur um die $^{3}J_{1\text{-H},2\text{-H}}$ Kopplung handeln. Das 2-H Proton koppelt desweiteren mit dem 3-H und mit den beiden 6-H_A und 6-H_B Protonen.

Das HMBC Spektrum bestätigt diese Zuordnung. Während 5-H mit 3-C ($^{3}J_{5\text{-H},3\text{-C}}$) und mit 4-CO ($^{2}J_{5\text{-H},4\text{-C}}$) koppelt, zeigt das olefinische 1-H Proton Kopplungen mit den 2-C ($^{2}J_{1\text{-H},2\text{-C}}$) und 6-C Kohlenstoffatomen ($^{3}J_{1\text{-H},6\text{-C}}$, siehe Kasten im HMBC Spektrum). Der bei der 5=CH Gruppe beobachtete Kreuzpeak mit dem „eigenen" C-Atom ist typisch für symmetrische Moleküle in denen chemisch äquivalente aber magnetisch nichtäquivalente Kerne vorliegen ($^{3}J_{5\text{-H},5'\text{-C}}$).

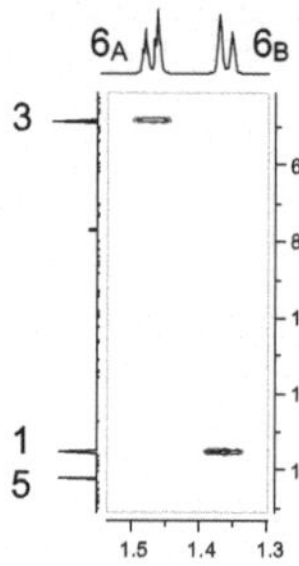

Die diasterotopen Methylenprotonen am 6-C Kohlenstoff lassen sich ebenfalls mit Hilfe des HMBC Spektrums zuordnen. Wegen $^{3}J_{H,C\,trans} > {}^{3}J_{H,C\,cis}$ werden hier Kreuzpeaks für die *trans*-Kopplungen zwischen 6-H_A und 3-C sowie zwischen 6-H_B und 1-C beobachtet, nicht aber für die entsprechenden *cis*-Kopplungen von 6-H_A mit 1-C bzw. von 6-H_B mit 3-C (siehe HMBC Spektrenausschnitt rechts).

1=CH	^{1}H:	6,00 ppm, 2, t, (J = 1,8 Hz)	^{13}C: 135,39 ppm
2 CH	^{1}H:	3,48 ppm, 2, m, (J ≈ 1,8 Hz)	^{13}C: 48,84 ppm
3 CH	^{1}H:	3,16 ppm, 2, m, (J ≈ 1,6, 2,2 Hz)	^{13}C: 48,44 ppm
4 C=O	^{1}H:	–	^{13}C: 199,47 ppm
5=CH	^{1}H:	6,50 ppm, 2, s	^{13}C: 142,13 ppm
6 CH_2	$^{1}H_A$:	1,46 ppm, 1, dt, (^{2}J = 8,7 Hz; ^{3}J = 1,8 Hz)	
	$^{1}H_B$:	1,38 ppm, 1, dt, (^{2}J = 8,8 Hz)	^{13}C: 48,79 ppm

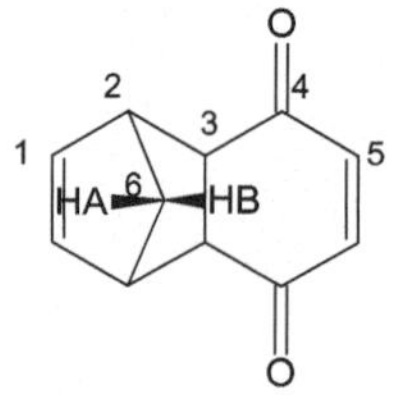

Da kein NOESY Spektrum vorliegt kann die Entscheidung ob es sich um das *exo*- oder *endo*- Produkt handelt am sichersten über die ^{13}C-chemische Verschiebung des 6-CH_2-Kohlenstoffs getroffen werden. In der *exo*-Form bewirkt die zum 6-CH_2 γ-*gauche* ständige 4-CO-Gruppe eine Hochfeldverschiebung im Unterschied zur γ-*trans* ständigen Position in der *endo*-Form (Tieffeldverschiebung). Für die hier vorliegende *endo*-Form resultiert daraus ein typischer Verschiebungswert im Bereich von 47 bis 52 ppm (*exo* um ca. 4 bis 5 ppm kleiner).

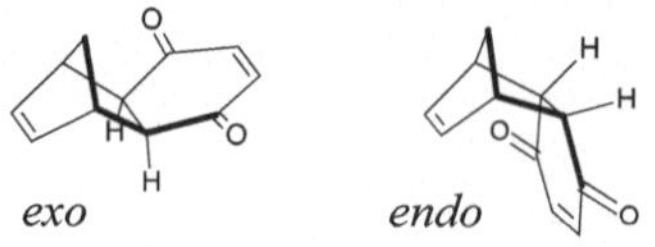

exo *endo*

Nr. 019

N und I	Shift δ	Kopplung	X-H	Sym	Stereochem.	2D	anderes	Schwierigkeit	$^1H/^{13}C$ 500 MHz $CDCl_3$
×	×	×	×	×	×	×	–	3	

Interpretieren Sie die Spektren von Leucinol ($C_6H_{15}NO$; 117,2 g/mol).

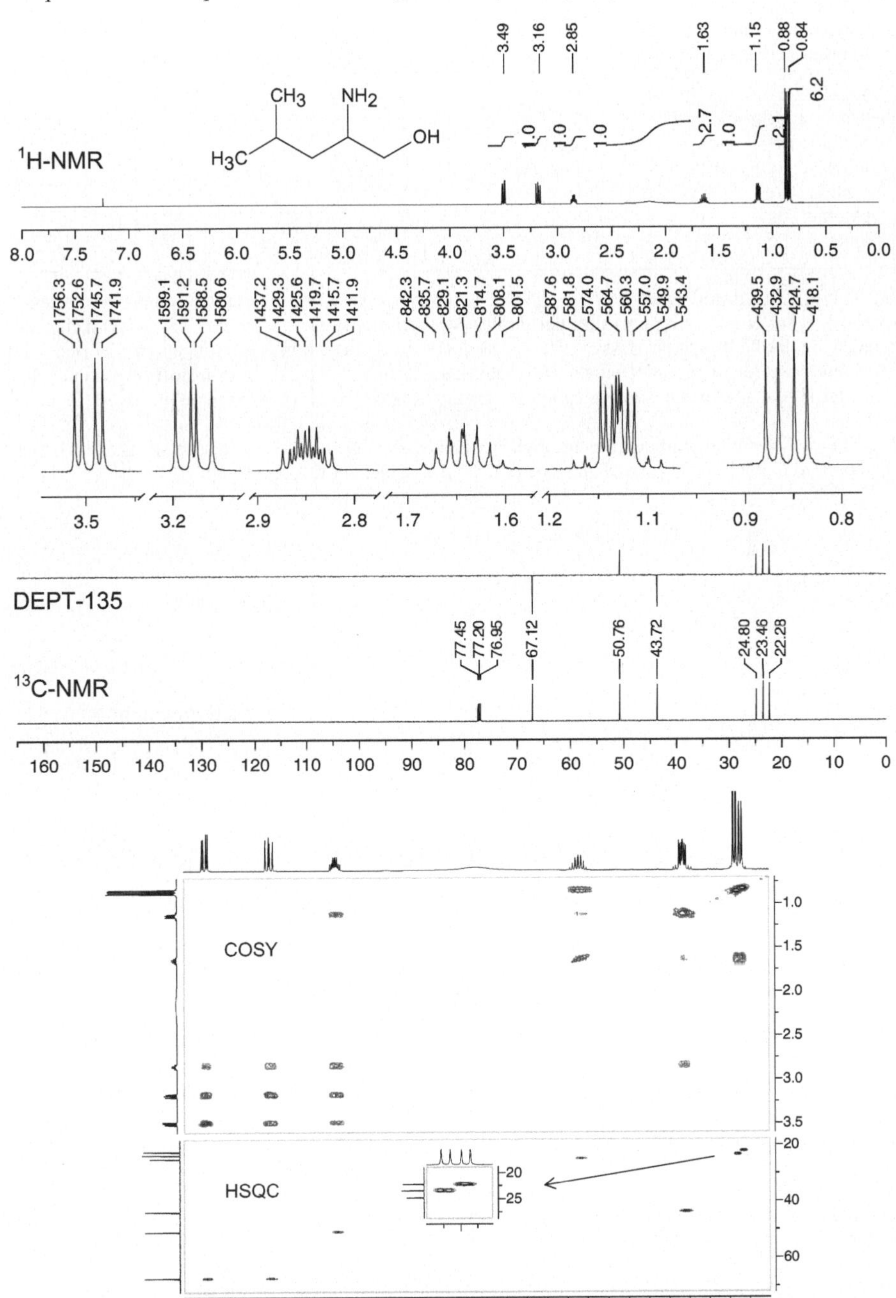

Fragestellung		Struktur			Spektrum		
chemisch äquivalente Gruppen?		Nur die Methyl- und die NH_2-Protonen sind chemisch äquivalent. Alle anderen Atome, d.h. auch die beiden Methylgruppen, sind chemisch nicht äquivalent (asymmetrische Verbindung).					
Anzahl chemisch nicht äquivalenter Atome oder Atomgruppen (und ^{1}H-Gesamtintensität):	^{1}H	10 (15)			7 (15)		
	^{13}C	6			6		
Multiplizität (und ^{1}H Intensität) der Signale unterteilt nach Verschiebungsbereichen: ^{1}H(^{13}C): Singulett s(S), Dublett d(D), Triplett t(T) usw.		X-H/C = O	TF	HF	X-H/C = O	TF	HF
	^{1}H:	s(2), s(1) ohne Kopplung in $CDCl_3$	–	2 × d (je 3), 4 × m (je 1), 2 × dd (je 1)	s(3) breit	–	2 × dd (je 1), 3 × m (4), 2 × d (je 3)
	^{13}C	–	–	2 × D, 2 × T, 2 × Q	–	–	2 × T, 4 × D o. Q

Im ^{1}H-NMR Spektrum lassen sich nur die Signalgruppen der austauschbaren NH_2 und -OH Protonen (breites Signal bei ca. 2,2 ppm) und der beiden Methylgruppen (I = 6 bei ca. 0,85 ppm) sicher zuordnen. Im DEPT Spektrum lassen sich die Signale der beiden Methylengruppen (67,12 ppm und 43,72 ppm) zuordnen. Das tieffeldverschobene Signal wird dem O-CH_2 Kohlenstoff zugeordnet. Mit Hilfe des HSQC Spektrums lassen sich leicht die zugehörigen ^{1}H- bzw. ^{13}C-Signale finden:

Diasterotope Methylenprotonen die am gleichen Kohlenstoff gebunden sind lassen sich in den HSQC Spektren oft einfach erkennen und zuordnen (hier am Beispiel der O-CH_2-Gruppe):

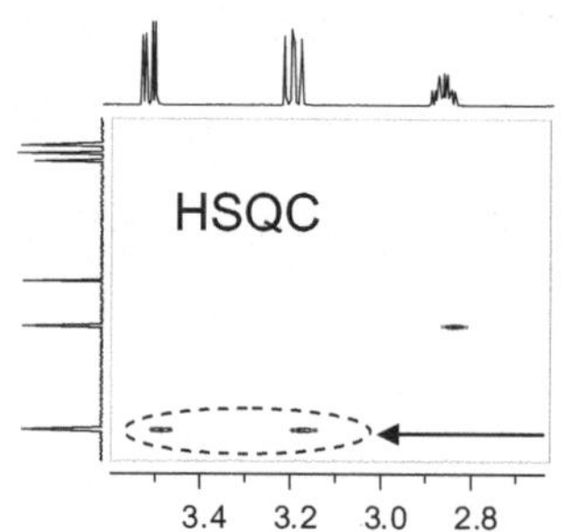

2-Amino-4-methylpentanol

Die restlichen Signale werden mit Hilfe des COSY Spektrums den beiden CH Gruppen zugeordnet:

–OH, –NH_2	^{1}H:	2,2 ppm, 3, breit	
1–CH_2	$^{1}H_A$:	3,49 ppm, 1, dd, (^{2}J = 10,6 Hz; ^{3}J = 3,7 Hz)	^{13}C: 67,12 ppm
	$^{1}H_B$:	3,16 ppm, 1, dd, (^{2}J = 10,6 Hz; ^{3}J = 7,9 Hz)	
2–CH	^{1}H:	2,85 ppm, 1, m	^{13}C: 50,76 ppm
3–CH_2	$^{1}H_{A,B}$:	1,15 ppm, 2, m	^{13}C: 43,72 ppm
4–CH-	^{1}H:	1,63 ppm, 1, m (Pseudononett), $^{3}J \approx 6,6$ Hz	^{13}C: 24,80 ppm
5–CH_3	^{1}H:	0,88 ppm, 3, d, (^{3}J = 6,6 Hz)	^{13}C: 23,46 ppm
5'–CH_3	^{1}H:	0,84 ppm, 3, d, (^{3}J = 6,6 Hz)	^{13}C: 22,28 ppm

Nr. 020

N und I	Shift δ	Kopplung	X-H	Sym	Stereochem.	2D	anderes	Schwierigkeit	$^1H/^{13}C$ 500 MHz $CDCl_3$
×	×	×	–	×	×	×	–	3	

Verifizieren Sie den Strukturvorschlag und ordnen Sie alle Signale zu.

3,7-Dimethyloct-6-enal (Citronellal)

$C_{10}H_{18}O$; 154,25 g/mol

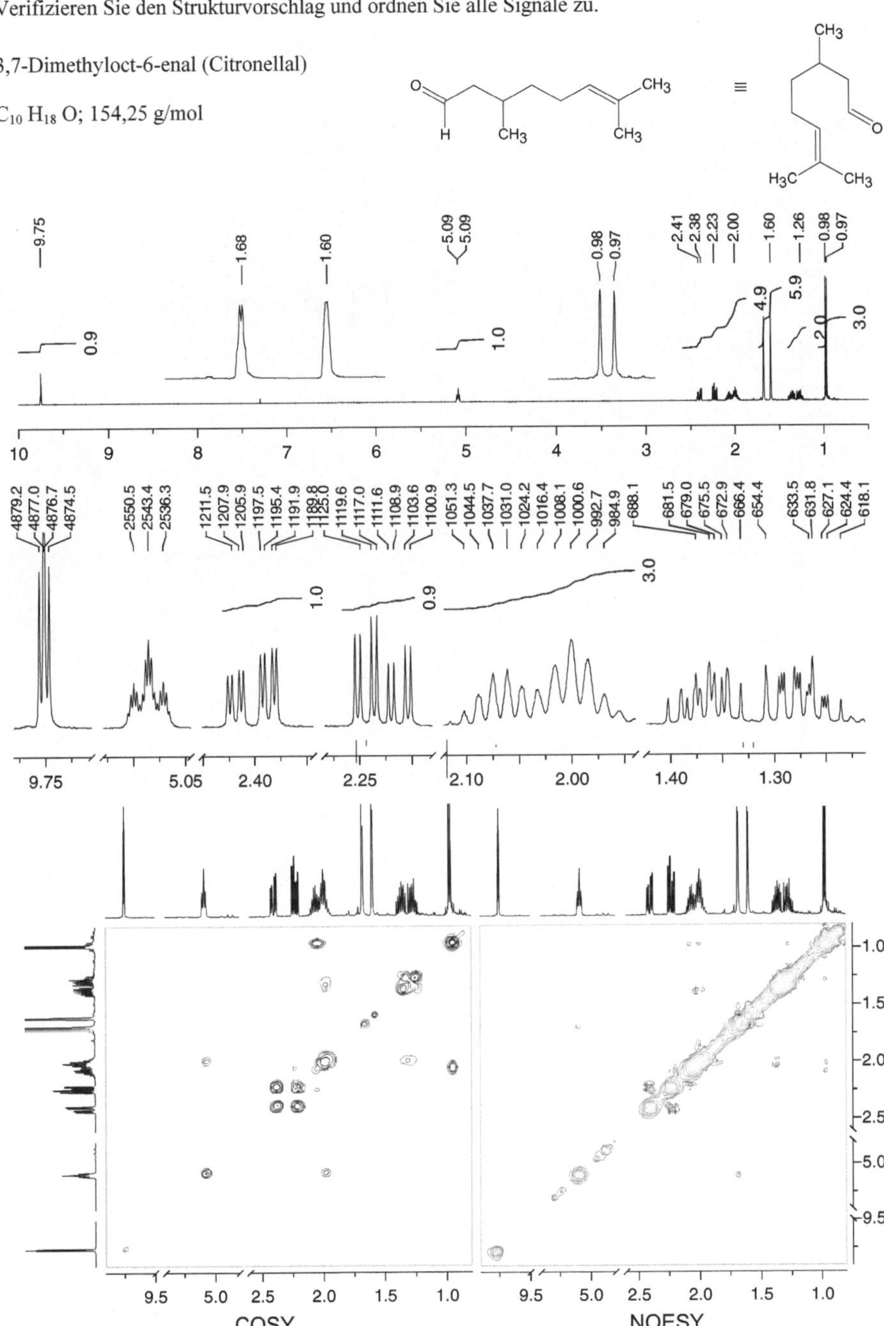

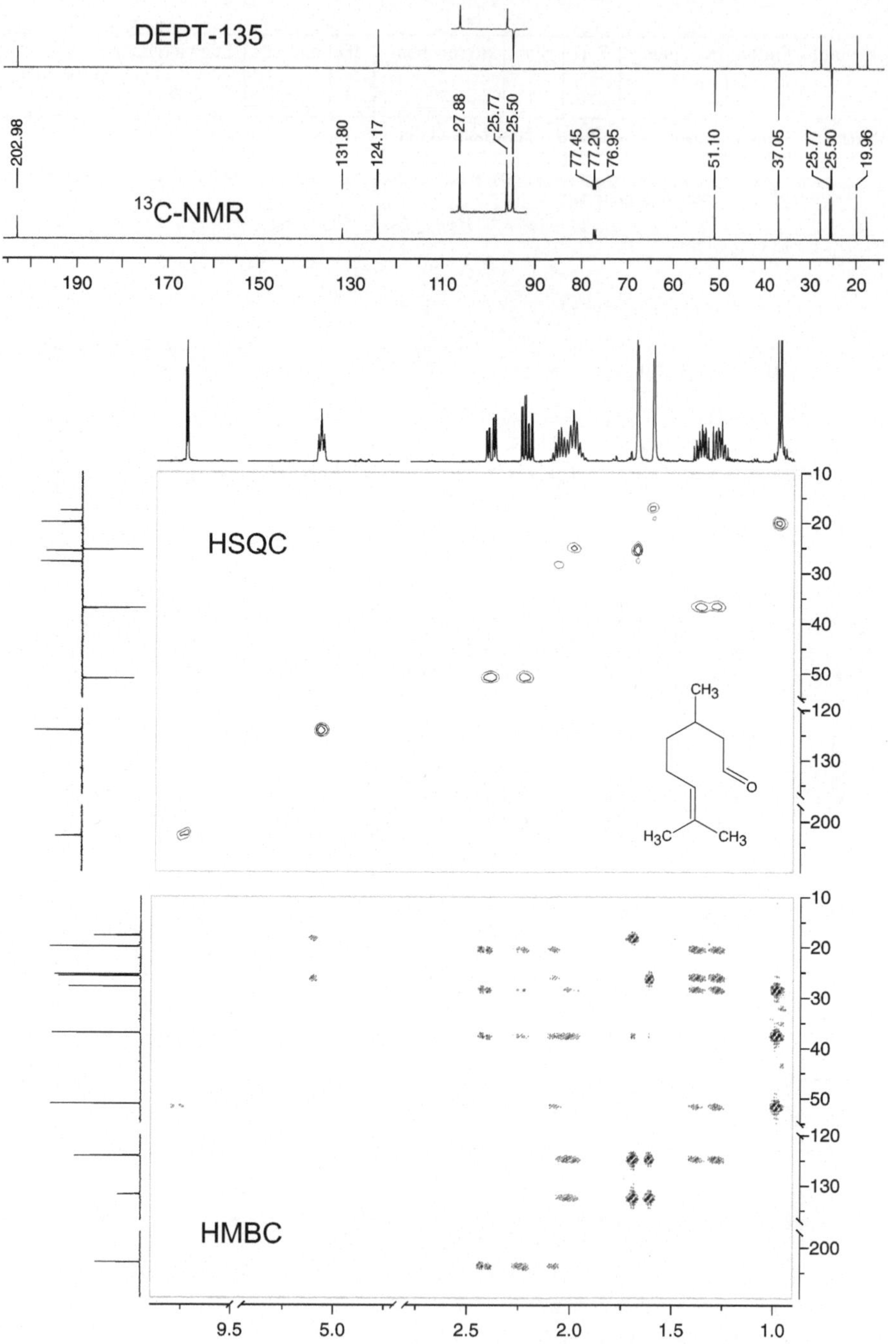

DEPT-135

^{13}C-NMR

202.98 131.80 124.17 27.88 25.77 25.50 77.45 77.20 76.95 51.10 37.05 25.77 25.50 19.96

190 170 150 130 110 90 80 70 60 50 40 30 20

HSQC

10 20 30 40 50 120 130 200

CH_3 O H_3C CH_3

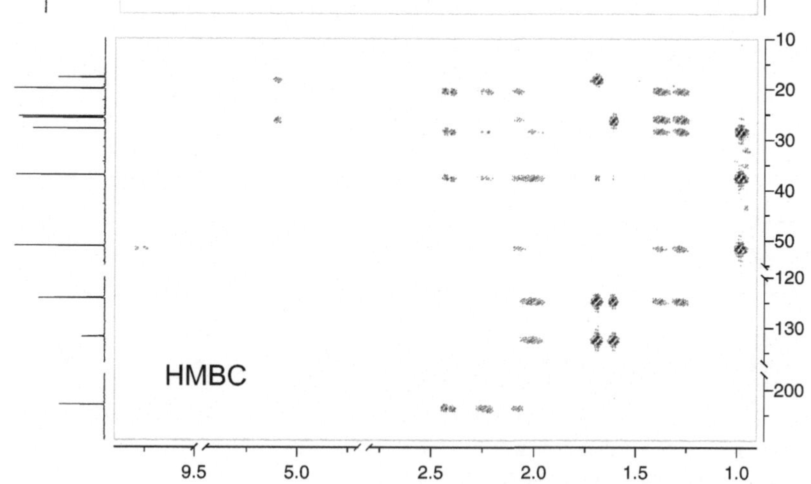

Fragestellung		Struktur			Spektrum		
chemisch äquivalente Gruppen?		Es handelt sich um eine asymmetrische Verbindung. Ausser den Methylprotonen sind keine Atome chemisch äquivalent.					
Anzahl chemisch nicht äquivalenter Atome oder Atomgruppen (und ^{1}H-Gesamtintensität):	^{1}H	12 (18)			9 (17,7 ≈ 18)		
	^{13}C	10			10		
Multiplizität (und ^{1}H Intensität) der Signale unterteilt nach Verschiebungsbereichen: ^{1}H(^{13}C): Singulett s (S), Dublett d (D), Triplett t (T) usw.		X-H/C = O	TF	HF	X-H/C = O	TF	HF
	^{1}H:	–	dd (1) dd (1)	7 × m (je1), 1 × d (3), 2 × s (je3)	–	m (1) m (1)	4 × m (7), 2 × s(je3), 1 × d (3),
	^{13}C	D	S, D	1 × D, 3 × T, 3 × Q	D	S, D	3 × T, 4 × D o. Q

Aus den eindimensionalen ^{1}H- und ^{13}C-NMR Spektren lassen sich nur die folgenden Signale mit Sicherheit zuordnen:

1 –CHO	^{1}H: 9,75 ppm, 1, t, $^{3}J = 3,6$ Hz	^{13}C: 202,98 ppm
7 =C<	^{1}H: –	^{13}C: 131,80 ppm
6 =CH-	^{1}H: 5,09 ppm, 1, t, $^{3}J = 7,1$ Hz ($^{4}J \approx 1$ Hz)	^{13}C: 124,17 ppm
3 –CH_3	^{1}H: 0,97 ppm, 3, d, ($^{3}J \approx 5$ Hz)	^{13}C: ?

COSY: Ausgehend von der 3-Methylgruppe (0,97 ppm) beobachtet man einen Kreuzpeak mit dem Multiplett bei 2,05 ppm. Dies weist auf das 3-CH Proton hin.

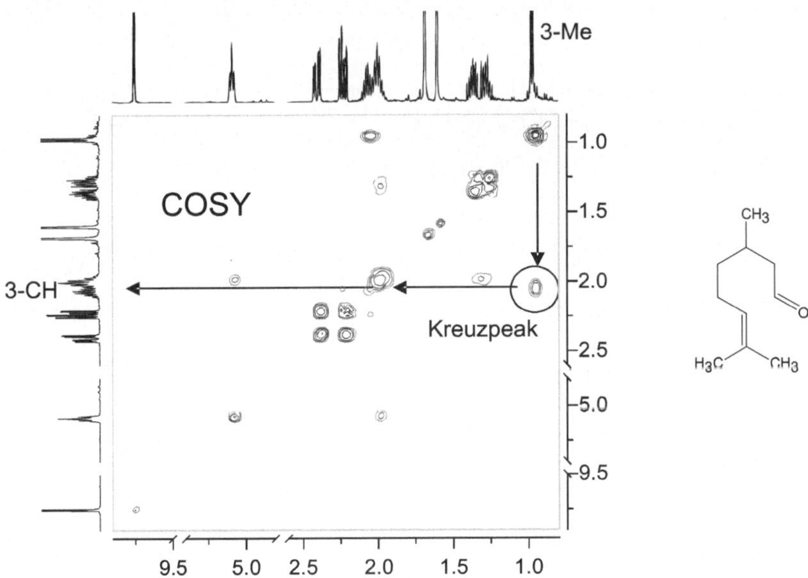

Da das ^{1}H-Multiplett bei 2,05 ppm aber eine Intensität von I = 3 aufweist, ist es offensichtlich noch mit einer CH_2-Gruppe überlagert.

HSQC: Die Überlagerung des 3-CH Protons mit einer CH_2-Gruppe wird hier deutlich. Unter dem ^{1}H-Multiplett bei 2,05 ppm verbergen sich zwei Kreuzpeaks: einer mit dem positiven ^{13}C-DEPT Signal bei 27,88 ppm (CH oder CH_3) und einer mit einem negativen Signal (CH_2) bei 25,50 ppm:

3 –CH< ^{1}H: 2,05 ppm, 1, m, ($^3J \approx 7$ Hz) ^{13}C: 27,88 ppm,

Ausgehend vom 6- =CH-Signal lässt sich jetzt im COSY Spektrum die 5-CH_2-Gruppe zuordnen:
5 –CH_2 ^{1}H: 2,00 ppm, 2, m, ($^3J \approx 7$ Hz) ^{13}C: 25,50 ppm.

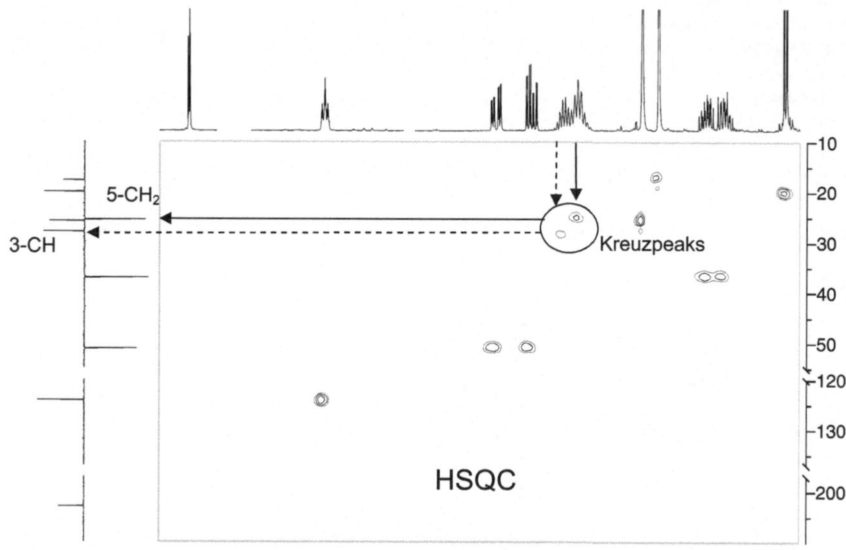

Auch die beiden anderen CH_2-Gruppen lassen sich leicht erkennen, aber noch nicht zuordnen:
? –CH_2 ^{1}H: 1,26 ppm, 1, m und 1,35 ppm, 1, m ^{13}C: 37,05 ppm

? –CH_2 ^{1}H: 2,23 ppm, 1, ddd und 2,40 ppm, 1, ddd ^{13}C: 51,10 ppm

Desweiteren lässt sich das ^{13}C Signal der 3-Methylgruppe bestimmen:
3 –CH_3 ^{1}H: 0,97 ppm, 3, d, ($^3J \approx 5$ Hz) ^{13}C: 19,96 ppm

Die Signale der beiden endständigen Methylgruppen können aber noch nicht den Positionen 8 und 8' zugeordnet werden:
? –CH_3 ^{1}H: 1,60 ppm, 3, s ^{13}C: 17,74 ppm

? –CH_3 ^{1}H: 1,68 ppm, 3, s ^{13}C: 25,77 ppm.

HMBC: Die 2-CH_2-Gruppe lässt sich sicher aus dem HMBC Spektrum zuordnen. Hier werden Kreuzsignale zwischen ^{1}H-Atomen und Kohlenstoffatomen beobachtet, die über zwei, drei oder auch vier Bindungen benachbart sind. Ausgehend vom 1-CHO Kohlenstoff (202,98 ppm) finden wir drei Kreuzpeaks. Die beiden intensiveren zeigen auf die Methylensignale bei 2,23 und 2,4 ppm. Dabei muss es sich um die 2-CH_2 Gruppe handeln:

2 –CH_2 ^{1}H: 2,23 ppm, 1, ddd und 2,40 ppm, 1, ddd ^{13}C: 51,10 ppm.

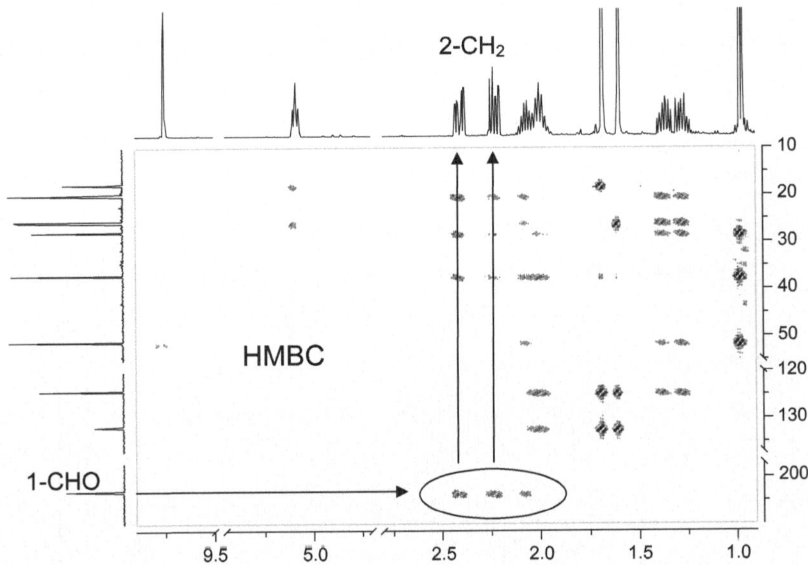

Das etwas weniger intensive Kreuzsignal verweist auf die bereits bekannte 3-CH Gruppe bei 2.05 ppm. Bei der verbleibenden Methylgruppe muss es sich schliesslich um die 4-CH_2 Gruppe handeln:

4 –CH_2 ^{1}H: 1,26 ppm, 1, m und 1,35 ppm, 1, m ^{13}C: 37,05 ppm.

NOESY: Die Zuordnung der zwar chemisch nicht äquivalenten aber sehr ähnlichen terminalen Methylgruppen 8 und 8' gelingt nur mit Hilfe des NOE Effektes, welcher im NOESY Spektrum beobachtet wird. Nur bei der zum 6-H Proton Z-ständigen 8-CH_3 Gruppe wird ein deutliches NOE Signal beobachtet:

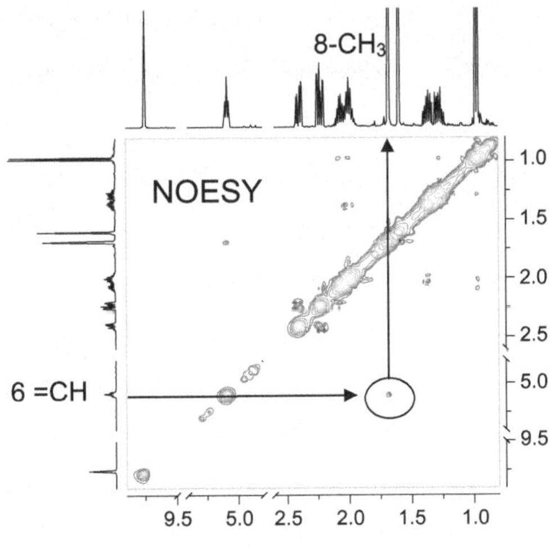

8 –CH_3 ^{1}H: 1,68 ppm, 3, s ^{13}C: 25,77 ppm

8'–CH_3 ^{1}H: 1,60 ppm, 3, s ^{13}C: 17,74 ppm.

Nr. 021

N und I	Shift δ	Kopplung	X-H	Sym	Stereochem.	2D	anderes	Schwierigkeit	$^1H/^{13}C$ 500 MHz $CDCl_3$
×	×	×	×	×	–	×	–	1	

Verifizieren Sie diese Struktur.

4-Hydroxybenzoesäurepropylester (Propylparaben)

$C_{10}H_{12}O_3$; 180,2 g/mol

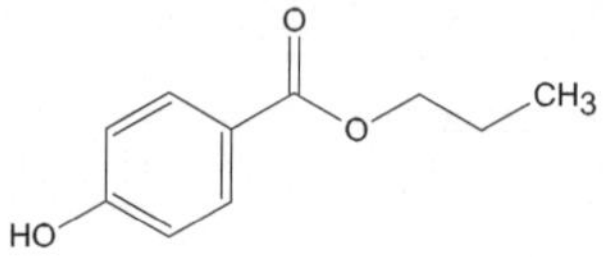

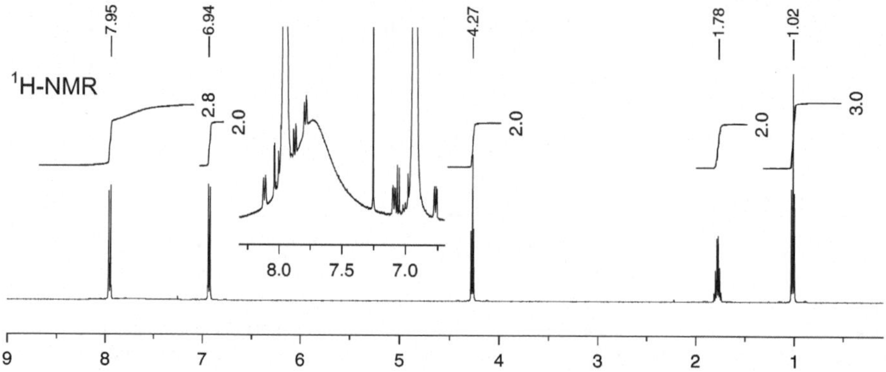

O CH3 O HO

^1H-NMR

7.95 6.94 4.27 1.78 1.02

2.8 2.0 2.0 2.0 3.0

8.0 7.5 7.0

9 8 7 6 5 4 3 2 1

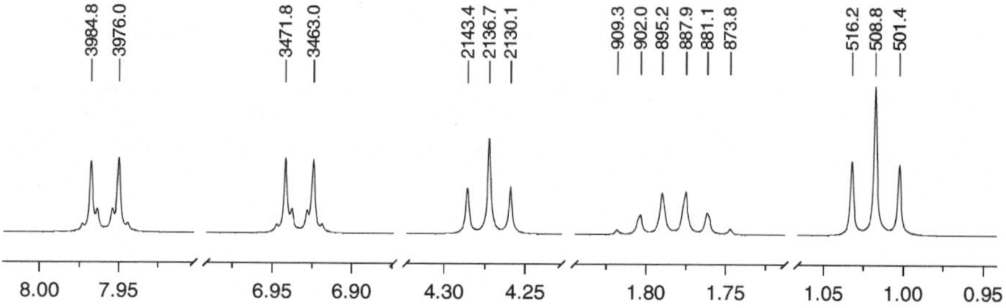

3984.8 3976.0 3471.8 3463.0 2143.4 2136.7 2130.1 909.3 902.0 895.2 887.9 881.1 873.8 516.2 508.8 501.4

8.00 7.95 6.95 6.90 4.30 4.25 1.80 1.75 1.05 1.00 0.95

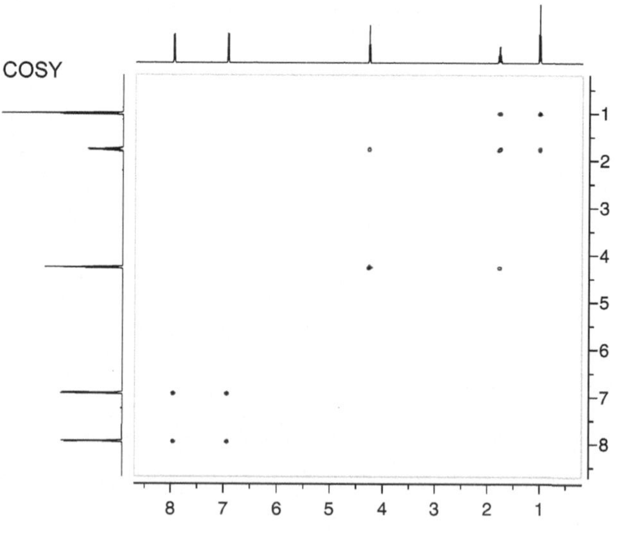

COSY

1 2 3 4 5 6 7 8

8 7 6 5 4 3 2 1

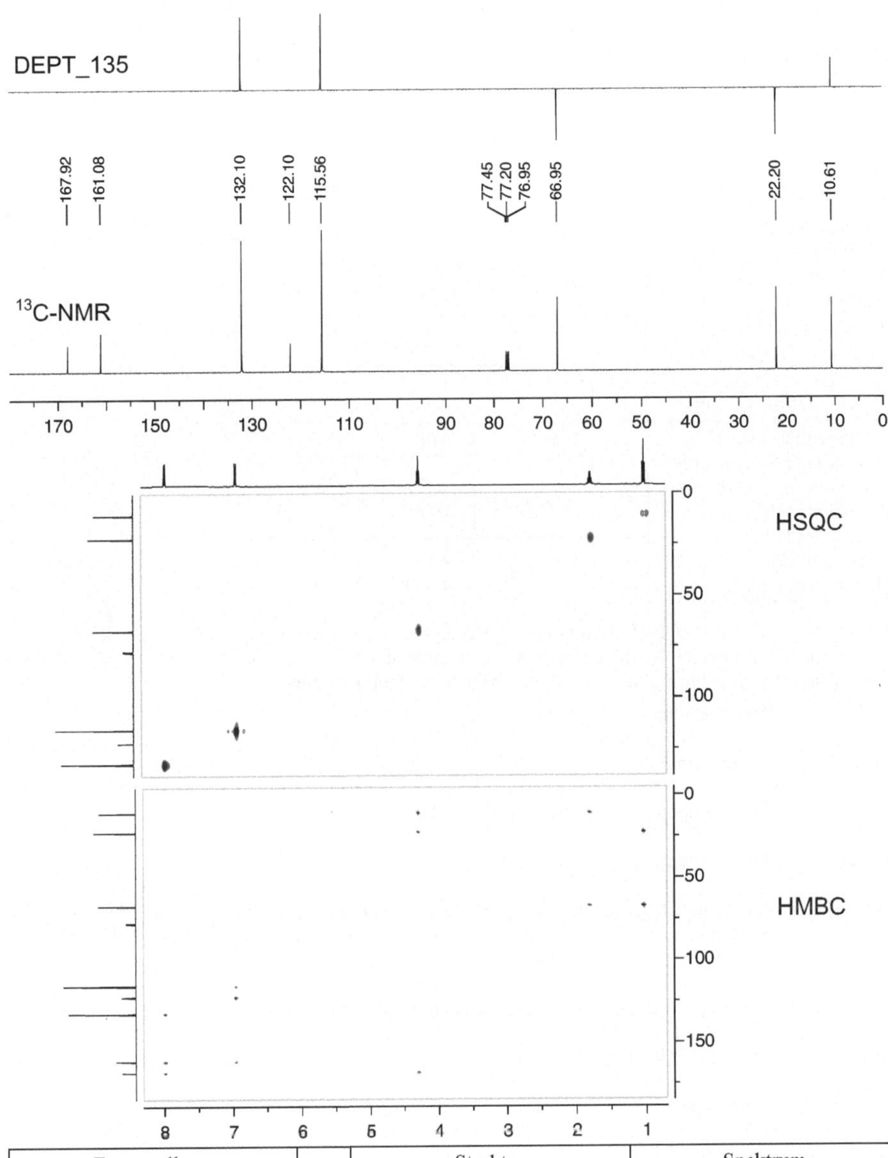

Fragestellung		Struktur			Spektrum		
chemisch äquivalente Gruppen?							
Anzahl chemisch nicht äquivalenter Atome oder Atomgruppen (und ^{1}H-Gesamtintensität):	^{1}H						
	^{13}C						
Multiplizität (und ^{1}H Intensität) der Signale unterteilt nach Verschiebungsbereichen: ^{1}H(^{13}C): Singulett s (S), Dublett d (D), Triplett t (T) usw.		X-H/C = O	TF	HF	X-H/C = O	TF	HF
	^{1}H:						
	^{13}C						

Fragestellung		Struktur			Spektrum		
chemisch äquivalente Gruppen (ausser Methylprotonen)?		Ja, die aromatischen (3,3' und 4,4') sowie die CH_2-Protonen (6 und 7) sind jeweils chemisch äquivalent.					
Anzahl chemisch nicht äquivalenter Atome oder Atomgruppen (und ^{1}H-Gesamtintensität):	^{1}H	6 (12)			6 (11,8 ≈ 12)		
	^{13}C	8			8		
Multiplizität (und ^{1}H Intensität) der Signale unterteilt nach Verschiebungsbereichen: ^{1}H(^{13}C): Singulett s (S), Dublett d (D), Triplett t (T) usw.		X-H/C = O	TF	HF	X-H/C = O	TF	HF
	^{1}H:	s (1)	d (2) d (2)	t (2), sex (2), t (3)	s (1) breit	d (2) d (2)	t (2), sex (2), t (3)
	^{13}C	1 × S	2 × S 2 × D	2 × T 1 × Q	1 × S	2 × S 2 × D	2 × T 1 × Q

Aus den ^{1}H-, ^{13}C-NMR (DEPT) und HSQC Spektren lassen sich neben dem breiten –OH Signal mühelos die Signale der beiden Methylengruppen (6, 7) sowie der Methylgruppe (8) erkennen. Die Gruppen 6 und 7 lassen sich aufgrund ihrer ^{1}H-Multiplizitäten eindeutig zuordnen:

-OH	^{1}H: ca. 7,7 ppm, 1, s (breit)	
6 CH_2	^{1}H: 4,27 ppm, 1, t, (^{3}J = 6,7 Hz)	^{13}C: 66,95 ppm
7 CH_2	^{1}H: 1,78 ppm, 1, Pseudosextett, (^{3}J ≈ 7 Hz)	^{13}C: 22,20 ppm
8 CH_3	^{1}H: 1,02 ppm, 1, t, (^{3}J = 7,4 Hz)	^{13}C: 10,61 ppm

Die aromatischen Protonen (3, 3' und 4, 4') sowie die quartären C-Atome (1, 2 und 5) lassen sich ebenfalls eindeutig erkennen, die exakte Zuordnung ist hier aber schwieriger. Das COSY Spektrum bringt keinen neuen Erkenntniszuwachs, da nur die Kopplungen zwischen den drei aliphatischen Gruppen 5, 6 und 7 sowie zwischen den aromatischen Protonen 3 und 4 beobachtet werden. Die exakte Zuordnung dieser Gruppen gelingt aber sicher mit dem HMBC-Spektrum. Nur das Proton bei 7.95 ppm liefert Kreuzpeaks mit den beiden sauerstoffbenachbarten und darum stark tieffeldverschobenen ^{13}C Singulettsignalen bei 167,92 und 161,08 ppm. Da in aromatischen Systemen die vicinalen $^3J_{H\text{-}C\text{-}C\text{-}C}$ Kopplungen deutlicher sein können als die üblicherweise beobachteten geminalen $^2J_{H\text{-}C\text{-}C}$ Kopplungen, muss es sich hier um die 3(3')-Protonen handeln. Die 4(4')-Protonen bei 6,94 ppm zeigen dagegen einen intensiven Kreupeak mit dem quartären 2-C Kohlenstoffatom bei 122,1 ppm. Damit ist gleichzeitig die Zuordnung der quartären C-Atome vorgenommen:

1 C=O	^{1}H: –	^{13}C: 167,92 ppm
2=C	^{1}H: –	^{13}C: 122,10 ppm
3=CH	^{1}H: 7,95 ppm, 2, d, (^{3}J = 8,8 Hz)	^{13}C: 132,10 ppm
4=CH	^{1}H: 6,94 ppm, 2, d, (^{3}J = 8,8 Hz)	^{13}C: 115,56 ppm
5=C-O	^{1}H: –	^{13}C: 161,08 ppm.

Nr. 022

N und I	Shift δ	Kopplung	X-H	Sym	Stereochem.	2D	anderes	Schwierigkeit	$^1H/^{13}C$ 500 MHz $CDCl_3$
×	×	×	×	×	×	×	–	3	

Handelt es sich um die Spektren von der Verbindung A oder B?

C_5H_9ClO; 120,58 g/mol

A oder B

^{1}H-Fragestellung	Struktur			Spektrum		
chemisch äquivalente Gruppen?						
Anzahl chemisch nicht äquivalenter Atome oder Atomgruppen (und ^{1}H-Gesamtintensität):						
^{1}H Multiplizität (Intensität) in Verschiebungsbereiche unterteilt Singulett s, Dublett d, Triplett t	X-H	TF	HF	X-H	TF	HF

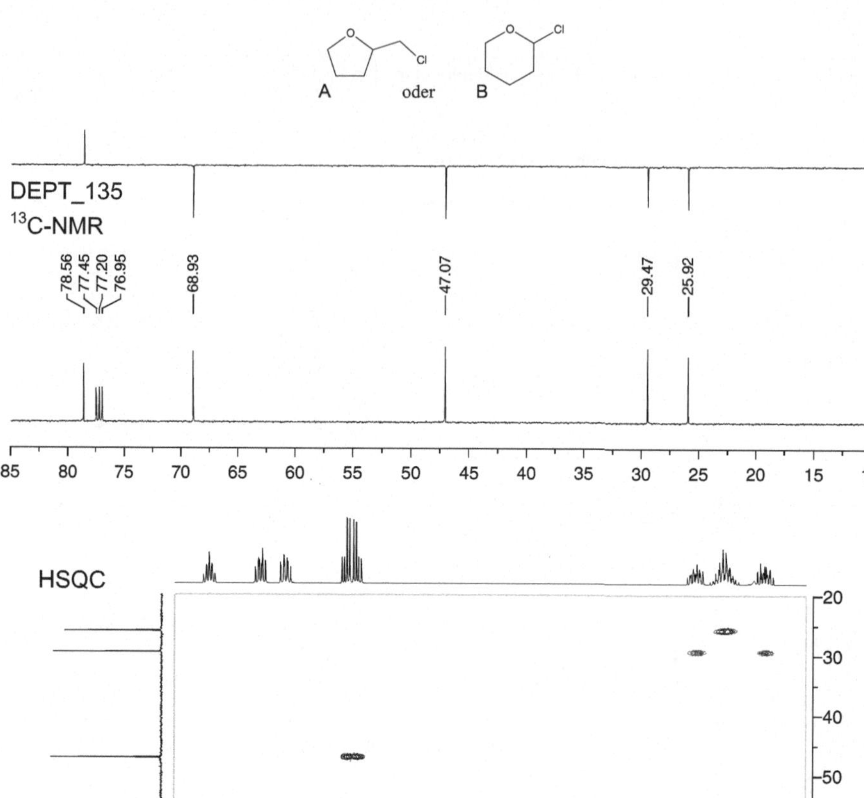

<table>
<tr><td>^{13}C-Fragestellung</td><td colspan="3">Struktur</td><td colspan="3">Spektrum</td></tr>
<tr><td>chemisch äquivalente Gruppen?</td><td colspan="6"></td></tr>
<tr><td>Anzahl chemisch nicht äquivalenter Atome oder Atomgruppen</td><td colspan="3"></td><td colspan="3"></td></tr>
<tr><td rowspan="2">Multiplizität der Signale unterteilt nach Verschiebungsbereichen:
Singulett S, Dublett D, Triplett T</td><td>C=O</td><td>TF</td><td>HF</td><td>C=O</td><td>TF</td><td>HF</td></tr>
<tr><td></td><td></td><td></td><td></td><td></td><td></td></tr>
</table>

A oder B

Fragestellung		Struktur			Spektrum		
chemisch äquivalente Gruppen?		Nein, A und B sind asymmetrische Verbindungen.					
Anzahl chemisch nicht äquivalenter Atome oder Atomgruppen (und ^{1}H-Gesamt-	^{1}H	A: 9 (9) B: 9 (9)			7 (9,1 ≈ 9)		
intensität):	^{13}C	A: 5 B: 5			5		
Multiplizität (und ^{1}H Intensität) der Signale unterteilt nach Verschiebungs-		X-H/C = O	TF	HF	X-H/C = O	TF	HF
bereichen: ^{1}H(^{13}C): Singulett s(S),	^{1}H:	A: – B: –	A: – B: –	A: 2× dd, 2× dt, 1× pseudopen, 4× m B: 1× dd, 2× dt, 6× m (alle je 1)	–	–	1× pentett, 2× dt, 2× dd (je 1), 3× m (4)
Dublett d(D), Triplett t(T) usw.	^{13}C	A: – B: –	A: – B: –	A und B: 1 × D, 4 × T	–	–	1 × D, 4 × T

Es handelt sich um das 2-Chlormethyltetrahydrofuran (A). Aus den ^{1}H-, ^{13}C-NMR (DEPT) und HSQC Spektren lässt sich das –CH Signal (1) sicher erkennen:

1-CH ^{1}H: 4,06 ppm, 1, pentett, (^{3}J = 5,7 und 6,7 Hz) ^{13}C: 78,56 ppm

Die Multiplizität dieses Signals stimmt mit der für die Struktur A erwarteten überein. Im COSY Spektrum lassen sich die Signale einer zum CH benachbarten Methylengruppe bei 3,48 ppm feststellen. Weniger intensive Kreuzpeaks verweisen auf die Kopplungen mit weiteren diastereotopen Methylenprotonen bei 1,71 und 1,98 ppm. Dies stimmt besser mit dem Strukturvorschlag A überein, da für B nur eine benachbarte Methylenkopplung erwartet wird. Aufgrund ihrer ^{13}C chemischen Verschiebungen lassen sich diese beiden Methylengruppen eindeutig den Positionen 2 und 5 zuordnen:

2-CH_2 $^{1}H_A$: 1,71 ppm, 1, m, (^{3}J ≈ 7 Hz) ^{13}C: 29,47 ppm

$^{1}H_B$: 1,98 ppm, 1, m, (^{3}J ≈ 7 Hz)

5-CH_2 $^{1}H_A$: 3,43 ppm, 1, dd, (^{2}J = 11,0 Hz, ^{3}J = 5,8 Hz) ^{13}C: 47,07 ppm

$^{1}H_B$: 3,48 ppm, 1, dd, (^{2}J = 11,1 Hz, ^{3}J = 5,3 Hz)

Bei dem am stärksten tieffeldverschobenen CH_2-Kohlenstoffsignal bei 68,9 ppm muss es sich um die O-CH_2 Gruppe (4) handeln. Davon ausgehend wird im COSY Spektrum eine Kopplung mit der noch verbleibenden Methylengruppe (3) bei ca. 1,87 ppm beobachtet.

3-CH_2 $^{1}H_{A,B}$: 1,87 ppm, 2, m, (^{3}J ≈ 7 Hz) ^{13}C: 25,92 ppm

4-CH_2 $^{1}H_A$: 3,73 ppm, 1, dt, (^{2}J = 8,2 Hz, ^{3}J = 6,8 Hz) ^{13}C: 68,93 ppm

$^{1}H_B$: 3,85 ppm, 1, dt, (^{2}J = 8,3 Hz, ^{3}J = 6,6 Hz)

Wegen der für Alicyclen oftmals unübersichtlichen Auswertung der Multiplizitäten und Kopplungen kann auch die Beeinflussung der ^{1}H-NMR Signale durch elektronenziehende Substituenten bewertet werden. Im Fall A werden nur zwei (2, 3) und im Fall B werden drei Methylengruppen nicht durch Nachbarschaftseffekte beeinflusst. Im experimentellen Spektrum beobachtet man zwei hochfeldverschobene Methylengruppen (drei Protonensignale mit I = 4).

Nr. 023

N und I	Shift δ	Kopplung	X-H	Sym	Stereochem.	2D	anderes	Schwierigkeit	$^1H/^{13}C$
×	×	×	×	×	×	×	–	3	500 MHz $CDCl_3$

Von welcher Verbindung (A oder B) wurden diese Spektren aufgenommen?

$C_{10}H_{11}Cl_2NO$; 232,11 g/mol

A oder B

^{1}H-NMR

7.40 7.35 7.29 7.25 5.53 4.32 4.15 3.93 2.24 2.15

5.0 1.0 3.0 2.1

8.0 7.5 7.0 6.5 6.0 5.5 5.0 4.5 4.0 3.5 3.0 2.5 2.0 1.5 1.0

3710.1 3703.1 3676.8 3669.2 3647.3 3640.1 3626.5 2173.8 2170.2 2164.7 2161.1 2084.4 2080.7 2074.5 2070.9 1976.5 1967.4 1966.7 1957.6 1121.6

2.1 1.9 1.0

7.4 7.3 7.2 4.3 4.2 4.1 3.9 2.3 2.2

COSY

2.0 2.5 4.0 4.5 5.0 5.5 7.0 7.5 8.0

8.0 7.5 7.0 5.5 5.0 4.5 4.0 2.5 2.0

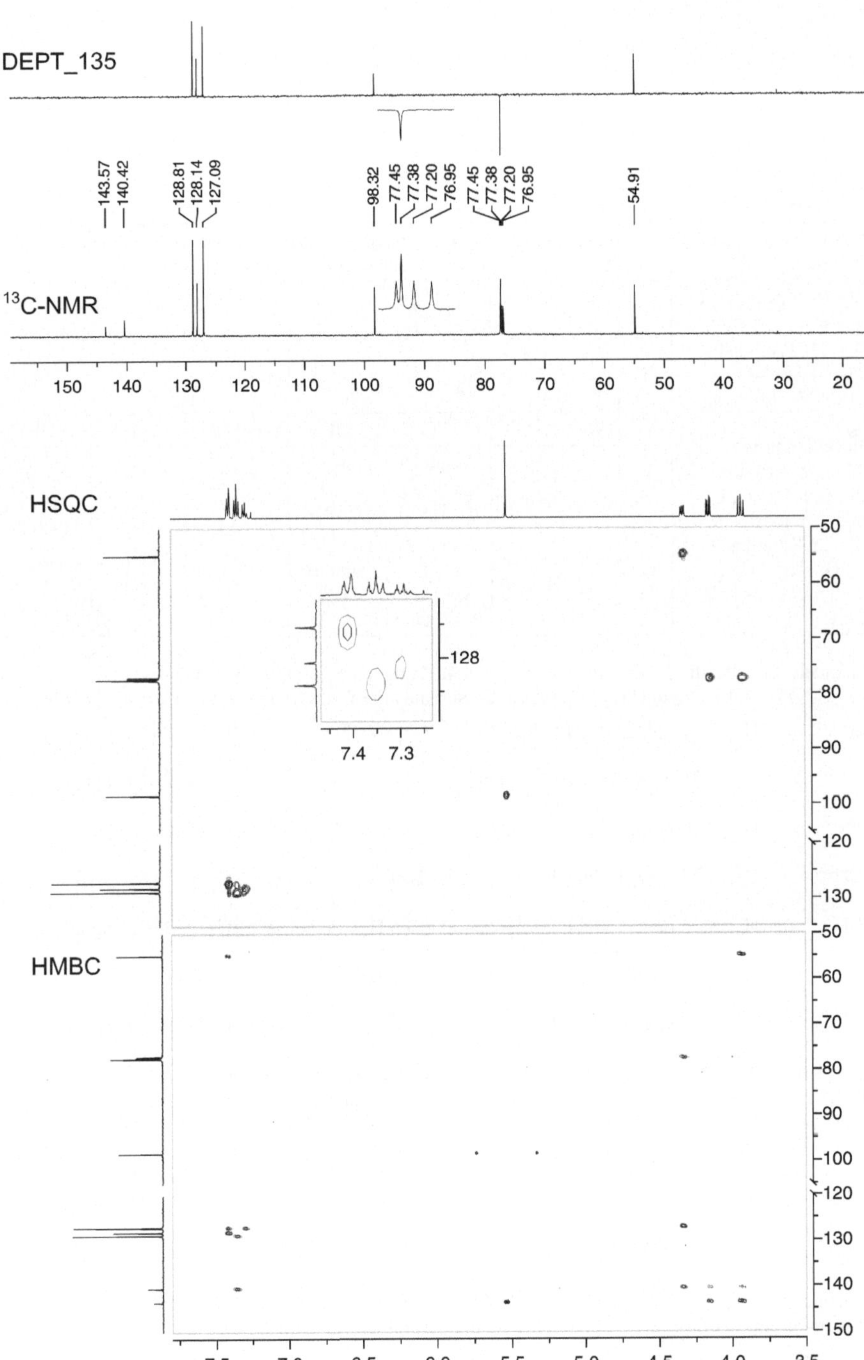
DEPT_135
143.57
140.42
128.81
128.14
127.09
98.32
77.45
77.38
77.20
76.95
77.45
77.38
77.20
76.95
54.91
^{13}C-NMR
150
140
130
120
110
100
90
80
70
60
50
40
30
20
HSQC
128
7.4
7.3
HMBC
7.5
7.0
6.5
6.0
5.5
5.0
4.5
4.0
3.5

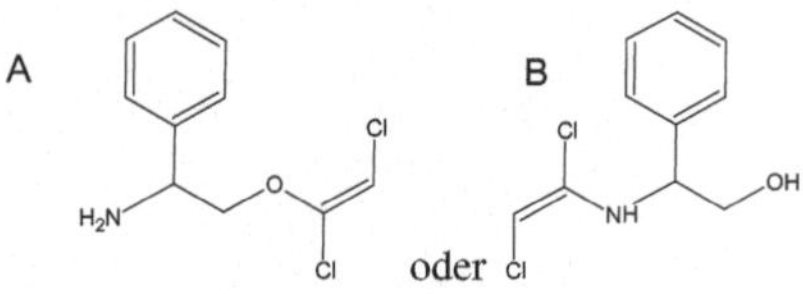

A oder B

Fragestellung		Struktur			Spektrum		
chemisch äquivalente Gruppen?		A und B sind asymmetrische Verbindungen. Die *ortho*- und *meta*-Phenylprotonen sind aber jeweils chemisch äquivalent.					
Anzahl chemisch nicht äquivalenter Atome oder Atomgruppen (und ^{1}H-Gesamtintensität):	^{1}H	A: 8 (11) B: 8 (11)			8 (11,1 ≈ 11)		
	^{13}C	A: 8 B: 8			8		
Multiplizität und (^{1}H Intensität) unterteilt nach Verschiebungsbereichen: ^{1}H(^{13}C): Singulett s (S), Dublett d (D), Triplett t (T) usw.		X-H/C = O	TF	HF	X-H/C = O	TF	HF
	^{1}H	A: s (2) B: 2 × s (je 1)	A und B: s, t (je 1); d, t (je 2)	A und B: 3 × dd (je 1)	s (2) breit	s, t (je 1); d, t (je 2)	3 × dd (je 1)
	^{13}C	A, B: –	A und B: 1 × I: S,S,D,D 2 × I: D,D	A und B: D, T	–	1× I: S,S,D 2× I: D,D	D, D, T

Es handelt sich um die Etherverbindung A. Unabhängig vom Strukturvorschlag lassen sich aus den ^{1}H-, ^{13}C-NMR (DEPT) und HSQC Spektren die Signale aller CH_n Gruppen erkennen und zuordnen:

para ^{1}H: 7,29 ppm, 1, t, (^3J = 7,2 Hz) ^{13}C: 128,14 ppm

meta ^{1}H: 7,35 ppm, 2, t, (^3J = 7,6 Hz) ^{13}C: 128,81 ppm

ortho ^{1}H: 7,40 ppm, 2, d, (^3J = 7,0 Hz) ^{13}C: 127,09 ppm

N-CH ^{1}H: 4,32 ppm, 1, dd, (^3J = 9,1 und 3,6 Hz) ^{13}C: 54,91 ppm

O-CH_2 ^1H_A: 4,15 ppm, 1, dd, (^2J = 9,9 Hz, ^3J = 3,6 Hz) ^{13}C: 77,38 ppm

^1H_B: 3,93 ppm, 1, dd, (^2J = 9,8 Hz, ^3J = 9,1 Hz)

=CH ^{1}H: 5,53 ppm, 1, s ^{13}C: 98,32 ppm

Ob es sich bei dem breiten Signal der austauschbaren Protonen bei 2,24 ppm nur um ein NH_2- oder um ein NH- plus OH-Signal handelt, lässt sich ebenso wenig sicher feststellen wie die Zuordnung der beiden quartären Kohlenstoffatome und die Entscheidung für die Struktur A oder B. Letzteres gelingt nur mit Hilfe des HMBC Spektrums. Das olefinische =CH Proton (5,53 ppm) zeigt nur einen intensiven Kreuzpeak bei 143,57 ppm. Dabei muss es sich um das quartäre olefinische C-Atom handeln:

=C< ^{1}H: – ^{13}C: 143,57 ppm

ipso ^{1}H: – ^{13}C: 140,42 ppm

Die Kreuzpeaks der beiden diastereotopen O-CH_2 Protonen mit diesem quartären olefinischen C-Atom stimmen nur mit der Struktur A überein (^3J) nicht aber mit der Struktur B (^4J).

Kapitel 5
Aufgaben zur NMR Spektroskopie

R. Meusinger, *NMR-Spektren richtig ausgewertet*,
doi: 10.1007/978-3-642-01683-7, © Springer 2010

Nr. 024

N und I	Shift δ	Kopplung	X-H	Sym	Stereochem.	2D	anderes	Schwierigkeit	^{1}H 500 MHz $CDCl_3$
×	–	–	–	–	–	–	–	1	

Verifizieren Sie die richtige Struktur.

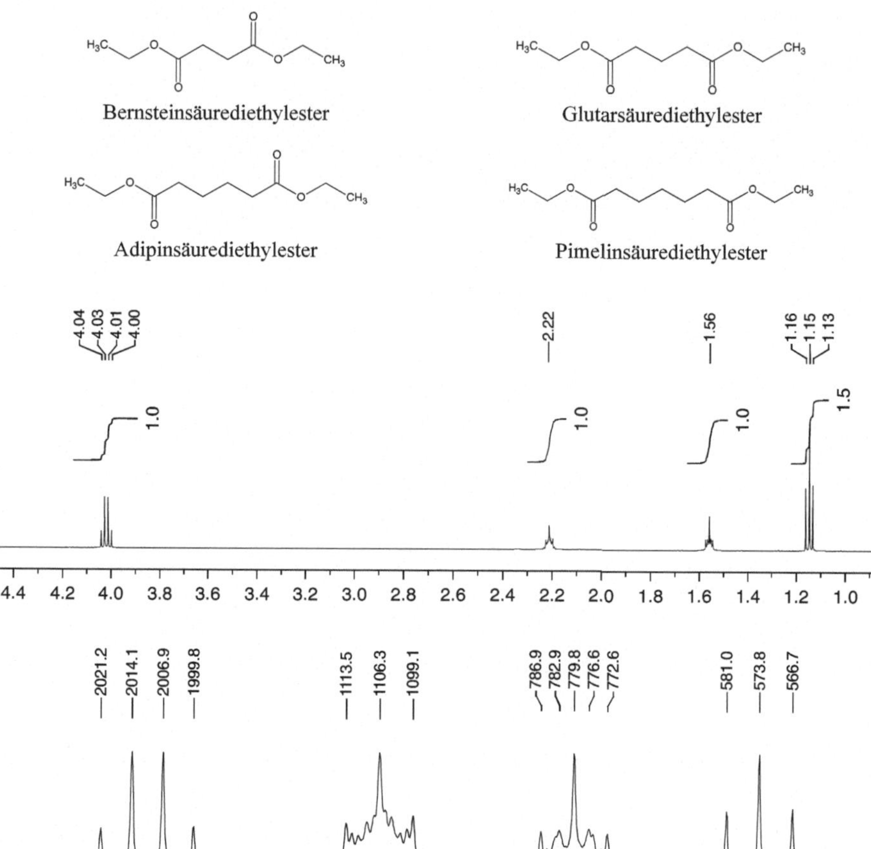

Fragestellung	Strukturen A–D				Spektrum
chemisch äquivalente H-Atome? (ausser in -CH_3 Gruppen)	A	B	C	D	
Gesamtintensität					
Anzahl der Signale					
Intensitätsverhältnisse					

Nr. 025

N und I	Shift δ	Kopplung	X-H	Sym	Stereochem.	2D	anderes	Schwierigkeit	^{1}H 300 MHz $CDCl_3$
×	–	×	–	–	–	–	–	1	

Bestimmen Sie die Struktur dieser Substanz.

C_4H_8O; 72,1 g/mol

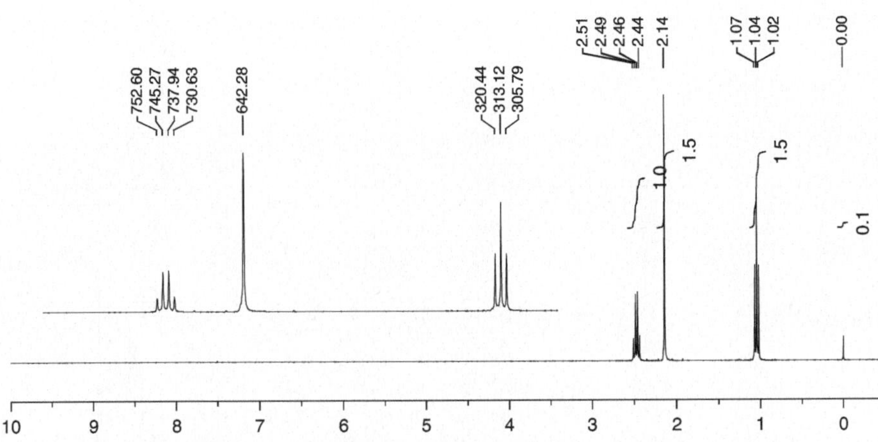

Fragestellung	Struktur	Spektrum
chemisch äquivalente H-Atome? (ausser in $-CH_3$ Gruppen)		
Gesamtintensität		
Anzahl der Signale		
Intensitätsverhältnisse		

Nr. 026

N und I	Shift δ	Kopplung	X-H	Sym	Stereochem.	2D	anderes	Schwierigkeit	^{1}H
×	–	×	–	–	–	–	–	1	300 MHz $CDCl_3$

Bestimmen Sie die Struktur dieser Substanz.

C_4H_9Br; 137,0 g/mol

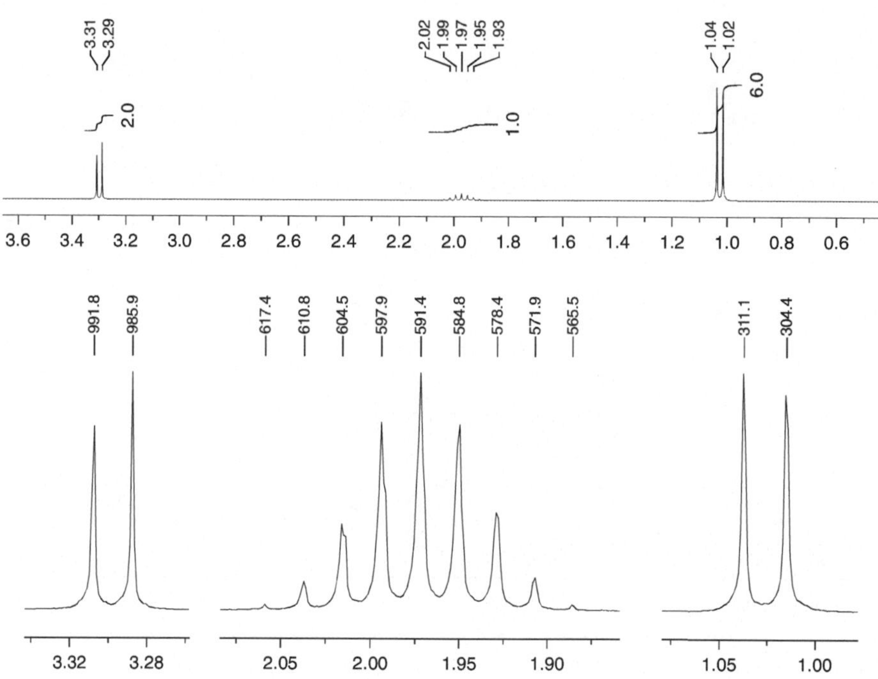

<table>
<tr><td>Fragestellung</td><td colspan="3">Struktur</td><td colspan="3">Spektrum</td></tr>
<tr><td>chemisch äquivalente Gruppen?</td><td colspan="6"></td></tr>
<tr><td>Anzahl chemisch nicht äquivalenter Atome oder Atomgruppen und (^{1}H-Gesamtintensität):</td><td colspan="3"></td><td colspan="3"></td></tr>
<tr><td rowspan="2">Multiplizität und (^{1}H Intensität) der Signale unterteilt nach Verschiebungsbereichen: Singulett s, Dublett d, Triplett t, usw.</td><td>X-H</td><td>Tieffeld</td><td>Hochfeld</td><td>X-H</td><td>Tieffeld</td><td>Hochfeld</td></tr>
<tr><td></td><td></td><td></td><td></td><td></td><td></td></tr>
</table>

Nr. 027

N und I	Shift δ	Kopplung	X-H	Sym	Stereochem.	2D	anderes	Schwierigkeit	^1H 300 MHz $CDCl_3$
×	×	×	×	×	–	–	–	1	

Prüfen Sie die Übereinstimmung von Struktur und Spektrum.

$C_9H_{10}O_3$; 166,2 g/mol

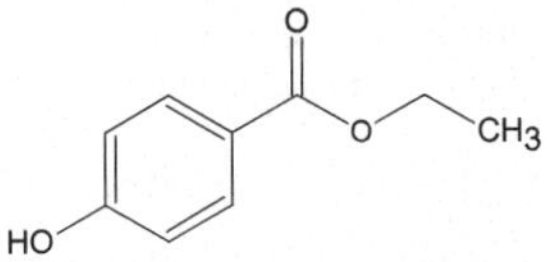

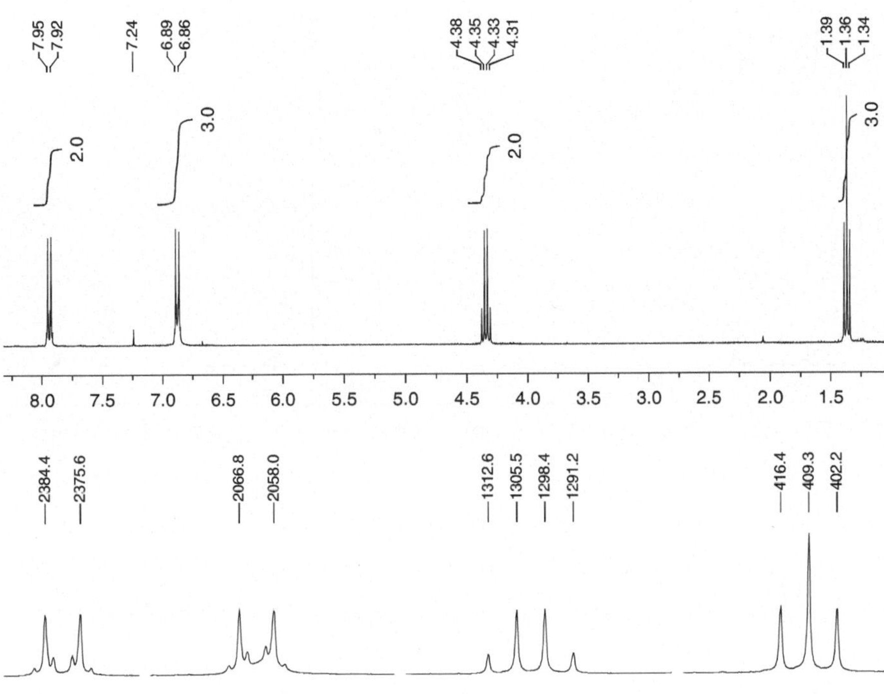

<table>
<tr><th>Fragestellung</th><th colspan="3">Struktur</th><th colspan="3">Spektrum</th></tr>
<tr><td>chemisch äquivalente Gruppen?</td><td colspan="3"></td><td colspan="3"></td></tr>
<tr><td>Anzahl chemisch nicht äquivalenter Atome oder Atomgruppen und (¹H-Gesamtintensität):</td><td colspan="3"></td><td colspan="3"></td></tr>
<tr><td rowspan="2">Multiplizität und (¹H Intensität) der Signale unterteilt nach Verschiebungsbereichen: Singulett s, Dublett d, Triplett t, usw.</td><td>X-H</td><td>Tieffeld</td><td>Hochfeld</td><td>X-H</td><td>Tieffeld</td><td>Hochfeld</td></tr>
<tr><td></td><td></td><td></td><td></td><td></td><td></td></tr>
</table>

Nr. 028

N und I	Shift δ	Kopplung	X-H	Sym	Stereochem.	2D	anderes	Schwierigkeit	^1H 300 MHz $CDCl_3$
×	–	×	–	×	–	–	Linienbreite	1	

Ordnen Sie die Signale von Amino(4-methoxyphenyl)acetonitril mit Hilfe der Integrale und Linienbreiten (Spreizungen) zu.

$C_9H_{10}N_2O$; 162,2 g/mol

Nr. 029

N und I	Shift δ	Kopplung	X-H	Sym	Stereochem.	2D	anderes	Schwierigkeit	^{1}H 300 MHz $CDCl_3$
×	–	×	–	×	–	–	–	1	

Verifizieren Sie den Strukturvorschlag:

$C_{15}H_8Br_2O$; 364 g/mol

Br Br O

8.34 8.33 2500.5 2498.4 2322.5 2320.3 2314.1 2312.0 2222.4 2214.1 7.74 7.74 7.72 7.71 7.41 7.38 7.24 6.99

2.0 2.0 2.0 3.0 2.0

8.5 8.4 8.3 8.2 8.1 8.0 7.9 7.8 7.7 7.6 7.5 7.4 7.3 7.2 7.1 7.0

Nr. 030

N und I	Shift δ	Kopplung	X-H	Sym	Stereochem.	2D	anderes	Schwierigkeit	^{1}H 300 MHz $CDCl_3$
×	–	×	×	–	–	–	–	1	

Gegeben ist das ^{1}H-NMR Spektrum von Nitroanilin.

Bestimmen Sie die Position der Nitrogruppe.
Ordnen Sie alle Signale richtig zu.
Beachten Sie auch den Dacheffekt.

$C_6H_6N_2O_2$; 138,1 g/mol

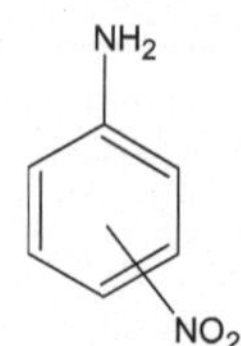

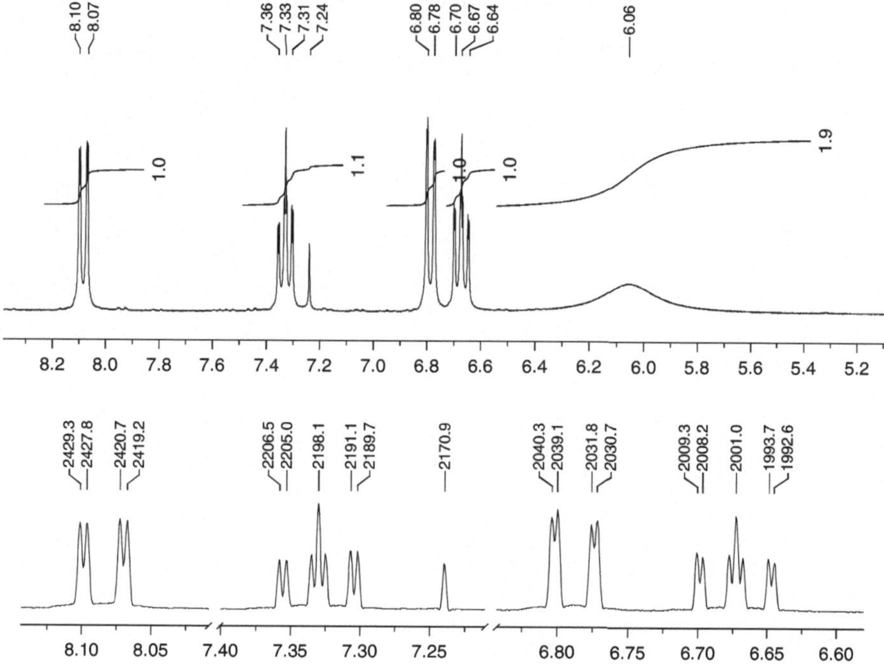

Fragestellung	Strukturvorschläge			Spektrum
chemisch äquivalente H-Atome?	*ortho-*	*meta-*	*para-*	
Anzahl Signale (Gesamtintensität)				
Intensitätsverhältnisse				
Multiplizitäten				

Nr. 031

N und I	Shift δ	Kopplung	X-H	Sym	Stereochem.	2D	anderes	Schwierigkeit	^{1}H 300 MHz
×	×	×	×	–	–	–	Konz./Lömi	2	

^{1}H-NMR von *ortho*-Kresol (2-Methylphenol) in Abhängigkeit von der Probenkonzentration und vom Lösungsmittel. Ordnen Sie die Signale zu. Welche Besonderheiten stellen Sie fest?

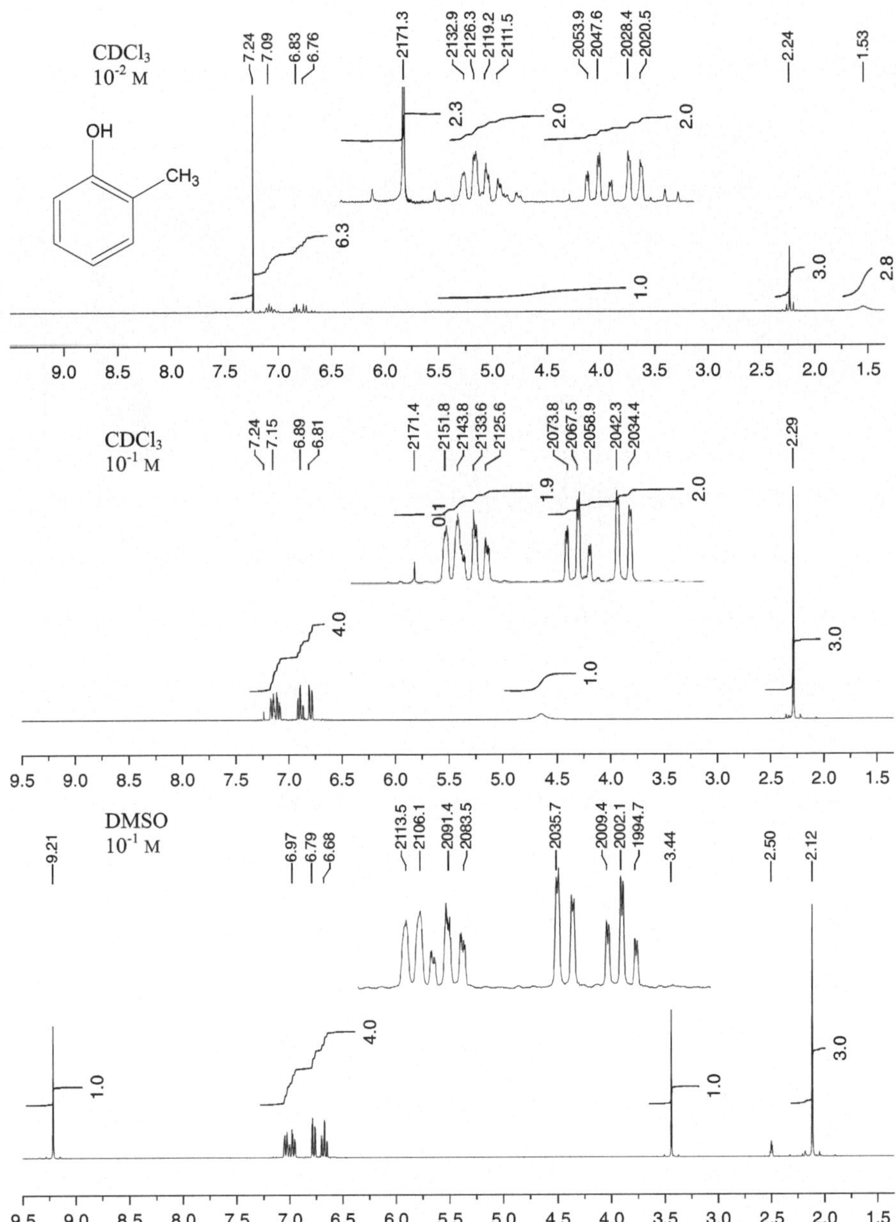

Nr. 032

N und I	Shift δ	Kopplung	X-H	Sym	Stereochem.	2D	anderes	Schwierigkeit	^{1}H
×	–	×	×	×	–	–	–	2	500 MHz $CDCl_3$

Korrigieren Sie den Strukturvorschlag für diese NMR Messung:

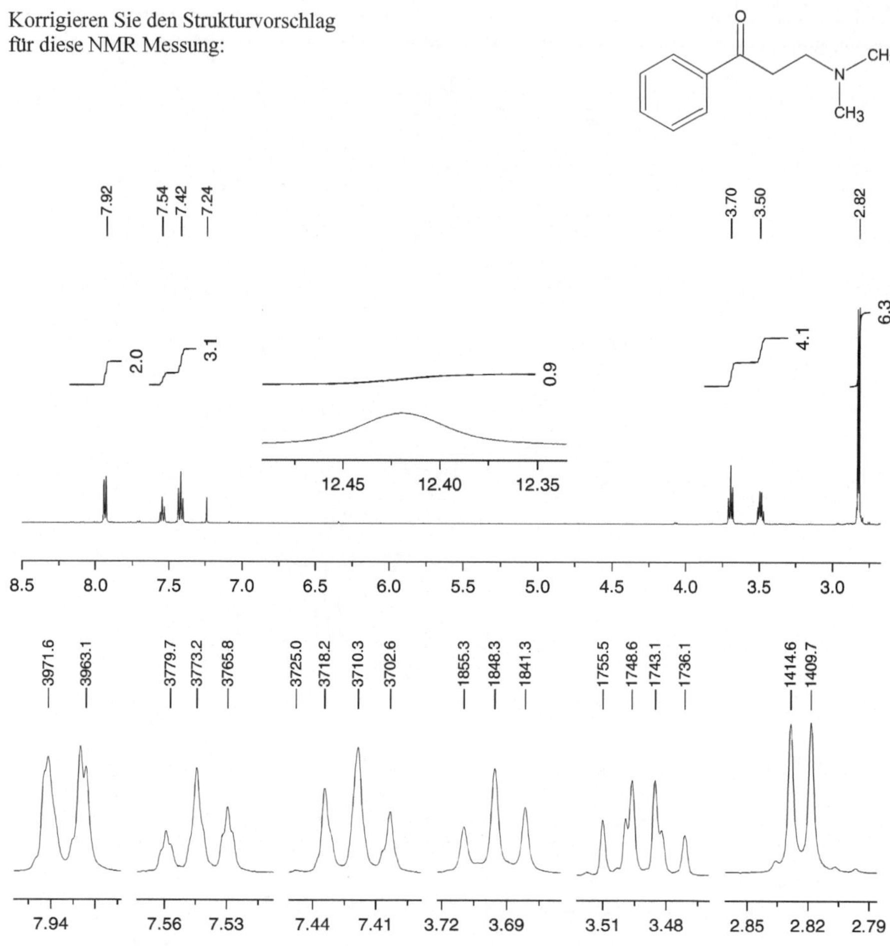

Nr. 033

N und I	Shift δ	Kopplung	X-H	Sym	Stereochem.	2D	anderes	Schwierigkeit	^{1}H 300 MHz
×	×	–	×	×	–	–	Lömi	2	

^{1}H-NMR von Dimedon (5,5-Dimethylcyclohexan-1,3-dion) in Abhängigkeit vom Lösungsmittel.

Ordnen Sie die Signale zu. Welche Besonderheiten stellen Sie fest?

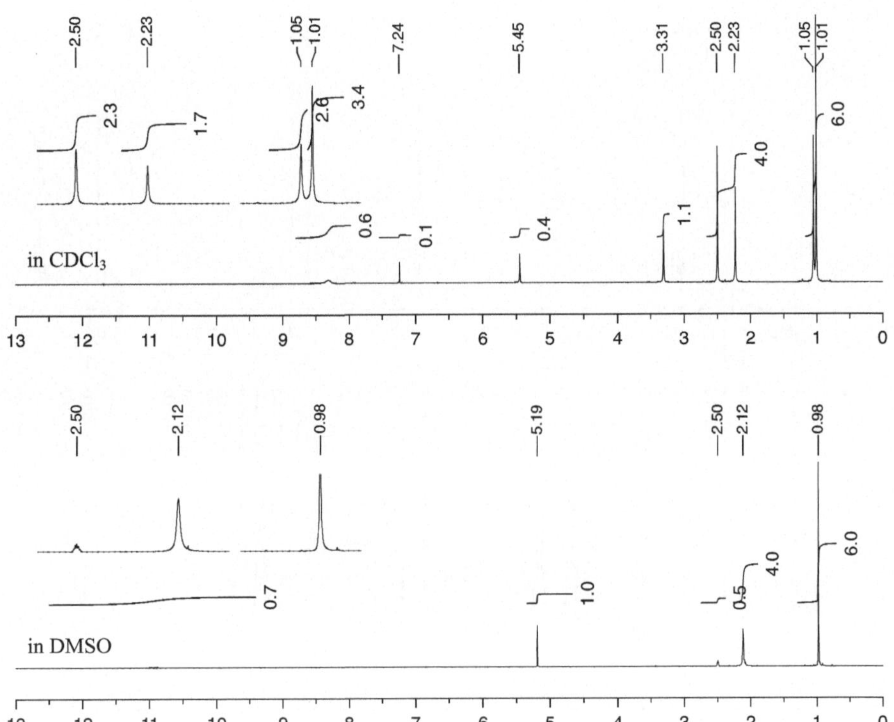

Nr. 034

N und I	Shift δ	Kopplung	X-H	Sym	Stereochem.	2D	anderes	Schwierigkeit	^{1}H 300 MHz $CDCl_3$
×	×	×	×	–	–	–	–	2	

Überprüfen Sie die Übereinstimmung von Struktur und Spektrum des 4-Pentenols.

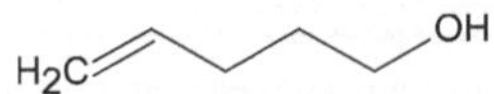

Ordnen Sie alle Signale zu.

$C_5H_{10}O$; 86,1 g/mol

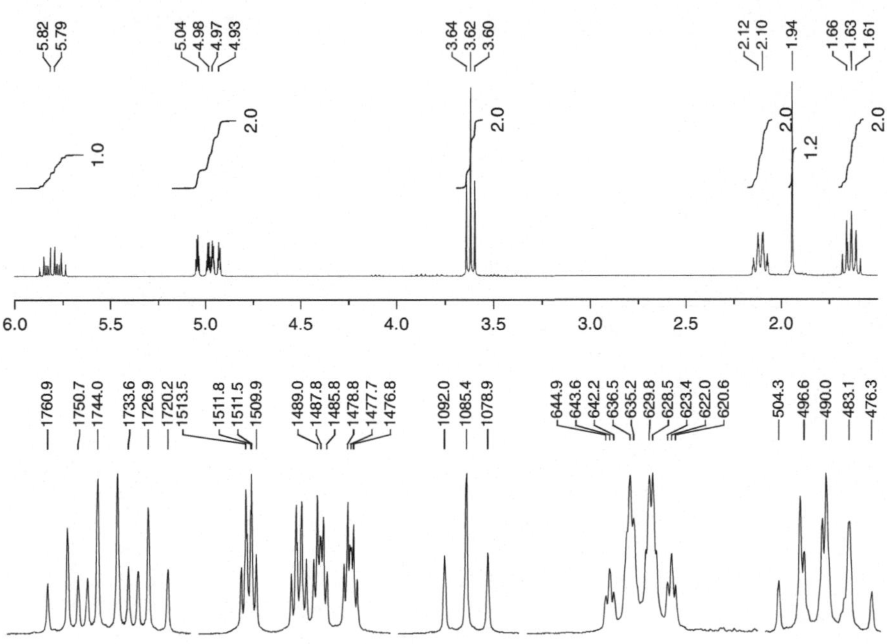

Fragestellung	Struktur			Spektrum		
chemisch äquivalente Gruppen?						
Anzahl chemisch nicht äquivalenter Atome oder Atomgruppen und (^{1}H-Gesamtintensität):						
Multiplizität und (^{1}H Intensität) der Signale unterteilt nach Verschiebungsbereichen: Singulett s, Dublett d, Triplett t, usw.	X-H	Tieffeld	Hochfeld	X-H	Tieffeld	Hochfeld

Nr. 035

N und I	Shift δ	Kopplung	X-H	Sym	Stereochem.	2D	anderes	Schwierigkeit	^{1}H 300 MHz D_2O
×	–	×	–	×	×	–	–	2	

Von welcher dieser drei Strukturen wurde das ^{1}H-NMR Spektrum aufgenommen?

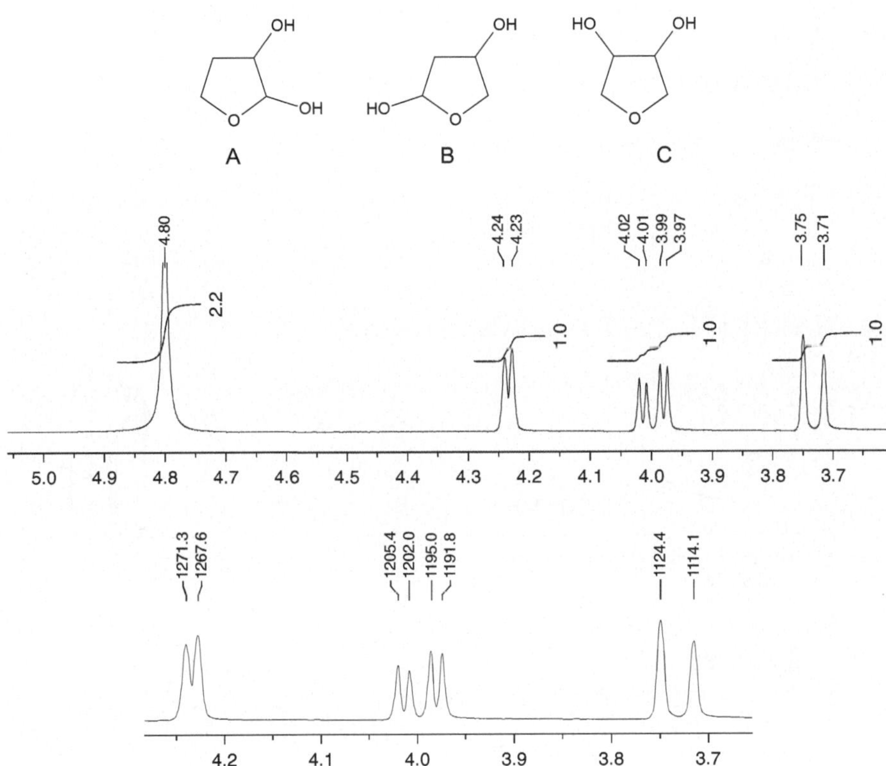

Fragestellung	Strukturen A – C			Spektrum
chemisch äquivalente H-Atome?	A	B	C	
Anzahl Signale (Gesamtintensität)				
Intensitätsverhältnisse				
Multiplizitäten				

Nr. 036

N und I	Shift δ	Kopplung	X-H	Sym	Stereochem.	2D	anderes	Schwierigkeit	^1H
×	×	×	×	–	×	–	D_2O Zugabe	2	$CDCl_3$

Von einer doppelt Aceton-geschützten Fructose wurde das 300 MHz ^1H-NMR Spektrum aufgenommen. Anschliessend wurde die Probe mit einem Tropfen D_2O versetzt und sowohl bei 300 MHz als auch bei 500 MHz erneut vermessen. Entscheiden Sie, ob es sich um die 1,2;4,5 (A) oder die 2,3;4,5-Di-O-isopropylidenfructopyranose (B) handelt.

$C_{12}H_{20}O_6$; 260,3 g/mol

A

B

Beachten Sie auch die Signalspreizungen auf der nächsten Seite.

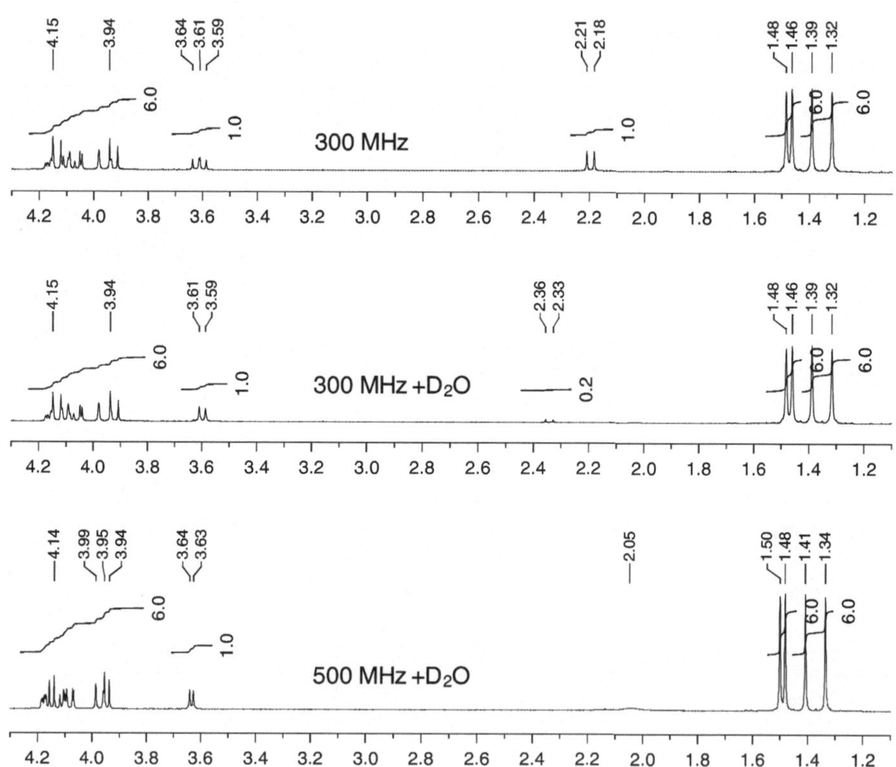

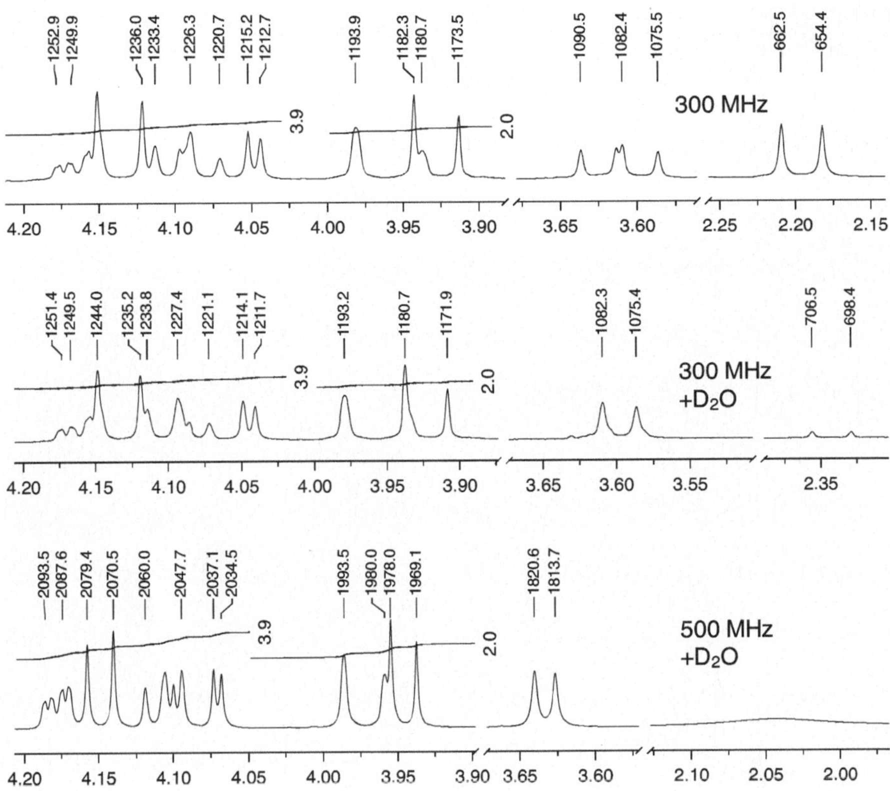

Eine genauere Analyse dieser Spektren ist mit zweidimensionalen NMR Methoden möglich. Vergleiche hierzu mit der Aufgabe Nr. 097.

Nr. 037

N und I	Shift δ	Kopplung	X-H	Sym	Stereochem.	2D	anderes	Schwierigkeit	^{1}H
–	–	×	–	–	–	–	–	2	

Bestimmen Sie die Multiplizität der hier abgebildeten Signale.

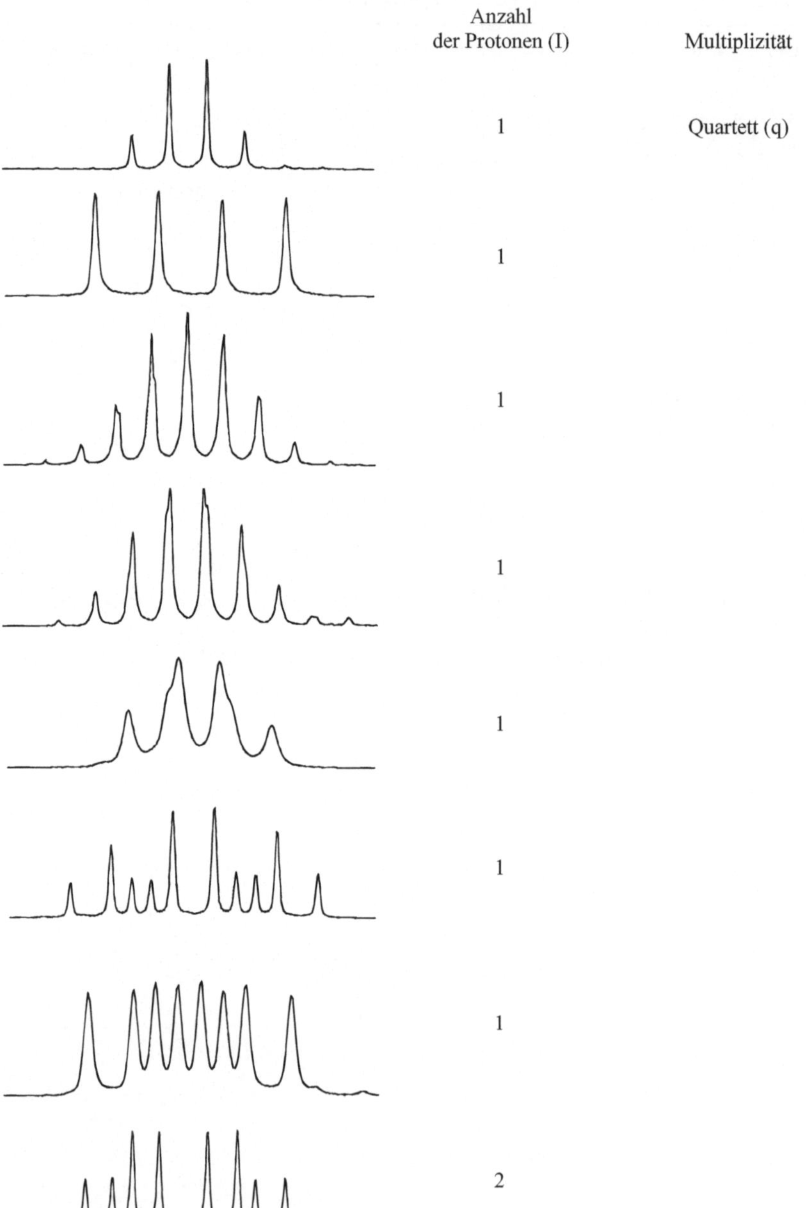

Nr. 038

N und I	Shift δ	Kopplung	X-H	Sym	Stereochem.	2D	anderes	Schwierigkeit	^{1}H
×	–	×	–	×	–	–	–	2	

Ordnen Sie die aromatischen Strukturen den abgebildeten Signalgruppen richtig zu.

Zuordnung

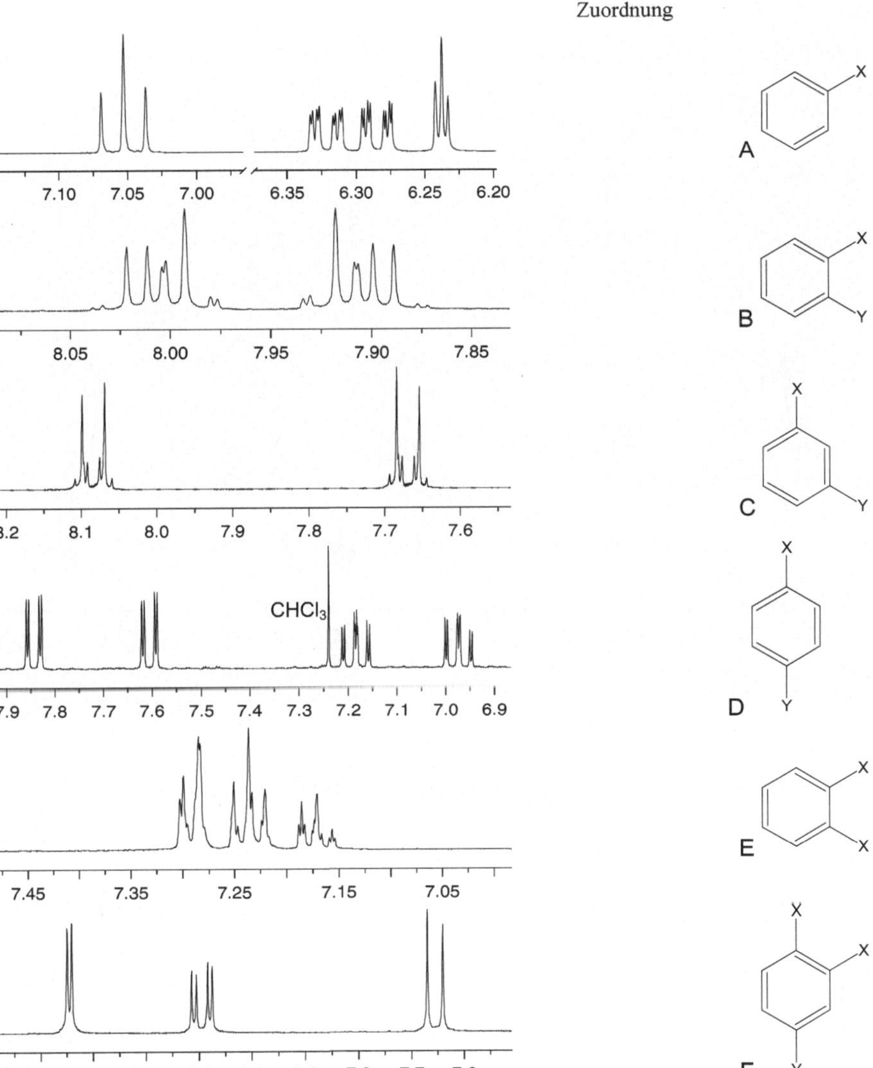

Nr. 039

N und I	Shift δ	Kopplung	X-H	Sym	Stereochem.	2D	anderes	Schwierigkeit	$^1H/^{13}C$
–	×	–	–	–	–	–	–	1	300 MHz $CDCl_3$

Ordnen Sie die Spektren der richtigen Struktur zu.

$C_6H_{12}O_3$; 132,2 g/mol

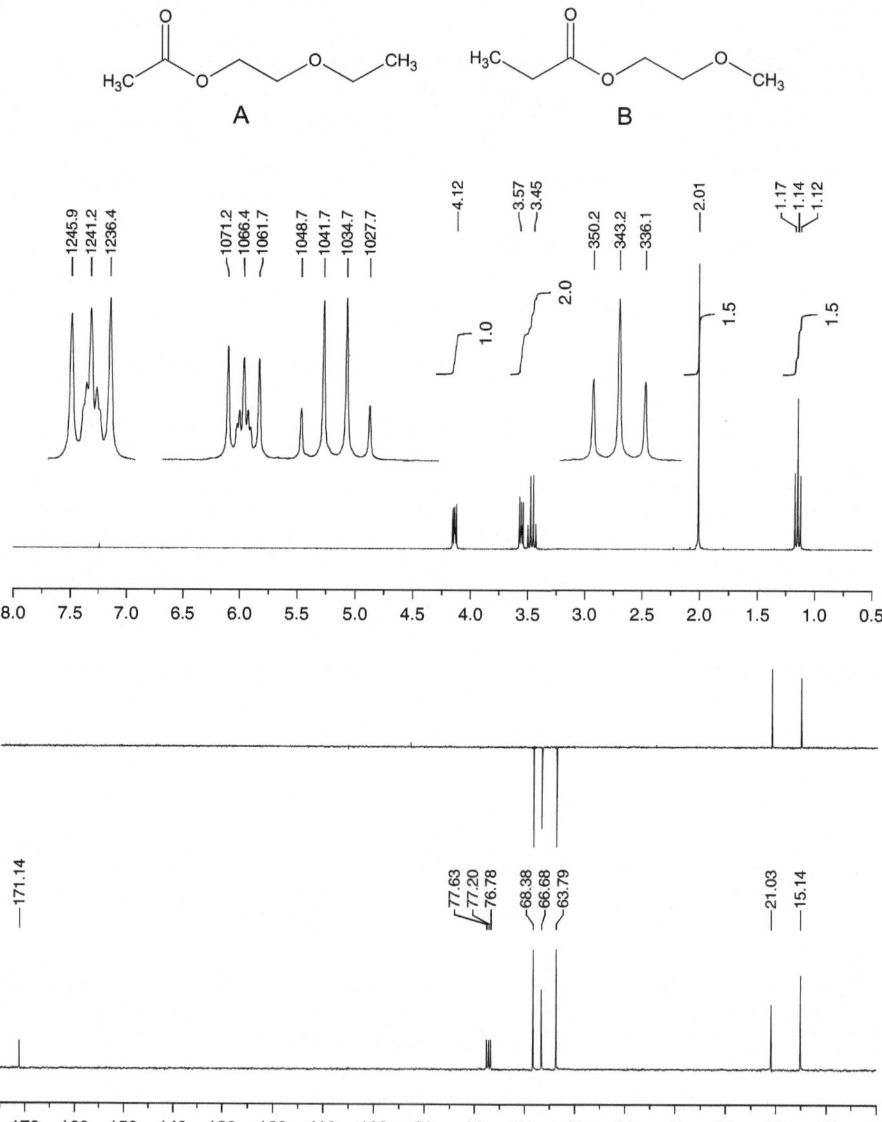

Nr. 040

N und I	Shift δ	Kopplung	X-H	Sym	Stereochem.	2D	anderes	Schwierigkeit	^{1}H/^{13}C
×	×	×	–	–	–	–	–	1	300 MHz CDCl$_3$

Bestimmen Sie die Struktur dieser Verbindung.

$C_5H_{10}O_2$; 102,1 g/mol

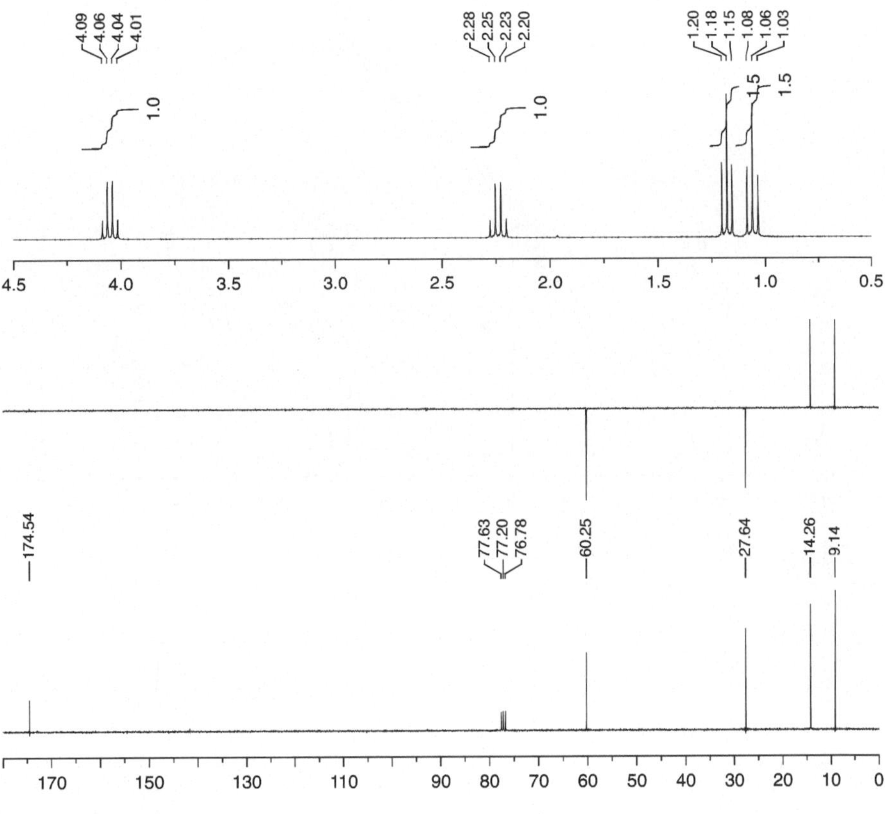

Fragestellung		Struktur			Spektrum		
chemisch äquivalente Gruppen?							
Anzahl chemisch nicht äquivalenter Atome oder Atomgruppen und (^{1}H-Gesamtintensität):	^{1}H						
	^{13}C						
Multiplizität und (^{1}H Intensität) der Signale unterteilt nach Verschiebungsbereichen: ^{1}H(^{13}C): Singulett s (S), Dublett d (D), Triplett t (T) usw.		X-H/C = O	Tieffeld	Hochfeld	X-H/C = O	Tieffeld	Hochfeld
	^{1}H:						
	^{13}C						

Nr. 041

N und I	Shift δ	Kopplung	X-H	Sym	Stereochem.	2D	anderes	Schwierigkeit	$^1H/^{13}C$
×	–	×	×	×	–	–	–	1	300 MHz $CDCl_3$

Gegeben sind zwei Spektrensätze. Ordnen Sie diese den beiden Strukturen richtig zu.

$C_8H_{10}O$; 122,2 g/mol

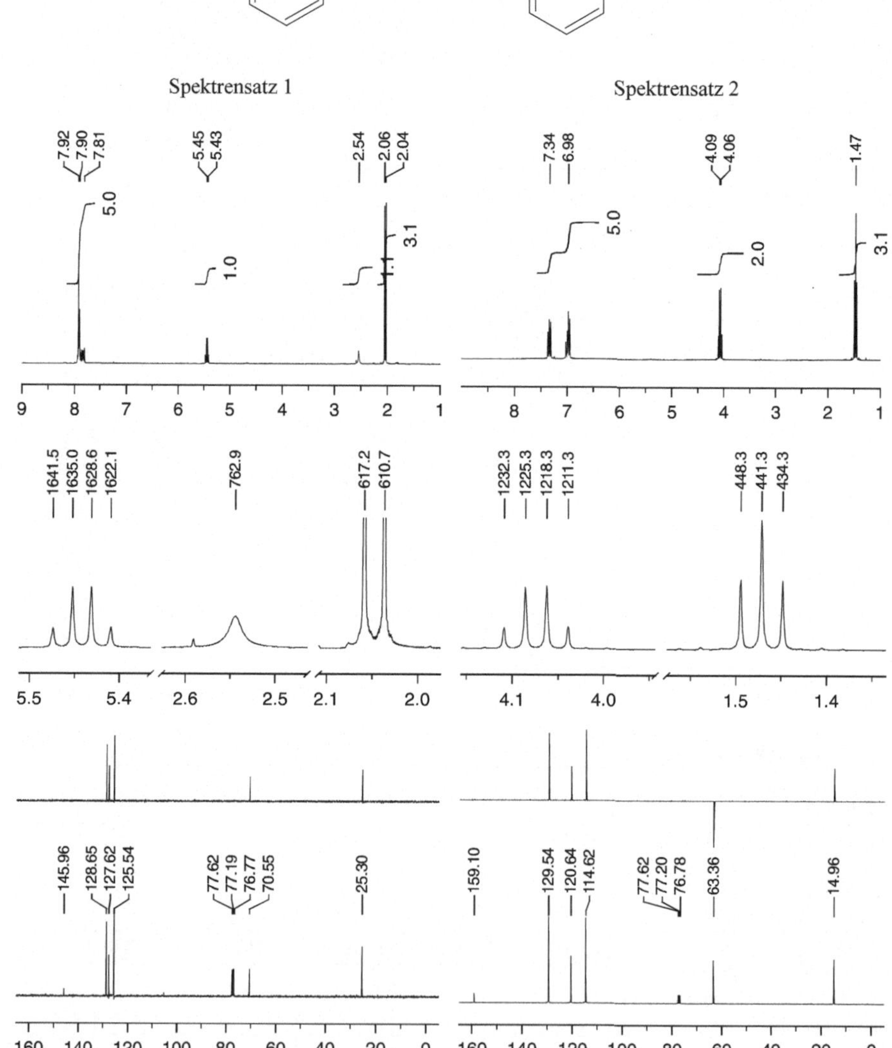

Nr. 042

N und I	Shift δ	Kopplung	X-H	Sym	Stereochem.	2D	anderes	Schwierigkeit	$^1H/^{13}C$ 300 MHz D_2O
×	×	×	×	×	–	–	–	1	

Ordnen Sie die Spektren der richtigen Struktur zu.

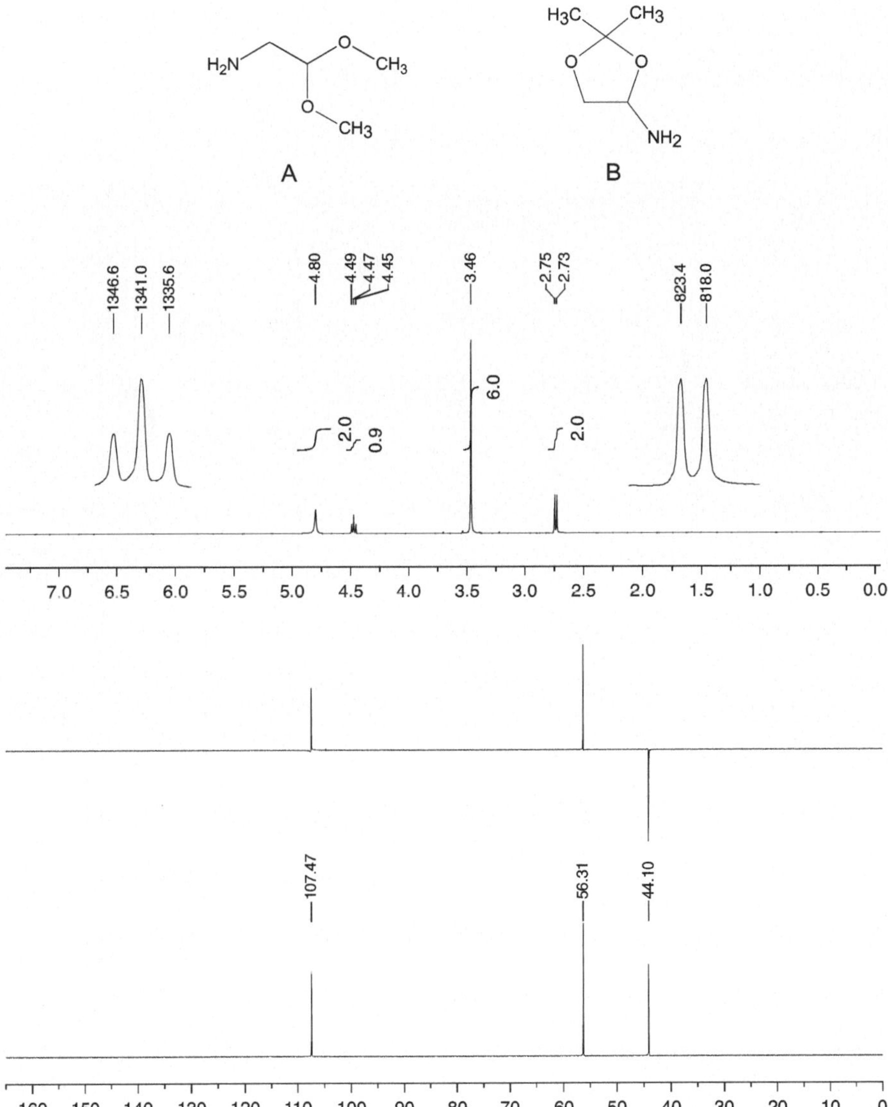

Nr. 043

N und I	Shift δ	Kopplung	X-H	Sym	Stereochem.	2D	anderes	Schwierigkeit	^{1}H/^{13}C
×	×	×	×	–	–	–	–	1	300 MHz Aceton

Ordnen Sie alle Signale in den Spektren von Pyridinethanol zu.

$C_7 H_9 N O$; 123,1 g/mol

N OH

8.46 7.65 7.29 7.27 7.17 4.76 3.96 3.94 3.92 3.01 2.99 2.97 2.09

1.0 1.0 2.0 1.0 2.0 2.0

2541.1 2536.3 2305.0 2303.1 2297.3 2295.4 2289.6 2287.7 2186.9 2179.1 2155.3 2150.4 2147.8 2142.9 2.09 2.05

8.5 8.0 7.5 7.0 6.5 6.0 5.5 5.0 4.5 4.0 3.5 3.0 2.5 2.0

207.22 161.44 150.27 137.75 124.97 122.70 62.70 42.24 30.50

210 190 170 150 130 110 90 80 70 60 50 40 30 20

Fragestellung		Struktur			Spektrum		
chemisch äquivalente Gruppen?							
gesamte Anzahl der Signale (N)	^{1}H						
	^{13}C						
Intensitäten (I) und Multiplizitäten (M) der Signale unterteilt nach Verschiebungsbereichen		X-H/C = O	Tieffeld	Hochfeld	X-H/C = O	Tieffeld	Hochfeld
	^{1}H:						
	^{13}C						
Ordnen Sie alle ^{1}H- und ^{13}C-NMR Signale zu.							

Nr. 044

N und I	Shift δ	Kopplung	X-H	Sym	Stereochem.	2D	anderes	Schwierigkeit	$^1H/^{13}C$ 300 MHz $CDCl_3$
×	×	×	–	–	–	–	–	1	

Bestimmen Sie die Struktur dieser Verbindung.

$C_5H_{10}O_2$; 102,1 g/mol

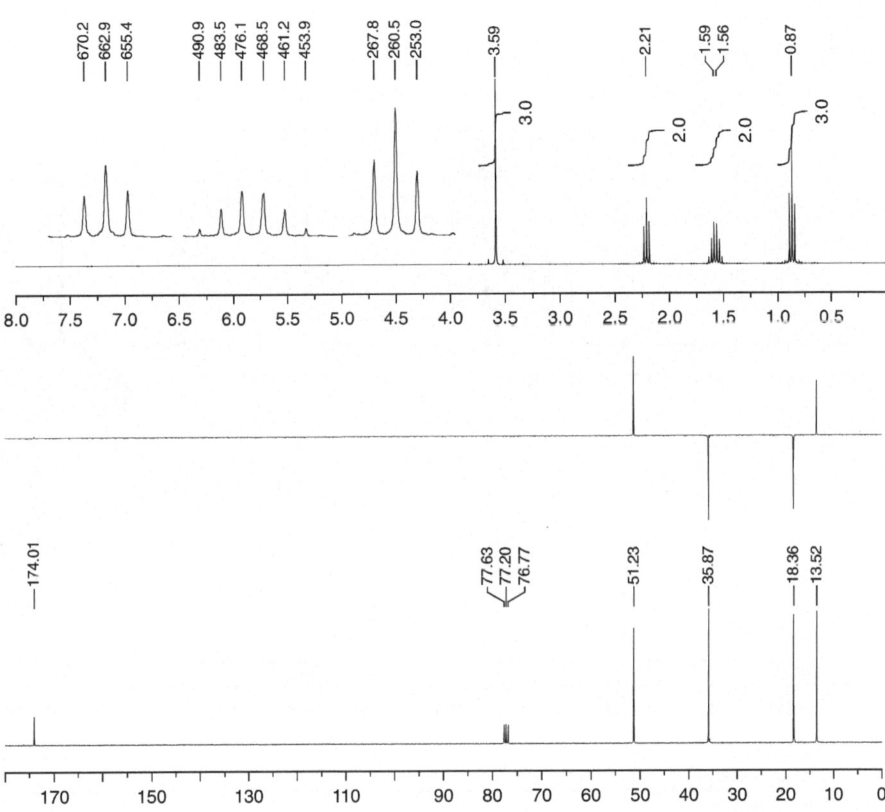

Fragestellung		Struktur			Spektrum		
chemisch äquivalente Gruppen?							
gesamte Anzahl der Signale (N)	^1H						
	^{13}C						
Intensitäten (I) und Multiplizitäten (M) der Signale unterteilt nach Verschiebungsbereichen		X-H/C = O	Tieffeld	Hochfeld	X-H/C = O	Tieffeld	Hochfeld
	^1H:						
	^{13}C						
Ordnen Sie alle ^1H- und ^{13}C-NMR Signale zu.							

Nr. 045

N und I	Shift δ	Kopplung	X-H	Sym	Stereochem.	2D	anderes	Schwierigkeit	^{1}H/^{13}C
×	×	×	–	–	–	–	–	1	300 MHz CDCl$_3$

Bestimmen Sie die Struktur dieser Verbindung.

C_4H_8O; 72,1 g/mol

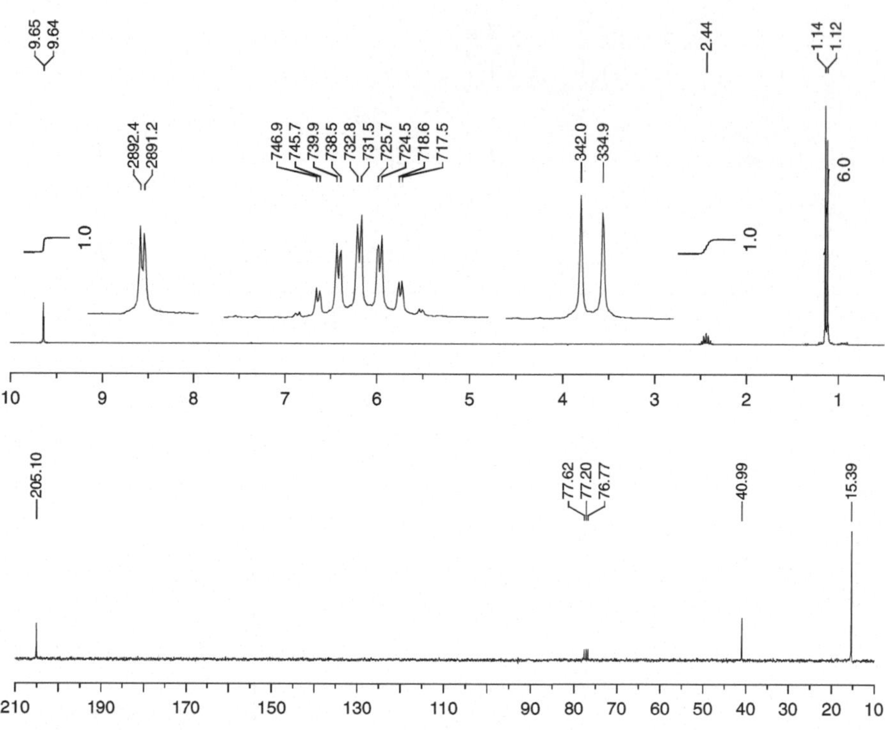

Fragestellung		Struktur			Spektrum		
chemisch äquivalente Gruppen?							
Anzahl chemisch nicht äquivalenter Atome oder Atomgruppen und (^{1}H-Gesamtintensität):	^{1}H						
	^{13}C						
Multiplizität und (^{1}H Intensität) der Signale unterteilt nach Verschiebungsbereichen: ^{1}H(^{13}C): Singulett s (S), Dublett d (D), Triplett t (T) usw.		X-H/C = O	Tieffeld	Hochfeld	X-H/C = O	Tieffeld	Hochfeld
	^{1}H:						
	^{13}C						

Nr. 046

N und I	Shift δ	Kopplung	X-H	Sym	Stereochem.	2D	anderes	Schwierigkeit	$^1H/^{13}C$ 300 MHz $CDCl_3$
×	–	×	×	×	–	–	–	1	

Bestimmen Sie die Struktur dieser Verbindung.

C_6H_6O; 94,1 g/mol

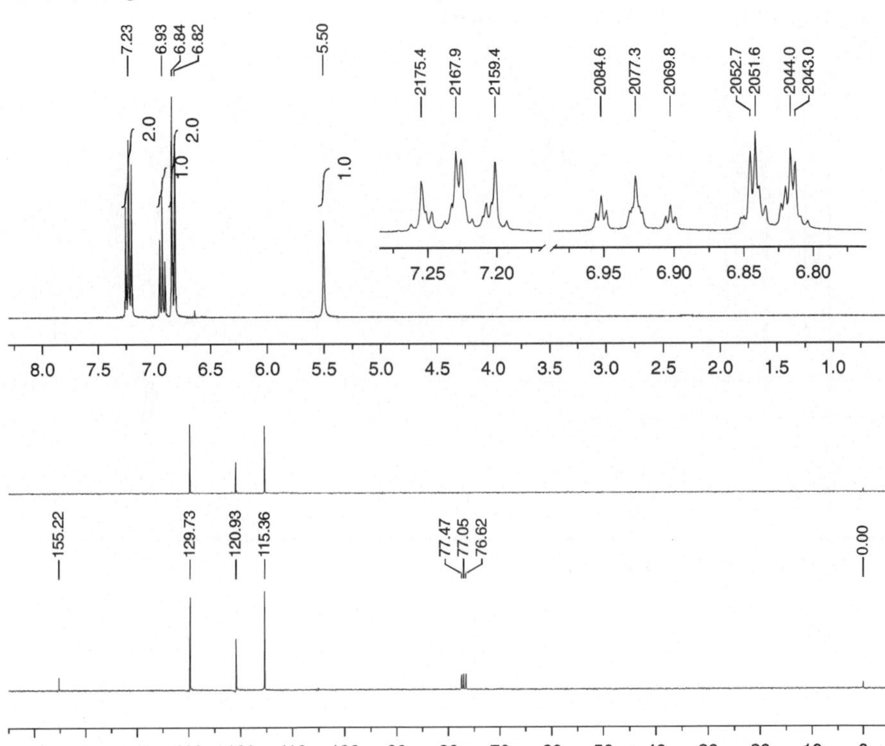

Fragestellung		Struktur			Spektrum		
chemisch äquivalente Gruppen?							
Anzahl chemisch nicht äquivalenter Atome oder Atomgruppen und (^{1}H-Gesamtintensität):	^{1}H						
	^{13}C						
Multiplizität und (^{1}H Intensität) der Signale unterteilt nach Verschiebungsbereichen: ^{1}H(^{13}C): Singulett s (S), Dublett d (D), Triplett t (T) usw.		X-H/C = O	Tieffeld	Hochfeld	X-H/C = O	Tieffeld	Hochfeld
	^{1}H:						
	^{13}C						

Nr. 047

N und I	Shift δ	Kopplung	X-H	Sym	Stereochem.	2D	anderes	Schwierigkeit	$^1H/^{13}C$
×	×	×	–	×	–	–	–	1	300 MHz

Bestimmen Sie die Konstitution des dreifach substituierten Aromaten.

$C_6 H_3 Cl_2 N O_2$; 192,0 g/mol

Achtung: ^{1}H-NMR in $CDCl_3$ und ^{13}C-NMR in DMSO aufgenommen.

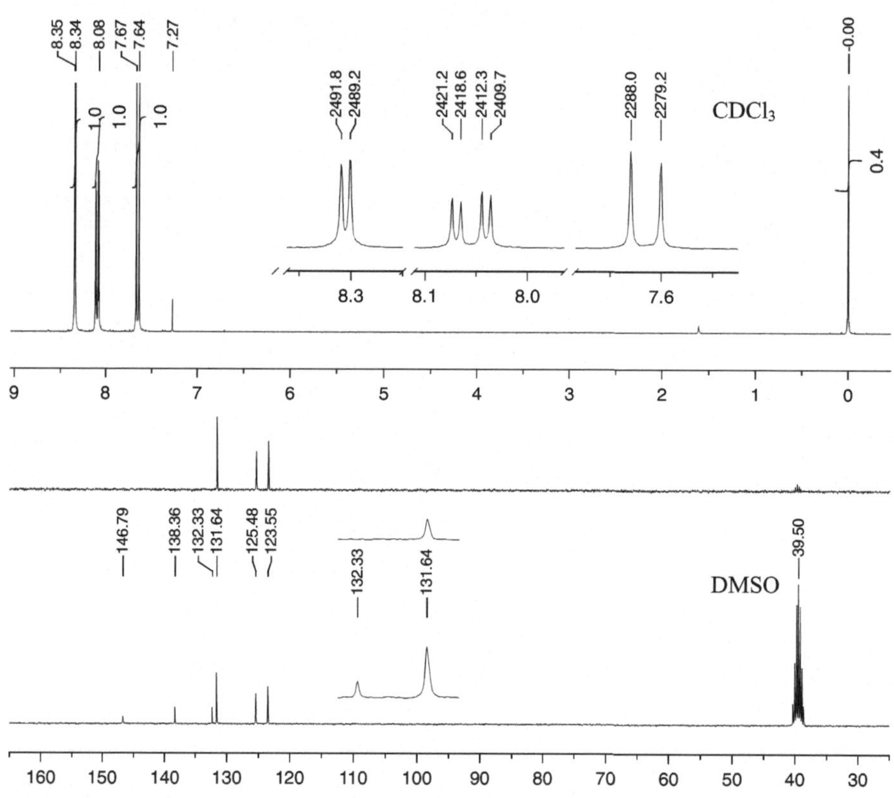

Fragestellung		Struktur			Spektrum		
chemisch äquivalente Gruppen?							
Anzahl chemisch nicht äquivalenter Atome oder Atomgruppen und (^{1}H-Gesamtintensität):	^{1}H						
	^{13}C						
Multiplizität und (^{1}H Intensität) der Signale unterteilt nach Verschiebungsbereichen: ^{1}H(^{13}C): Singulett s (S), Dublett d (D), Triplett t (T) usw.		X-H/C = O	Tieffeld	Hochfeld	X-H/C = O	Tieffeld	Hochfeld
	^{1}H:						
	^{13}C						

Nr. 048

N und I	Shift δ	Kopplung	X-H	Sym	Stereochem.	2D	anderes	Schwierigkeit	$^1H/^{13}C$
–	×	–	×	–	–	–	–	1	300 MHz $CDCl_3$

2-Methylbutan-2-ol und 2-Chlor-isopentan wurden NMR spektroskopisch untersucht.

Ordnen Sie die Spektrensätze (^{1}H-, ^{13}C-, DEPT) den beiden Strukturen zu.

Diskutieren Sie die Unterschiede in den ^{1}H- und ^{13}C-NMR chemischen Verschiebungen.

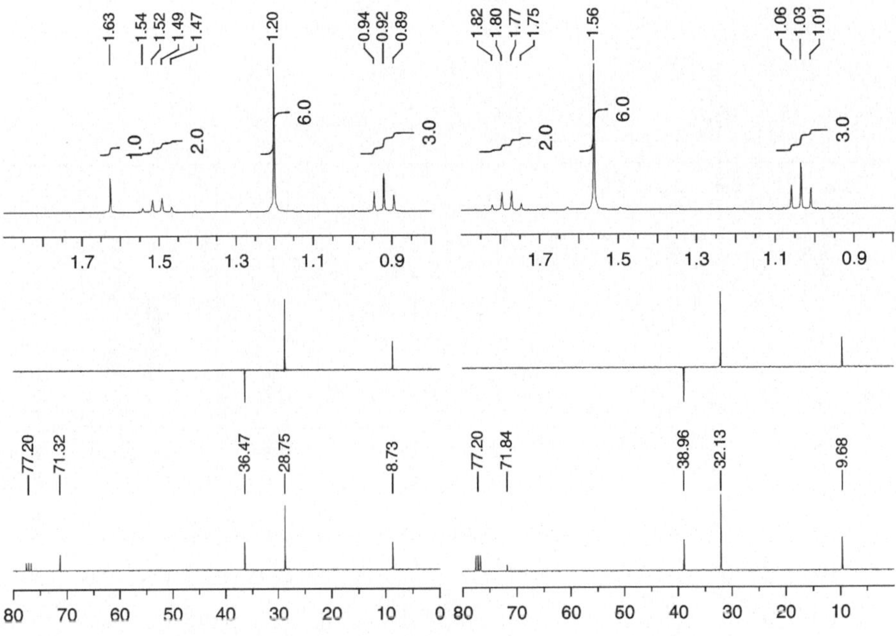

	Struktur A	Struktur B
	OH H_3C CH_3 CH_3	Cl H_3C CH_3 CH_3
^{1}H	1-CH_3 1'-CH_3 2>C< 3-CH_2 4-CH_3 -OH	1-CH_3 1'-CH_3 2>C< 3-CH_2 4-CH_3
^{13}C	1-CH_3 1'-CH_3 2>C< 3-CH_2 4-CH_3	1-CH_3 1'-CH_3 2>C< 3-CH_2 4-CH_3

Nr. 049

N und I	Shift δ	Kopplung	X-H	Sym	Stereochem.	2D	anderes	Schwierigkeit	$^1H/^{13}C$
×	×	×	–	–	–	–	–	1	300 MHz $CDCl_3$

Bestimmen Sie die Struktur dieser Bromverbindung mit der Molmasse 121 g/mol.

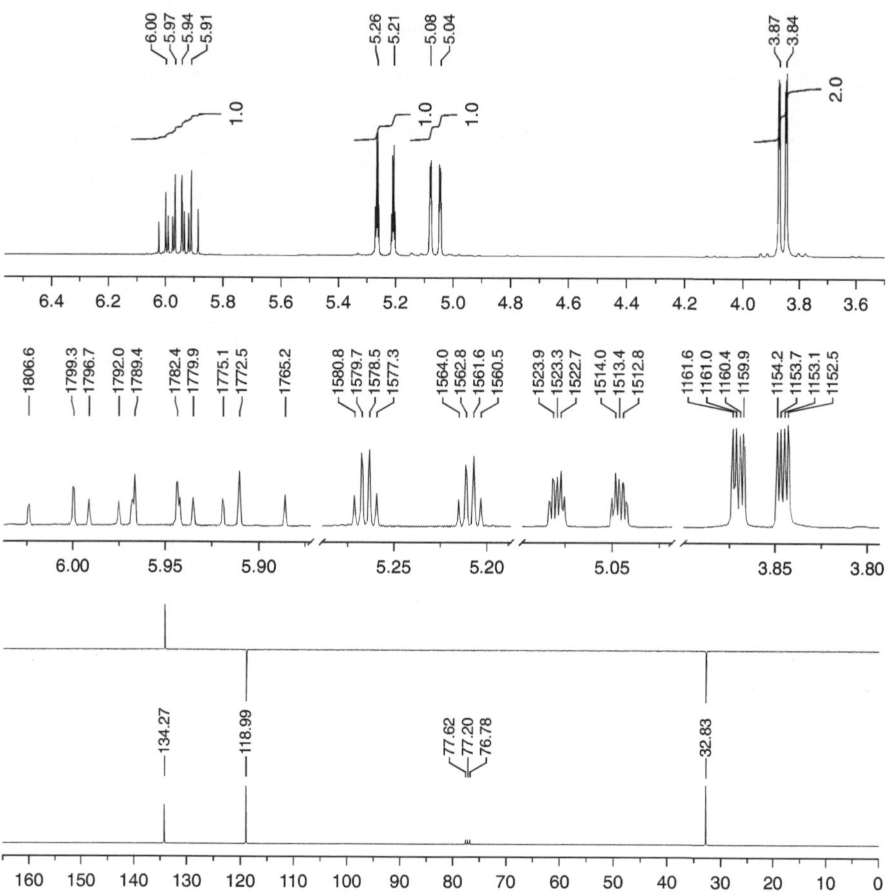

Fragestellung		Struktur			Spektrum		
chemisch äquivalente Gruppen?							
Anzahl chemisch nicht äquivalenter Atome oder Atomgruppen und (^{1}H-Gesamtintensität):	^{1}H						
	^{13}C						
Multiplizität und (^{1}H Intensität) der Signale unterteilt nach Verschiebungsbereichen: ^{1}H(^{13}C): Singulett s (S), Dublett d (D), Triplett t (T) usw.		X-H/C = O	Tieffeld	Hochfeld	X-H/C = O	Tieffeld	Hochfeld
	^{1}H:						
	^{13}C						

Nr. 050

N und I	Shift δ	Kopplung	X-H	Sym	Stereochem.	2D	anderes	Schwierigkeit	$^{1}H/^{13}C$
×	×	×	×	–	–	–	D_2O-Austausch	1	300 MHz $CDCl_3$

Bestimmen Sie die Struktur dieser Verbindung. Das zweite ^{1}H-NMR Spektrum wurde nach Zugabe von D_2O gemessen.

C_3H_7BrO; 139 g/mol

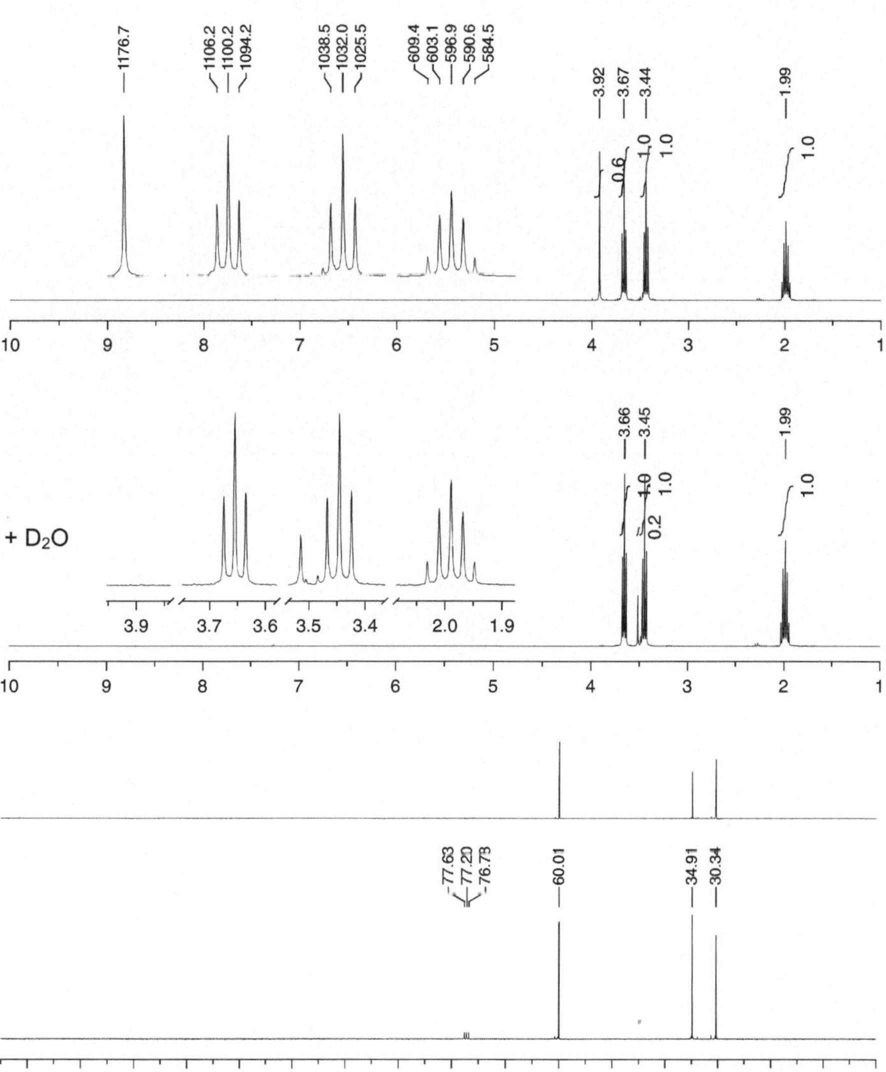

Nr. 051

N und I	Shift δ	Kopplung	X-H	Sym	Stereochem.	2D	anderes	Schwierigkeit	$^1H/^{13}C$
×	×	×	–	×	–	–	–	1	300 MHz $CDCl_3$

Bestimmen Sie die Struktur dieser symmetrischen Verbindung.

C_8H_8O; 120,1 g/mol

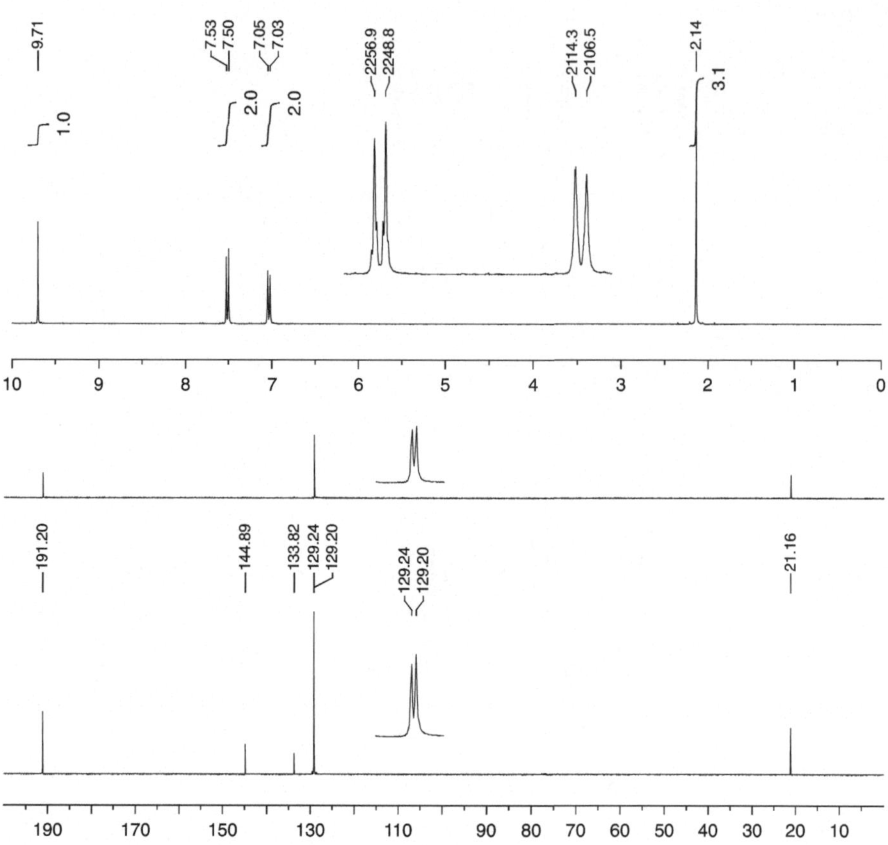

Fragestellung		Struktur			Spektrum		
chemisch äquivalente Gruppen?							
Anzahl chemisch nicht äquivalenter Atome oder Atomgruppen und (^1H-Gesamtintensität):	^1H						
	^{13}C						
Multiplizität und (^1H Intensität) der Signale unterteilt nach Verschiebungsbereichen: $^1H(^{13}C)$: Singulett s (S), Dublett d (D), Triplett t (T) usw.		X-H/C = O	Tieffeld	Hochfeld	X-H/C = O	Tieffeld	Hochfeld
	^1H:						
	^{13}C						

Nr. 052

N und I	Shift δ	Kopplung	X-H	Sym	Stereochem.	2D	anderes	Schwierigkeit	$^1H/^{13}C$
×	×	×	–	×	–	–	–	1	300 MHz $CDCl_3$

Bestimmen Sie die Struktur dieser Verbindung.

$C_6\,H_4\,Br\,N\,O_2$; 202,0 g/mol

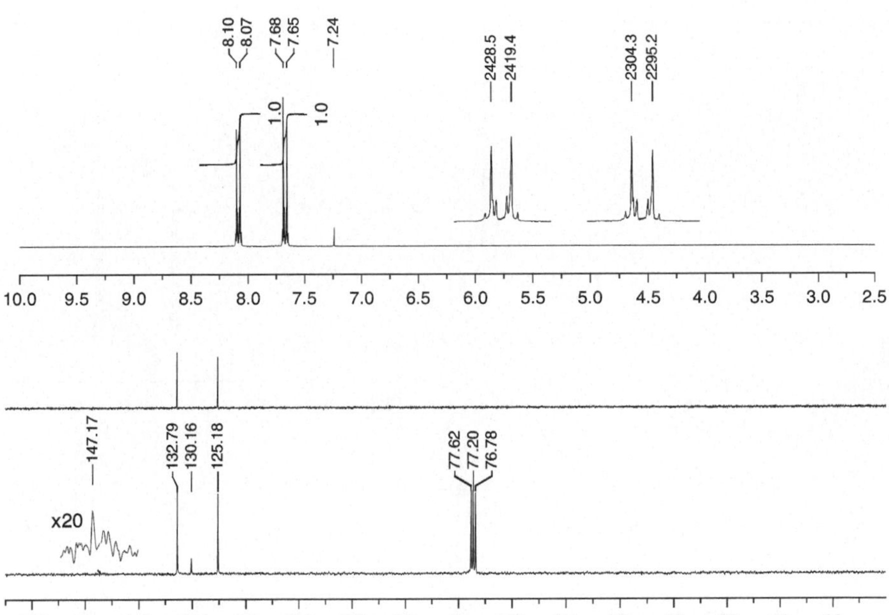

Nr. 053

N und I	Shift δ	Kopplung	X-H	Sym	Stereochem.	2D	anderes	Schwierigkeit	$^1H/^{13}C$
×	–	×	×	×	–	–	–	1	300 MHz CDCl3

Bestimmen Sie die Struktur dieser Verbindung.

$C_7H_{16}O$; 116,2 g/mol

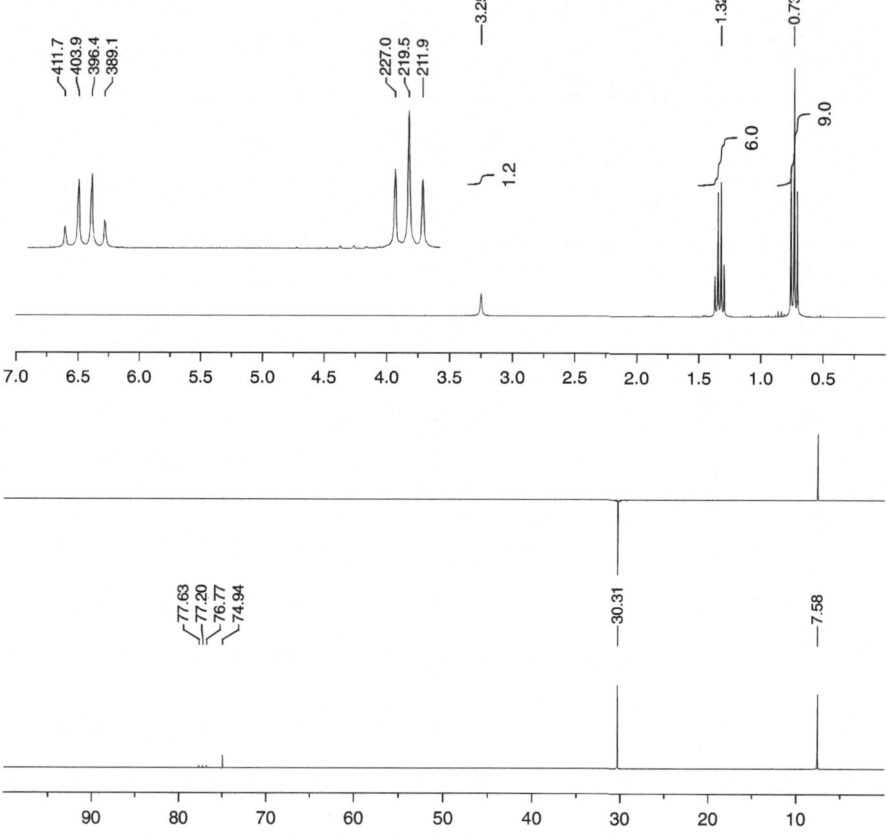

Nr. 054

N und I	Shift δ	Kopplung	X-H	Sym	Stereochem.	2D	anderes	Schwierigkeit	$^{1}H/^{13}C$
×	×	×	–	×	–	–	–	1	500 MHz $CDCl_3$

Bestimmen Sie die Struktur dieser Verbindung.

$C_8H_{14}O_2$; 142,2 g/mol

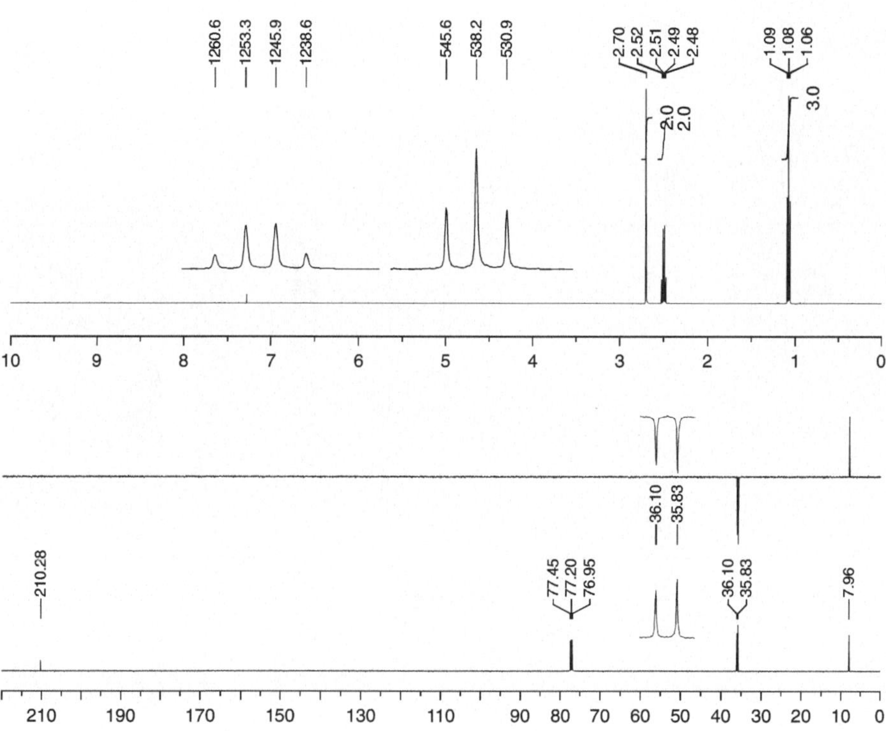

Fragestellung		Struktur			Spektrum		
chemisch äquivalente Gruppen?							
gesamte Anzahl der Signale (N)	^{1}H						
	^{13}C						
Intensitäten (I) und Multiplizitäten (M) der Signale unterteilt nach Verschiebungsbereichen		X-H/C = O	Tieffeld	Hochfeld	X-H/C = O	Tieffeld	Hochfeld
	^{1}H:						
	^{13}C						
Ordnen Sie alle ^{1}H- und ^{13}C-NMR Signale zu.							

Nr. 055

N und I	Shift δ	Kopplung	X-H	Sym	Stereochem.	2D	anderes	Schwierigkeit	$^1H/^{13}C$
×	×	×	×	–	–	–	–	2	300 MHz $CDCl_3$

Bestimmen Sie die Struktur dieser Verbindung mit der Summenformel.

C_6H_5IO; 220,0 g/mol

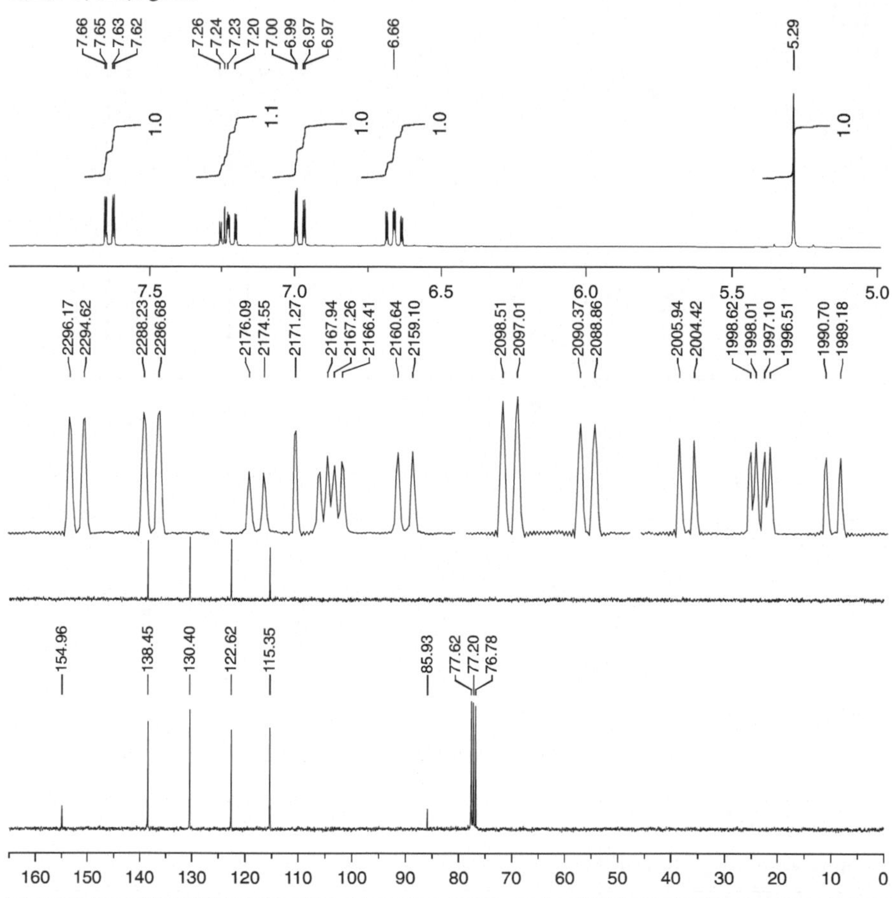

Fragestellung		Struktur			Spektrum		
chemisch äquivalente Gruppen?							
Anzahl chemisch nicht äquivalenter Atome oder Atomgruppen und (^{1}H-Gesamtintensität):	^{1}H						
	^{13}C						
Multiplizität und (^{1}H Intensität) der Signale unterteilt nach Verschiebungsbereichen: ^{1}H(^{13}C): Singulett s (S), Dublett d (D), Triplett t (T) usw.		X-H/C = O	Tieffeld	Hochfeld	X-H/C = O	Tieffeld	Hochfeld
	^{1}H:						
	^{13}C						

Nr. 056

N und I	Shift δ	Kopplung	X-H	Sym	Stereochem.	2D	anderes	Schwierigkeit	$^1H/^{13}C$
×	×	×	×	–	–	–	–	2	300 MHz $CDCl_3$

Bestimmen Sie die Struktur dieser Verbindung.

$C_9H_{10}O_2$; 150,2 g/mol

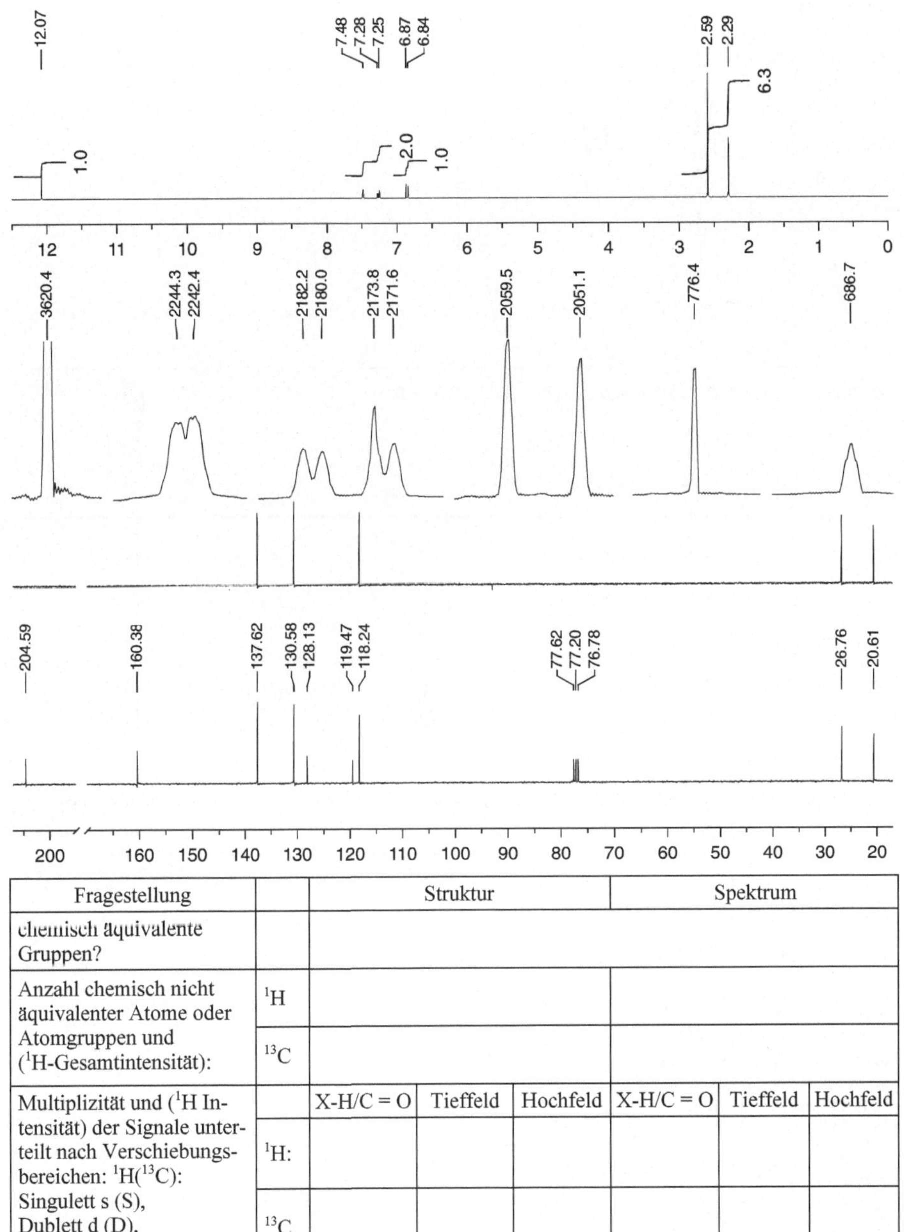

Fragestellung		Struktur			Spektrum		
chemisch äquivalente Gruppen?							
Anzahl chemisch nicht äquivalenter Atome oder Atomgruppen und (^{1}H-Gesamtintensität):	^{1}H						
	^{13}C						
Multiplizität und (^{1}H Intensität) der Signale unterteilt nach Verschiebungsbereichen: ^{1}H(^{13}C): Singulett s (S), Dublett d (D), Triplett t (T) usw.		X-H/C = O	Tieffeld	Hochfeld	X-H/C = O	Tieffeld	Hochfeld
	^{1}H:						
	^{13}C						

Nr. 057

N und I	Shift δ	Kopplung	X-H	Sym	Stereochem.	2D	anderes	Schwierigkeit	$^{1}H/^{13}C$
–	×	–	–	–	–	–	–	2	300 MHz $CDCl_3$

Von welcher Substanz wurden die Spektren aufgenommen? Wie können Sie am sichersten verifizieren?

$C_8H_8N_2$; 132,2 g/mol

H_2N N A

N NH_2 B

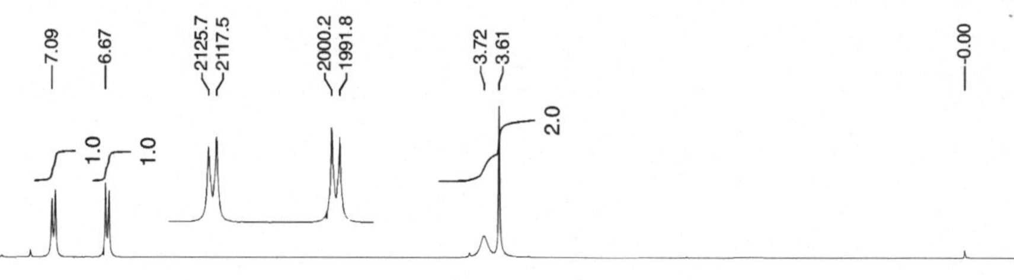

7.5 7.0 6.5 6.0 5.5 5.0 4.5 4.0 3.5 3.0 2.5 2.0 1.5 1.0 0.5 0.0

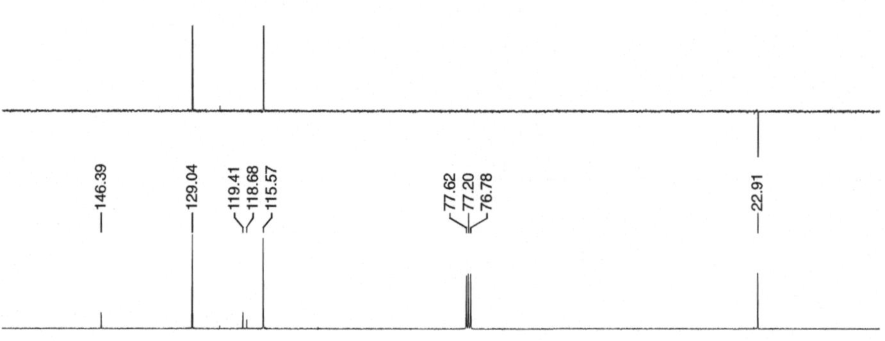

160 150 140 130 120 110 100 90 80 70 60 50 40 30 20 10 0

Fragestellung		Struktur			Spektrum		
chemisch äquivalente Gruppen?							
gesamte Anzahl der Signale (N)	^{1}H						
	^{13}C						
Intensitäten (I) und Multiplizitäten (M) der Signale unterteilt nach Verschiebungsbereichen		X-H/C = O	Tieffeld	Hochfeld	X-H/C = O	Tieffeld	Hochfeld
	^{1}H:						
	^{13}C						
Ordnen Sie alle ^{1}H- und ^{13}C-NMR Signale zu.							

Nr. 058

N und I	Shift δ	Kopplung	X-H	Sym	Stereochem.	2D	anderes	Schwierigkeit	$^{1}H/^{13}C$
×	–	–	–	×	–	–	–	2	300 MHz DMSO

Verifizieren Sie die gegebene Struktur.

Ordnen Sie alle Signale zu.

$C_8H_9BrO_3$;; 233,1 g/mol

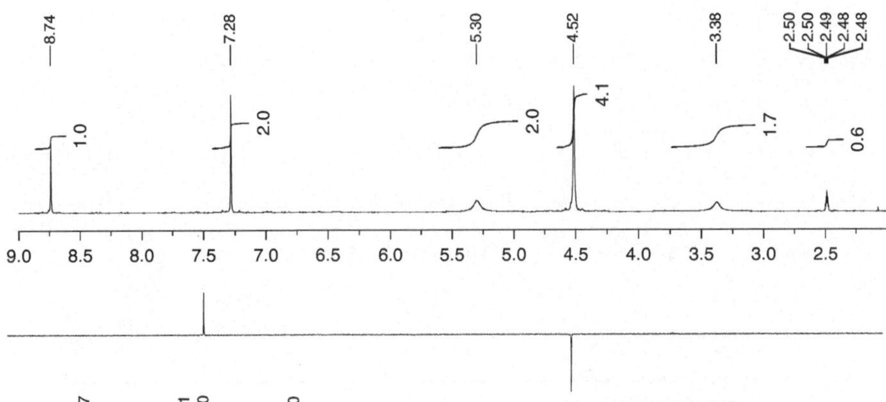

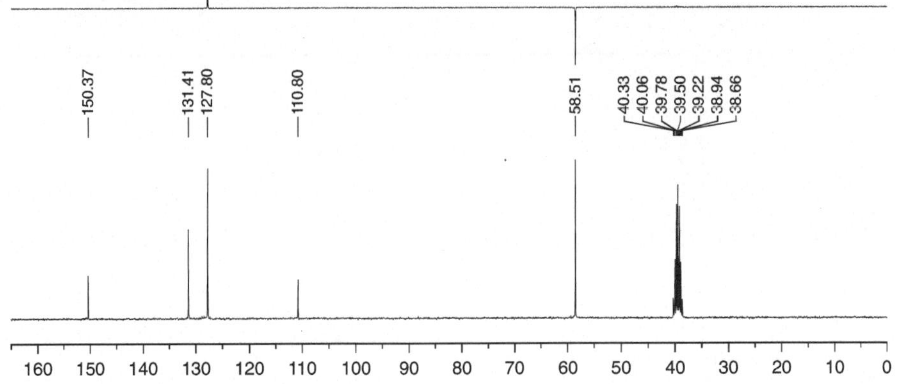

Fragestellung		Struktur			Spektrum		
chemisch äquivalente Gruppen?							
Anzahl chemisch nicht äquivalenter Atome oder Atomgruppen und (^{1}H-Gesamtintensität):	^{1}H						
	^{13}C						
Multiplizität und (^{1}H Intensität) der Signale unterteilt nach Verschiebungsbereichen: ^{1}H(^{13}C): Singulett s (S), Dublett d (D), Triplett t (T) usw.		X-H/C = O	Tieffeld	Hochfeld	X-H/C = O	Tieffeld	Hochfeld
	^{1}H:						
	^{13}C						

Nr. 059

N und I	Shift δ	Kopplung	X-H	Sym	Stereochem.	2D	anderes	Schwierigkeit	$^1H/^{13}C$
×	×	–	–	–	–	–	–	2	300 MHz $CDCl_3$

Verifizieren Sie die gegebene Struktur.

$C_7H_{10}O_4$; 158,1 g/mol

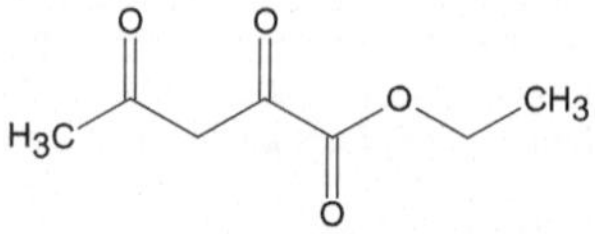

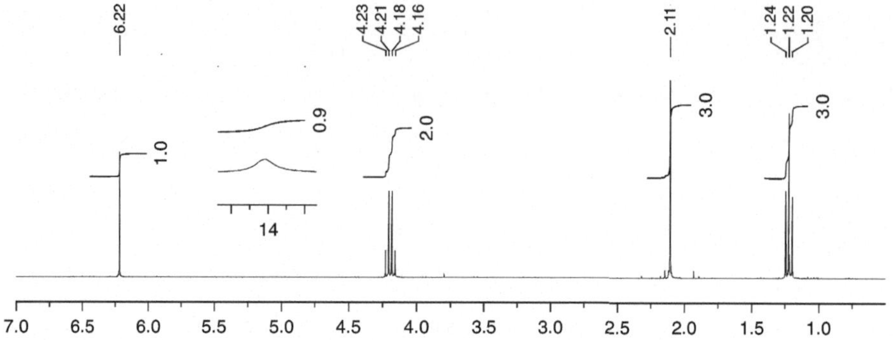

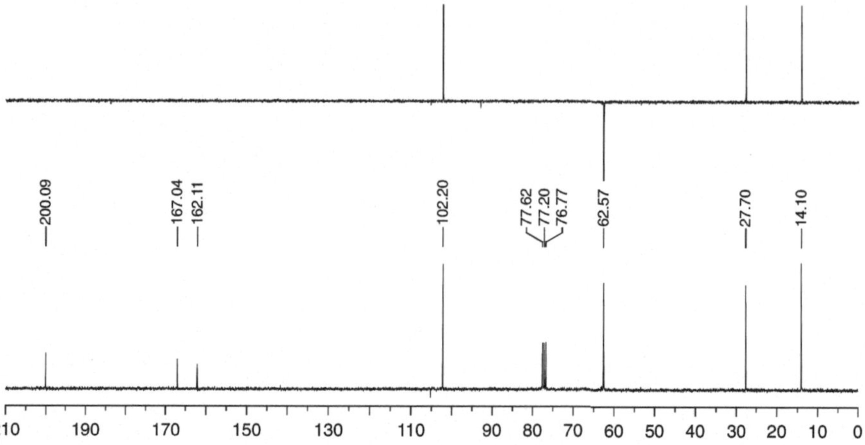

Fragestellung		Struktur			Spektrum		
chemisch äquivalente Gruppen?							
Anzahl chemisch nicht äquivalenter Atome oder Atomgruppen und (^{1}H-Gesamtintensität):	^{1}H						
	^{13}C						
Multiplizität und (^{1}H Intensität) der Signale unterteilt nach Verschiebungsbereichen: ^{1}H(^{13}C): Singulett s (S), Dublett d (D), Triplett t (T) usw.		X-H/C = O	Tieffeld	Hochfeld	X-H/C = O	Tieffeld	Hochfeld
	^{1}H:						
	^{13}C						

Nr. 060

N und I	Shift δ	Kopplung	X-H	Sym	Stereochem.	2D	anderes	Schwierigkeit	$^{1}H/^{13}C$ 300 MHz $CDCl_3$
×	–	×	–	–	–	–	–	2	

Bestimmen Sie das richtige Lutidinisomer (Dimethylpyridin).

C_7H_9N; 107,2 g/mol

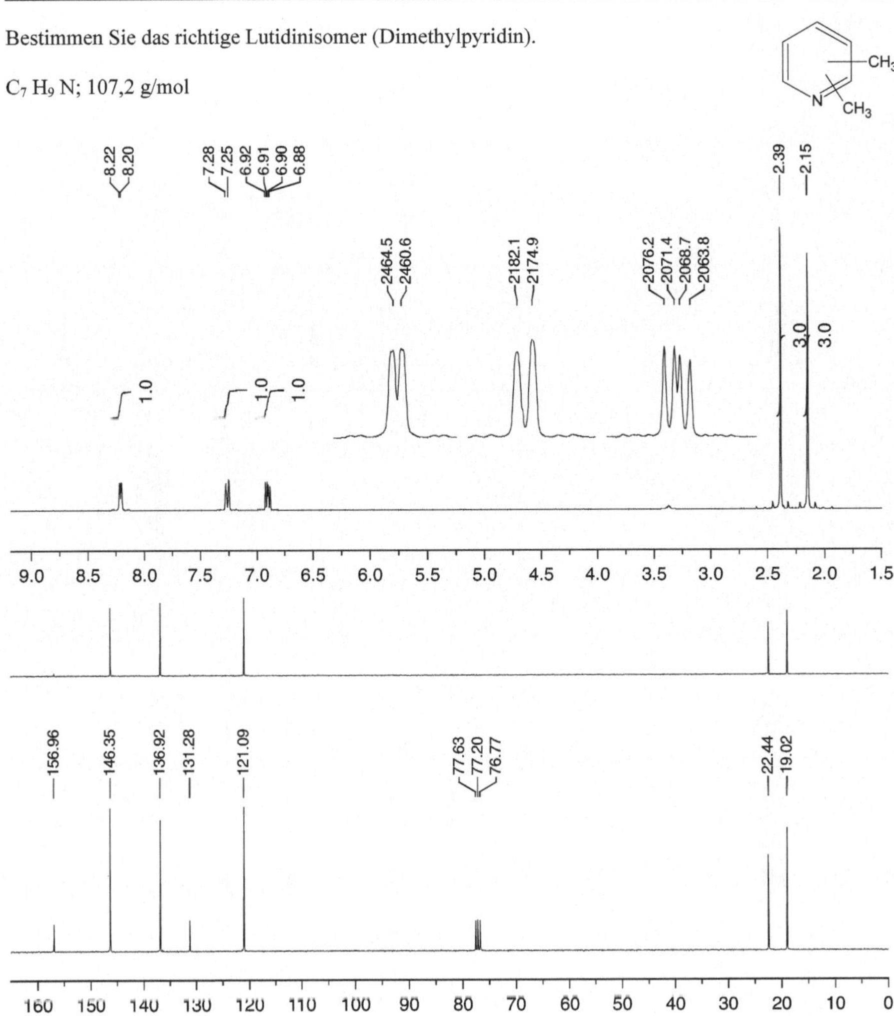

<table>
<tr><th>Fragestellung</th><th colspan="4">Strukturen</th><th>Spektrum</th></tr>
<tr><td>chemisch äquivalente H-Atome?
(ausser in -CH₃ Gruppen)</td><td colspan="5"></td></tr>
<tr><td>Anzahl Signale
(Gesamtintensität)</td><td>A</td><td>B</td><td>C</td><td>D</td><td></td></tr>
<tr><td>Anzahl der Signale unterteilt nach ihrer chemischen Verschiebung</td><td></td><td></td><td></td><td></td><td></td></tr>
<tr><td>Intensitäten</td><td></td><td></td><td></td><td></td><td></td></tr>
<tr><td>Multiplizitäten</td><td></td><td></td><td></td><td></td><td></td></tr>
</table>

Nr. 061

N und I	Shift δ	Kopplung	X-H	Sym	Stereochem.	2D	anderes	Schwierigkeit	$^{1}H/^{13}C$
×	×	×	×	×	–	–	–	2	$CDCl_3$

Ordnen Sie die beiden Spektrensätze den Aminophenylpropanolen A und B zu.

$C_9H_{13}NO$; 151,2 g/mol

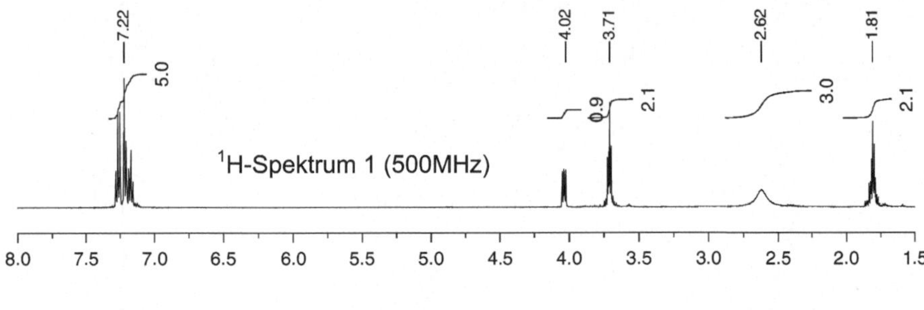

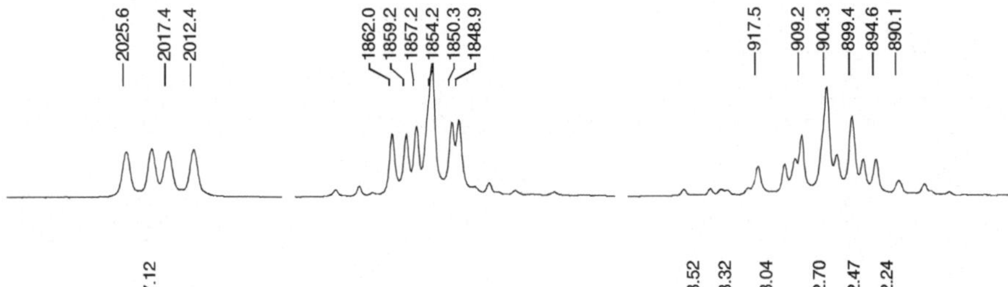

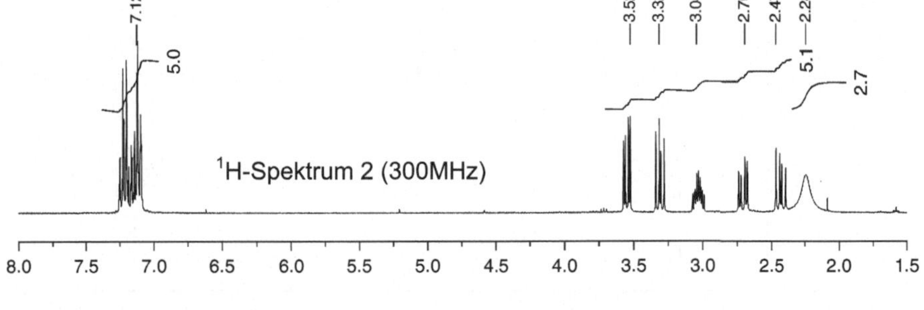

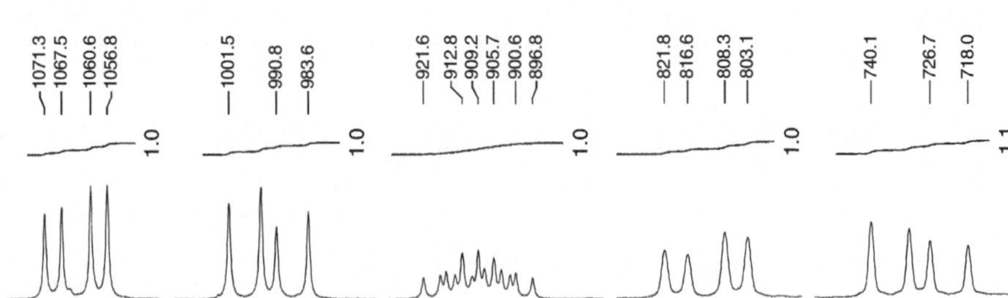

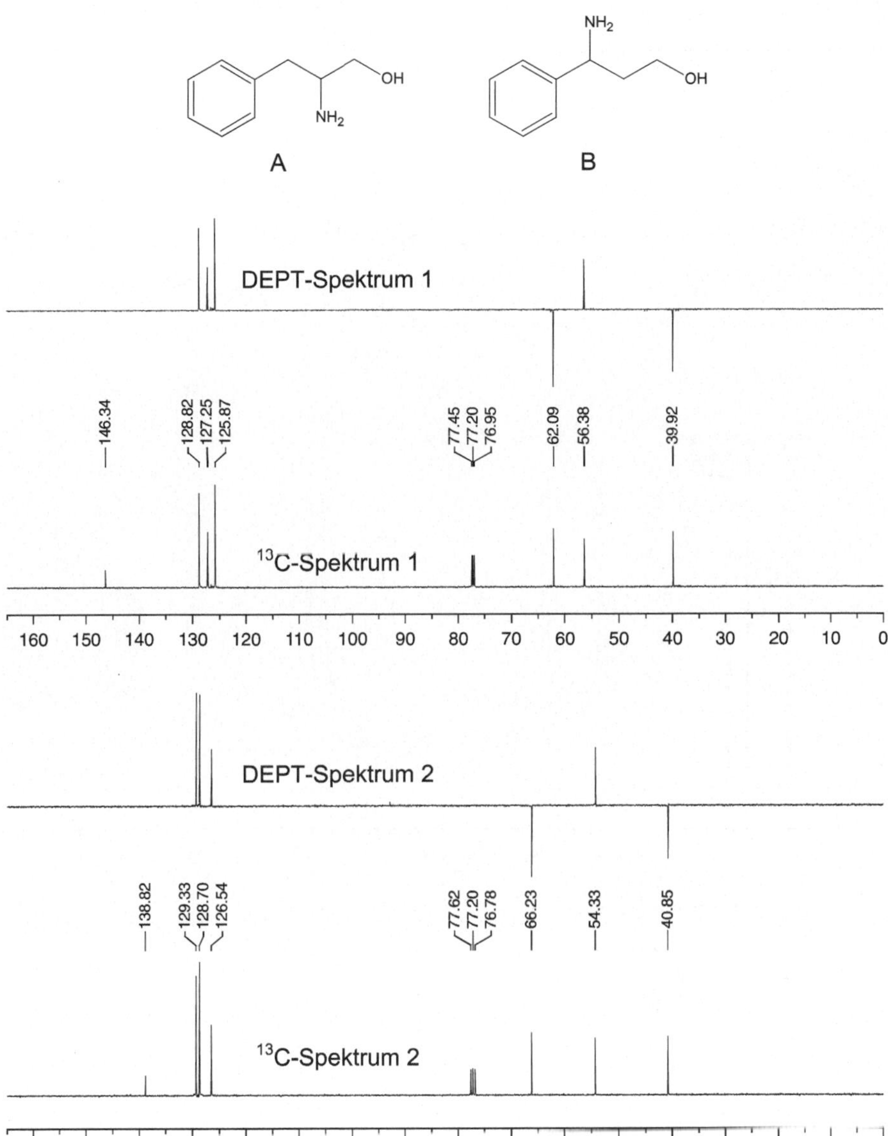
NH2
OH
NH2
OH
A
B
DEPT-Spektrum 1
146.34
128.82
127.25
125.87
77.45
77.20
76.95
62.09
56.38
39.92
13C-Spektrum 1
160 150 140 130 120 110 100 90 80 70 60 50 40 30 20 10 0
DEPT-Spektrum 2
138.82
129.33
128.70
126.54
77.62
77.20
76.78
66.23
54.33
40.85
13C-Spektrum 2
160 150 140 130 120 110 100 90 80 70 60 50 40 30 20 10 0

Nr. 062

N und I	Shift δ	Kopplung	X-H	Sym	Stereochem.	2D	anderes	Schwierigkeit	$^1H/^{13}C$
×	×	×	–	–	–	–	–	2	300 MHz $CDCl_3$

Ordnen Sie die richtige Struktur zu.

$C_6H_5Br_2N$; 250,9 g/mol

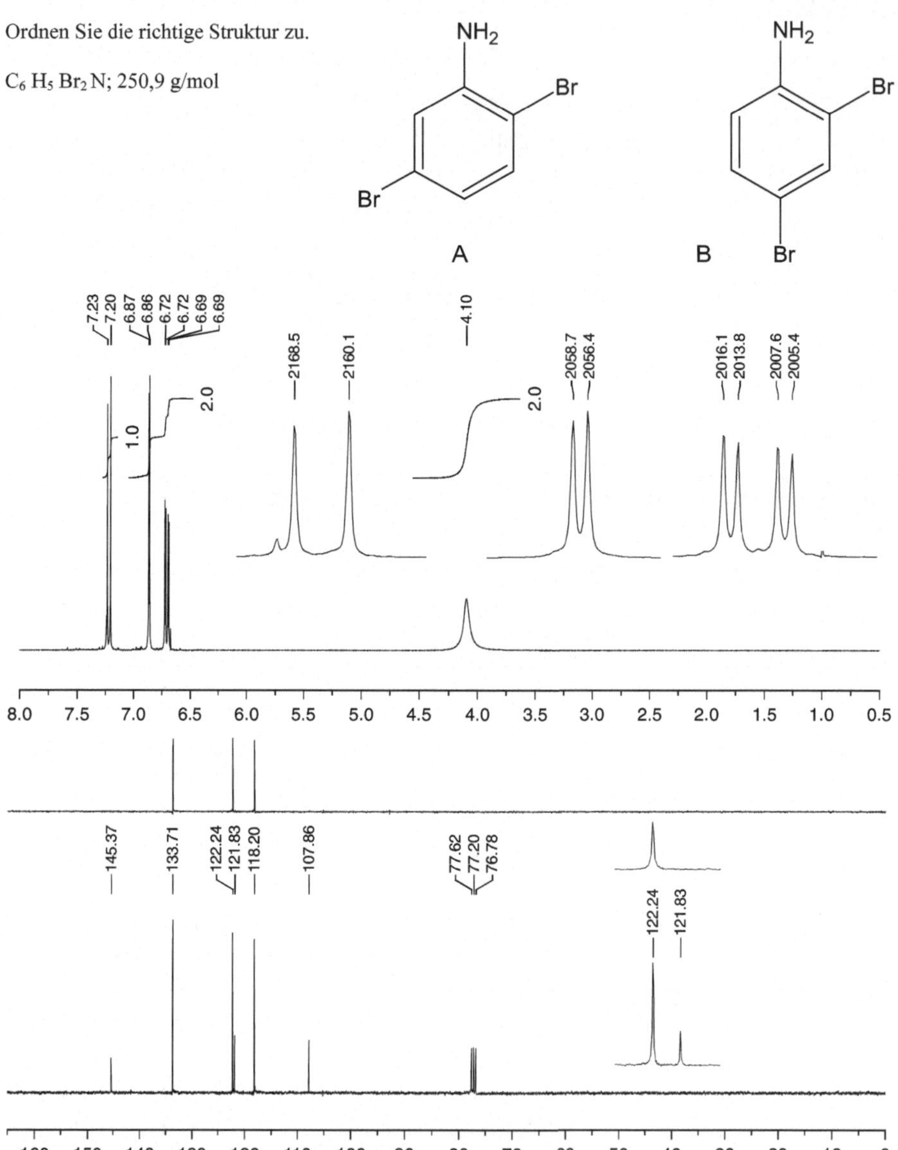

Substituenteninkremente zur Berechnung der ^{13}C chemischen Verschiebung in Aromaten:

Substituent	Z1	Z2	Z3	Z4
-NH$_2$	18,2	-13,4	0,8	-10,0
-Br	-5,4	3,3	2,2	-1,0

Nr. 063

N und I	Shift δ	Kopplung	X-H	Sym	Stereochem.	2D	anderes	Schwierigkeit	$^{1}H/^{13}C$
×	×	×	–	–	–	–	–	2	300 MHz $CDCl_3$

Diskutieren Sie die NMR Spektren von *m*-Anisidinmethylether.

$C_8H_{11}NO_2$; 153,2 g/mol

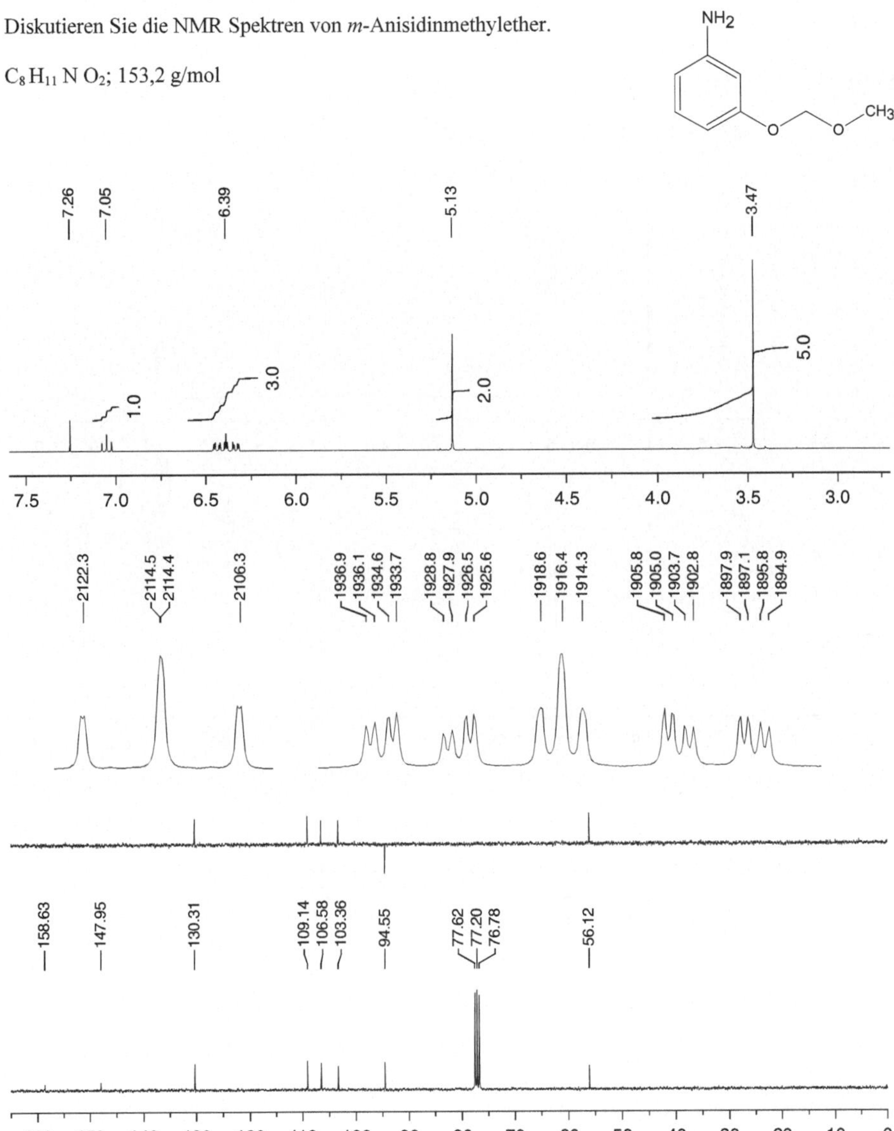

Nr. 064

N und I	Shift δ	Kopplung	X-H	Sym	Stereochem.	2D	anderes	Schwierigkeit	^{1}H/^{13}C
×	×	×	×	–	–	–	–	2	300 MHz DMSO

Bestimmen Sie die Konstitution dieses mehrfach substituierten Benzonitrils.

C_7H_4INO; 245 g/mol

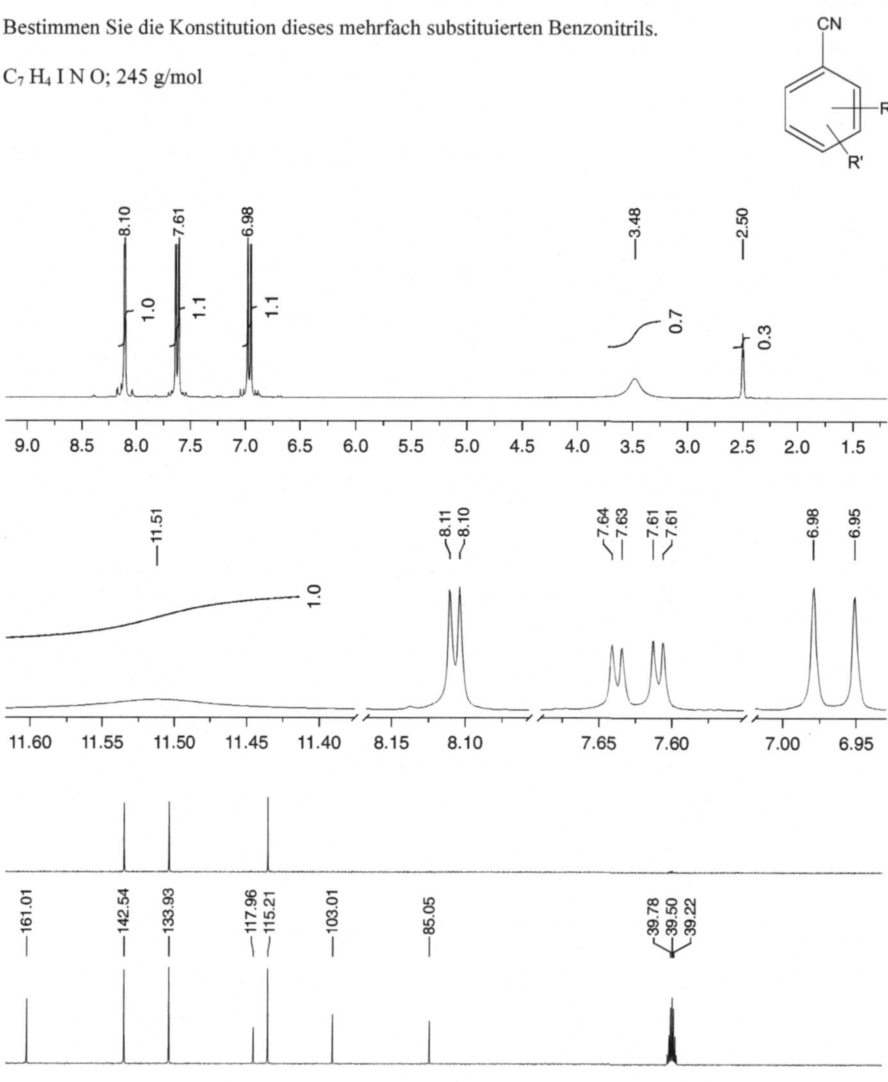

Nr. 065

N und I	Shift δ	Kopplung	X-H	Sym	Stereochem.	2D	anderes	Schwierigkeit	$^1H/^{13}C$ 300 MHz $CDCl_3$
×	×	×	×	–	–	–	–	2	

Verifizieren Sie die richtige Struktur.

$C_9H_9ClO_2$; 184,6 g/mol

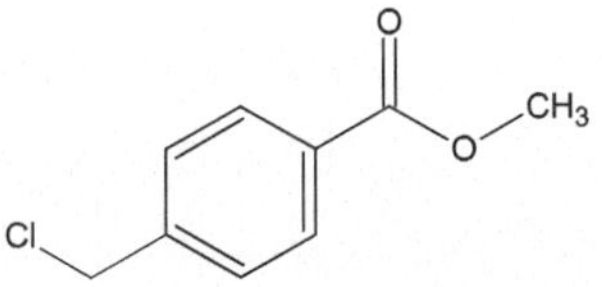

A

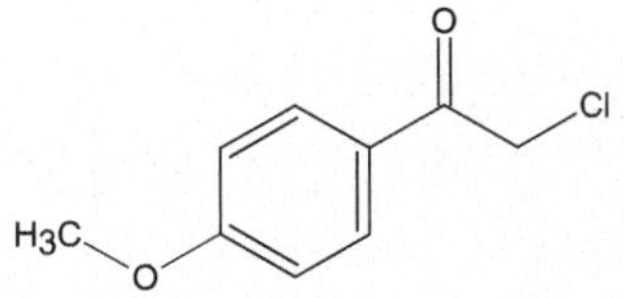

B

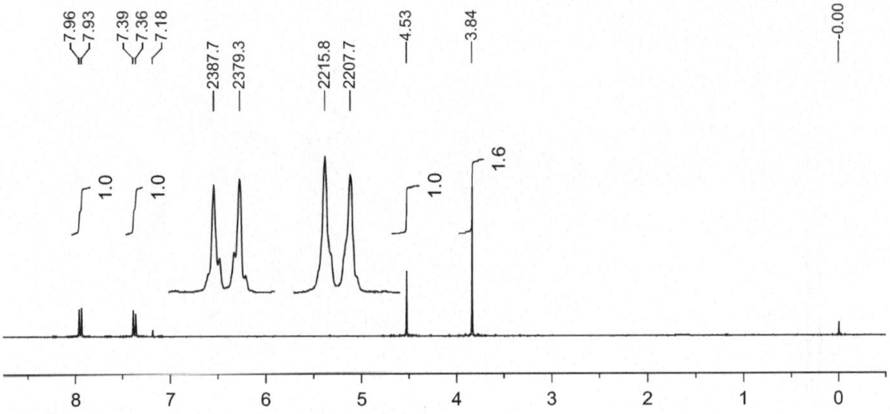

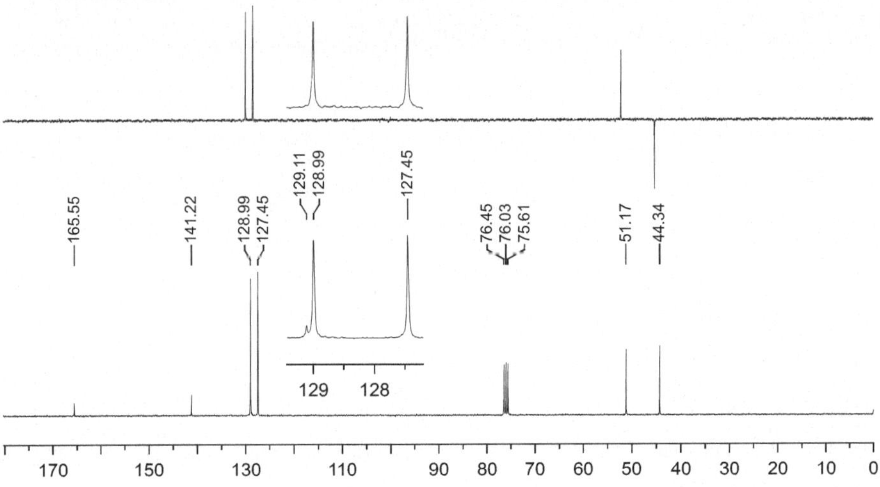

Nr. 066

N und I	Shift δ	Kopplung	X-H	Sym	Stereochem.	2D	anderes	Schwierigkeit	$^{1}H/^{13}C$
–	×	–	×	×	–	–	–	2	300 MHz $CDCl_3$

Ordnen Sie die Signale der richtigen Struktur zu.

A B

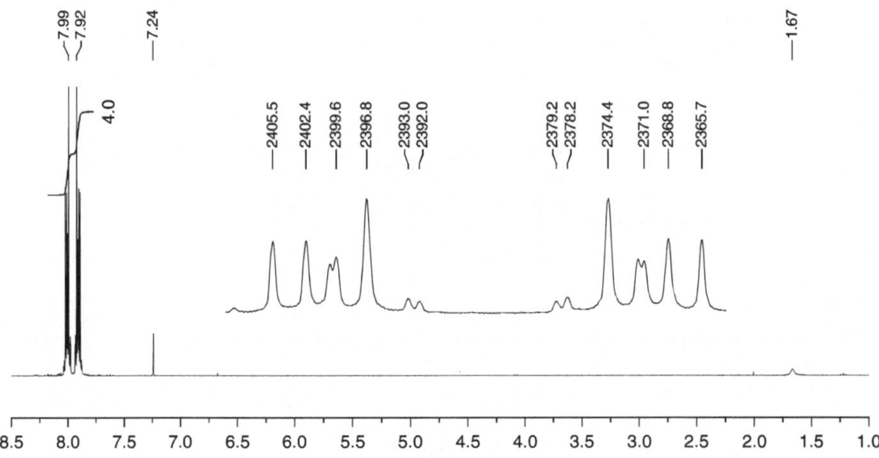

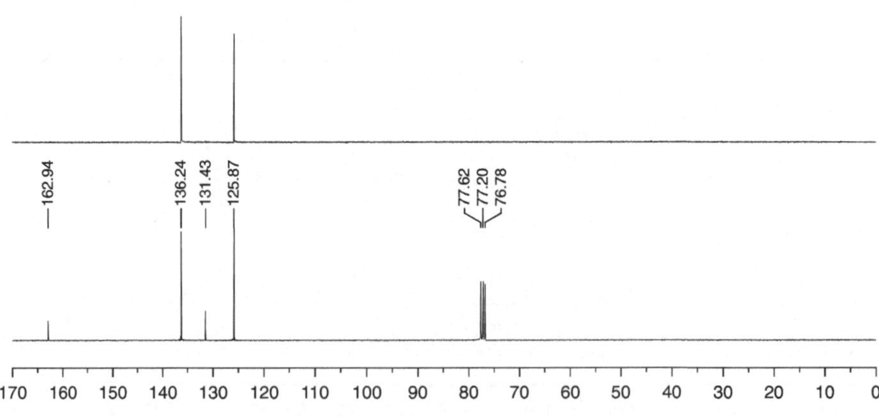

Nr. 067

N und I	Shift δ	Kopplung	X-H	Sym	Stereochem.	2D	anderes	Schwierigkeit	$^1H/^{13}C$
×	×	–	×	×	–	–	–	2	300 MHz $CDCl_3$

Verifizieren Sie die zu dieser Messung angegebene Struktur.

C_{13} H_{15} N O_4; 249,3 g/mol

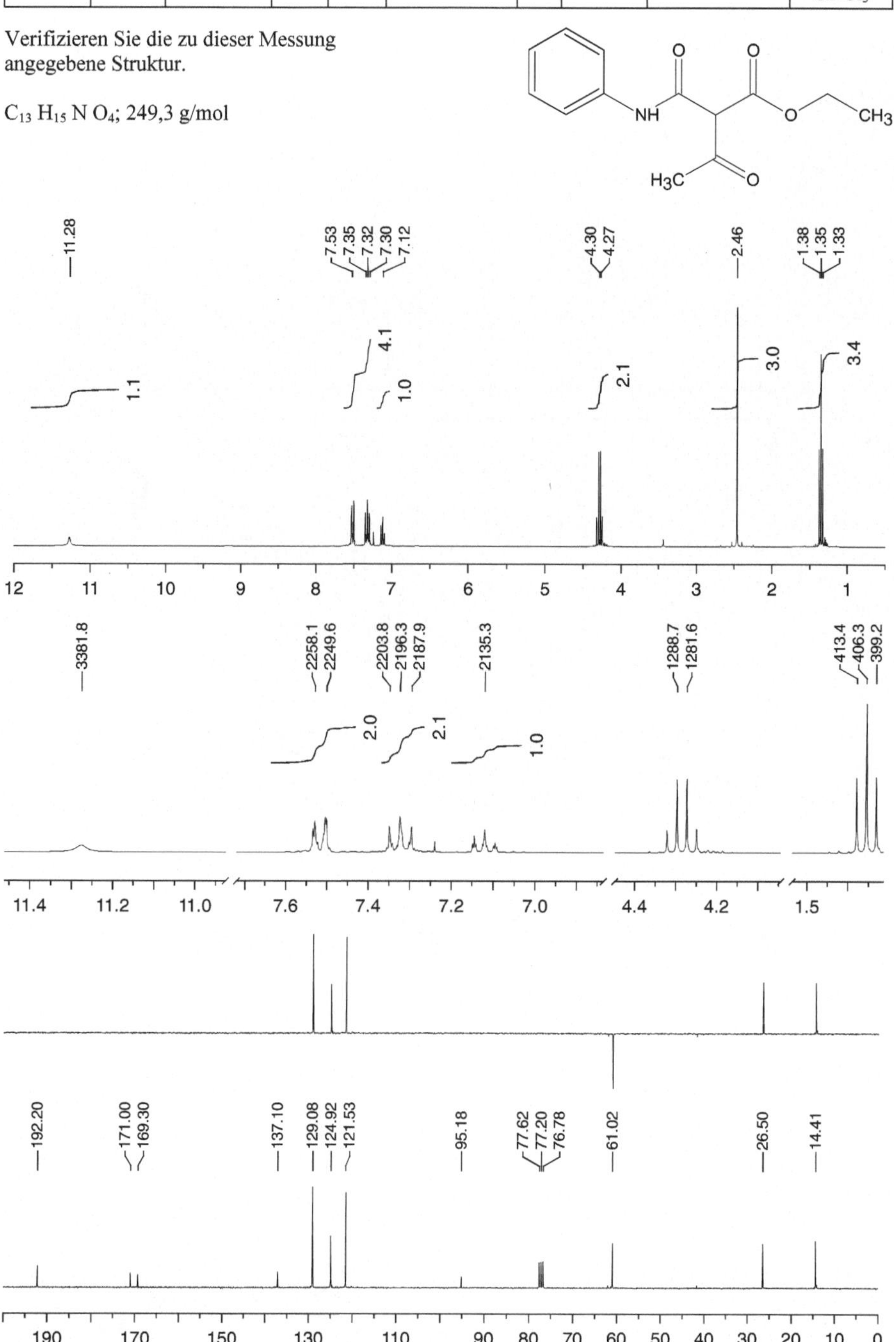

Nr. 068

N und I	Shift δ	Kopplung	X-H	Sym	Stereochem.	2D	anderes	Schwierigkeit	$^{1}H/^{13}C$
×	×	×	–	×	–	–	–	2	300 MHz $CDCl_3$

Interpretieren Sie die Spektren des Bromisopren.

H₂C Br CH₂

C_5H_7Br; 147,0 g/mol

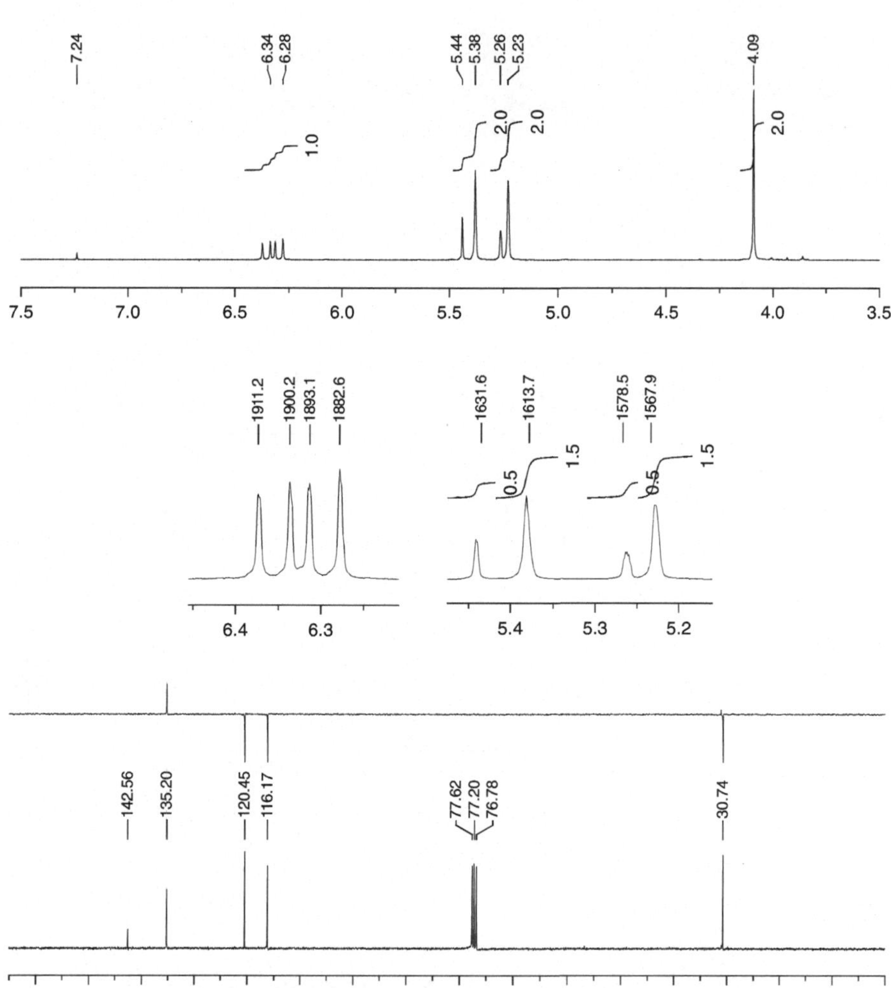

Nr. 069

N und I	Shift δ	Kopplung	X-H	Sym	Stereochem.	2D	anderes	Schwierigkeit	$^{1}H/^{13}C$ 300 MHz $CDCl_3$
×	×	×	×	×	×	–	–	2	

Verifizieren Sie die Struktur des 3-(*para*-Chlorphenyl)-3-hydroxypropionsäureethylesters.

$C_{11}H_{13}ClO_3$; 228,7 g/mol

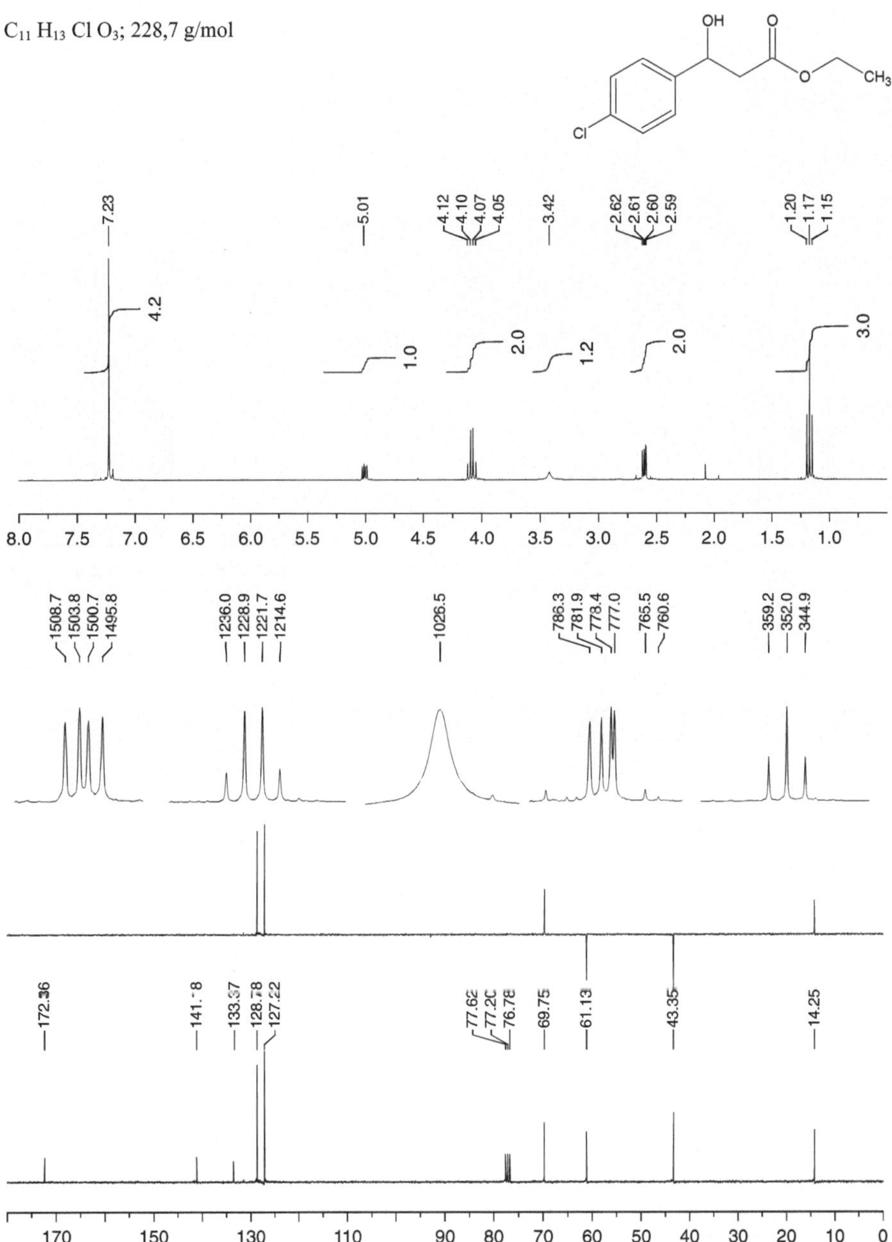

Nr. 070

N und I	Shift δ	Kopplung	X-H	Sym	Stereochem.	2D	anderes	Schwierigkeit	$^1H/^{13}C$
×	×	×	–	×	–	–	–	2	300 MHz CD_3OD

Verifizieren Sie die richtige Struktur. Beachten Sie das NMR Lösungsmittel.

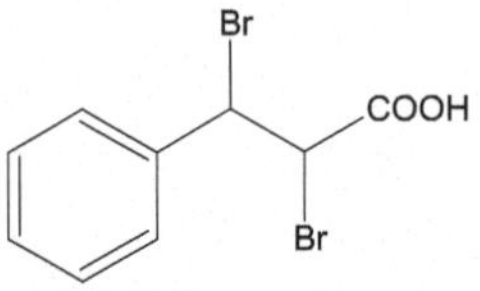

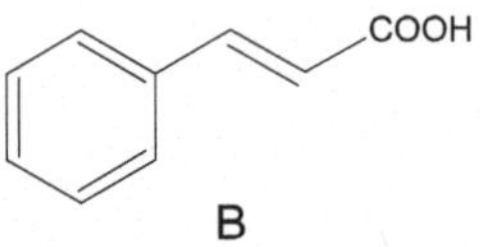

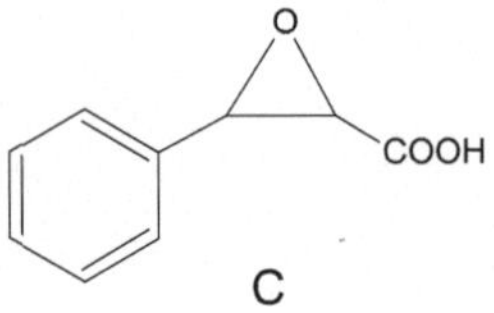

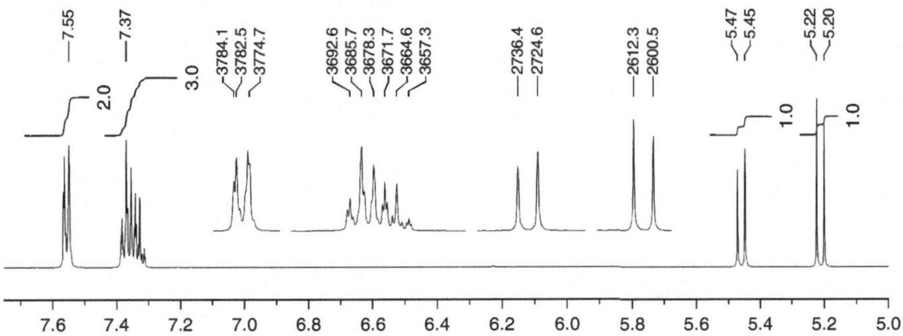

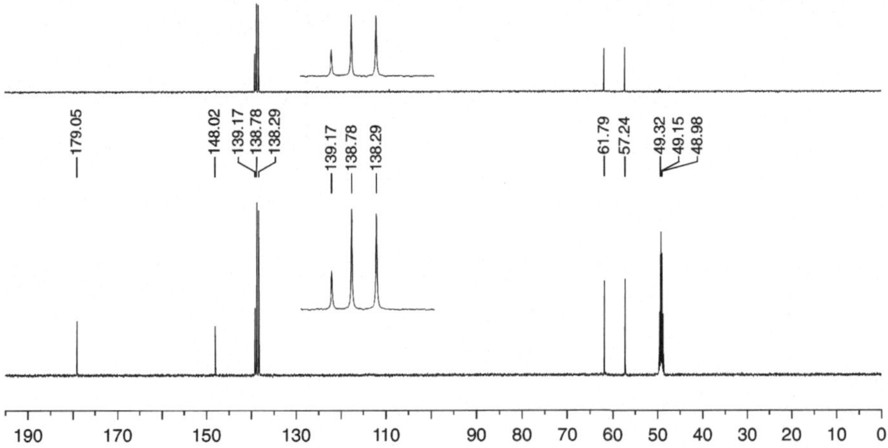

Nr. 071

N und I	Shift δ	Kopplung	X-H	Sym	Stereochem.	2D	anderes	Schwierigkeit	$^{1}H/^{13}C$ 300 MHz $CDCl_3$
×	×	×	×	×	–	–	Lömi	2	

Bei dieser Probe handelt es sich um das Produkt eines Praktikumsversuchs:

Bestimmen Sie die Struktur der Verbindung die sich tatsächlich in der Probe befand.

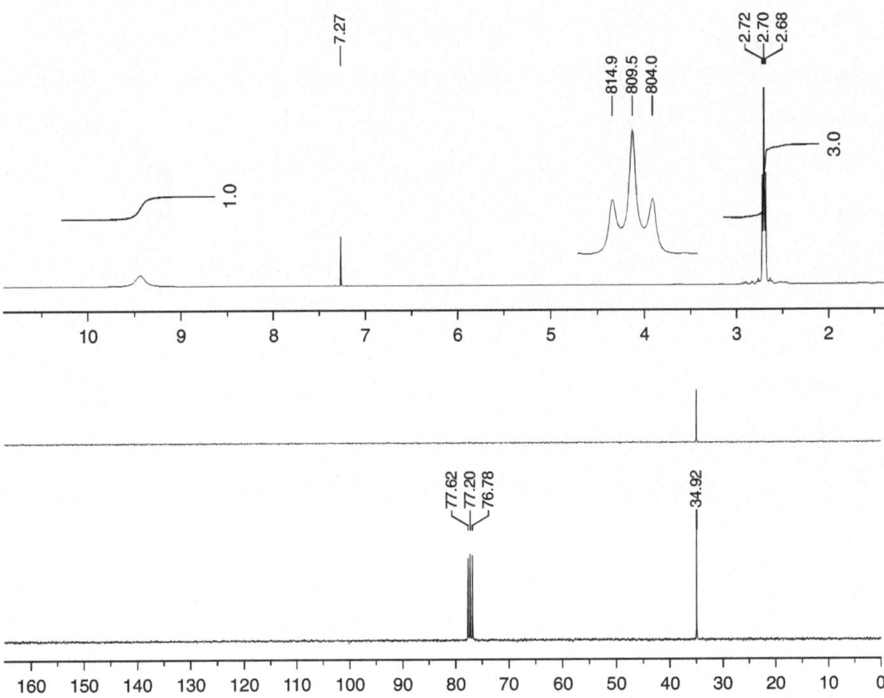

Nr. 072

N und I	Shift δ	Kopplung	X-H	Sym	Stereochem.	2D	anderes	Schwierigkeit	$^{1}H/^{13}C$
×	×	×	–	×	–	–	–	2	300 MHz $CDCl_3$

Bestimmen Sie die Struktur dieser Verbindung.

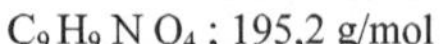

$C_9H_9NO_4$; 195,2 g/mol

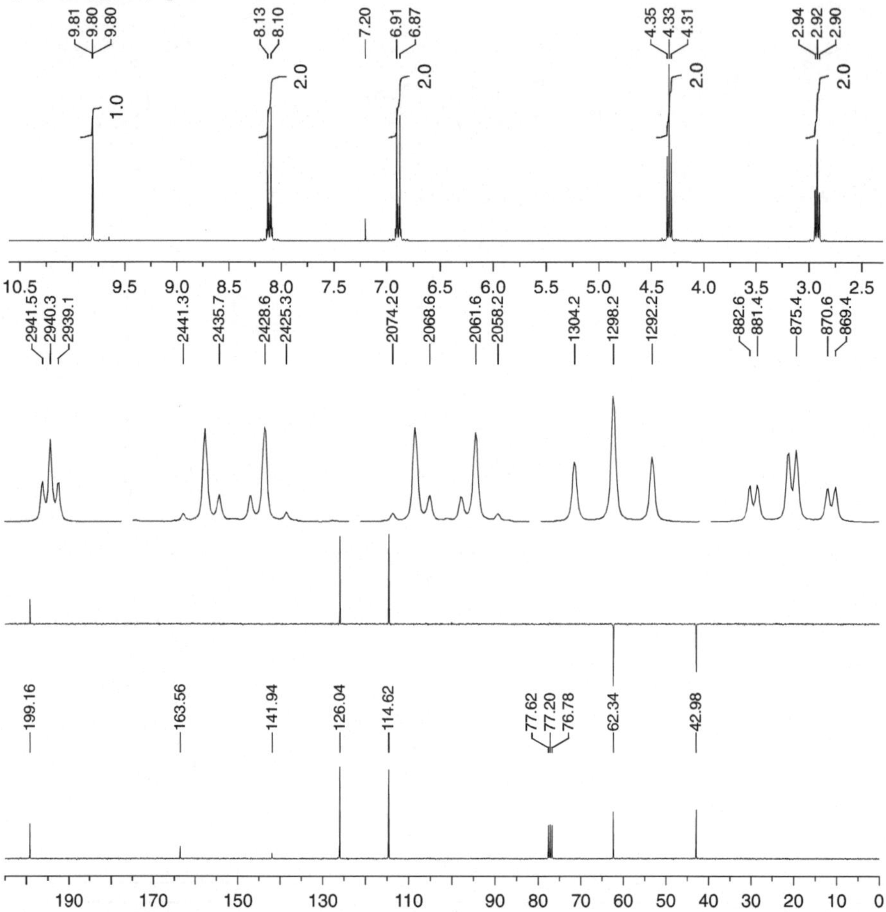

9.81 9.80 9.80 — 8.13 8.10 — 7.20 — 6.91 6.87 — 4.35 4.33 4.31 — 2.94 2.92 2.90

1.0 2.0 2.0 2.0 2.0

10.5 9.5 9.0 8.5 8.0 7.5 7.0 6.5 6.0 5.5 5.0 4.5 4.0 3.5 3.0 2.5

2941.5 2940.3 2939.1 — 2441.3 2435.7 2428.6 2425.3 — 2074.2 2068.6 2061.6 2058.2 — 1304.2 1298.2 1292.2 — 882.6 881.4 875.4 870.6 869.4

199.16 163.56 141.94 126.04 114.62 77.62 77.20 76.78 62.34 42.98

190 170 150 130 110 90 80 70 60 50 40 30 20 10 0

Fragestellung		Struktur			Spektrum		
chemisch äquivalente Gruppen?							
Anzahl chemisch nicht äquivalenter Atome oder Atomgruppen und (^{1}H-Gesamtintensität):	^{1}H						
	^{13}C						
Multiplizität und (^{1}H Intensität) der Signale unterteilt nach Verschiebungsbereichen: $^{1}H(^{13}C)$: Singulett s (S), Dublett d (D), Triplett t (T) usw.		X-H/C = O	Tieffeld	Hochfeld	X-H/C = O	Tieffeld	Hochfeld
	^{1}H:						
	^{13}C						

Nr. 073

N und I	Shift δ	Kopplung	X-H	Sym	Stereochem.	2D	anderes	Schwierigkeit	$^1H/^{13}C$
×	×	×	–	–	–	–	–	2	300 MHz $CDCl_3$

Bestimmen Sie die Konstitution von diesem Vinylpyridin.

C_7H_7N; 105,1 g/mol

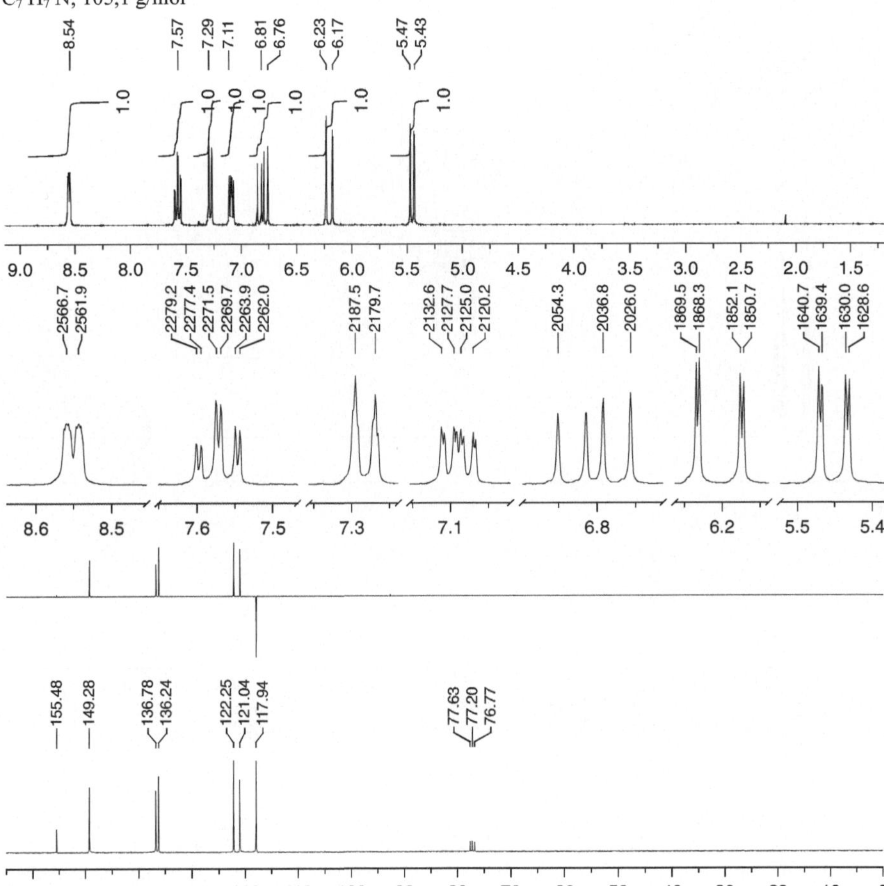

Fragestellung		Struktur			Spektrum		
chemisch äquivalente Gruppen?							
Anzahl chemisch nicht äquivalenter Atome oder Atomgruppen und (^1H-Gesamtintensität):	^1H						
	^{13}C						
Multiplizität und (^1H Intensität) der Signale unterteilt nach Verschiebungsbereichen: $^1H(^{13}C)$: Singulett s (S), Dublett d (D), Triplett t (T) usw.		X-H/C = O	Tieffeld	Hochfeld	X-H/C = O	Tieffeld	Hochfeld
	^1H:						
	^{13}C						

Nr. 074

N und I	Shift δ	Kopplung	X-H	Sym	Stereochem.	2D	anderes	Schwierigkeit	$^1H/^{13}C$
×	–	×	×	×	–	–	–	2	300 MHz $CDCl_3$

Bestimmen Sie die Struktur dieser symmetrischen Verbindung.

$C_{12}H_{10}O_2$; 186,2 g/mol

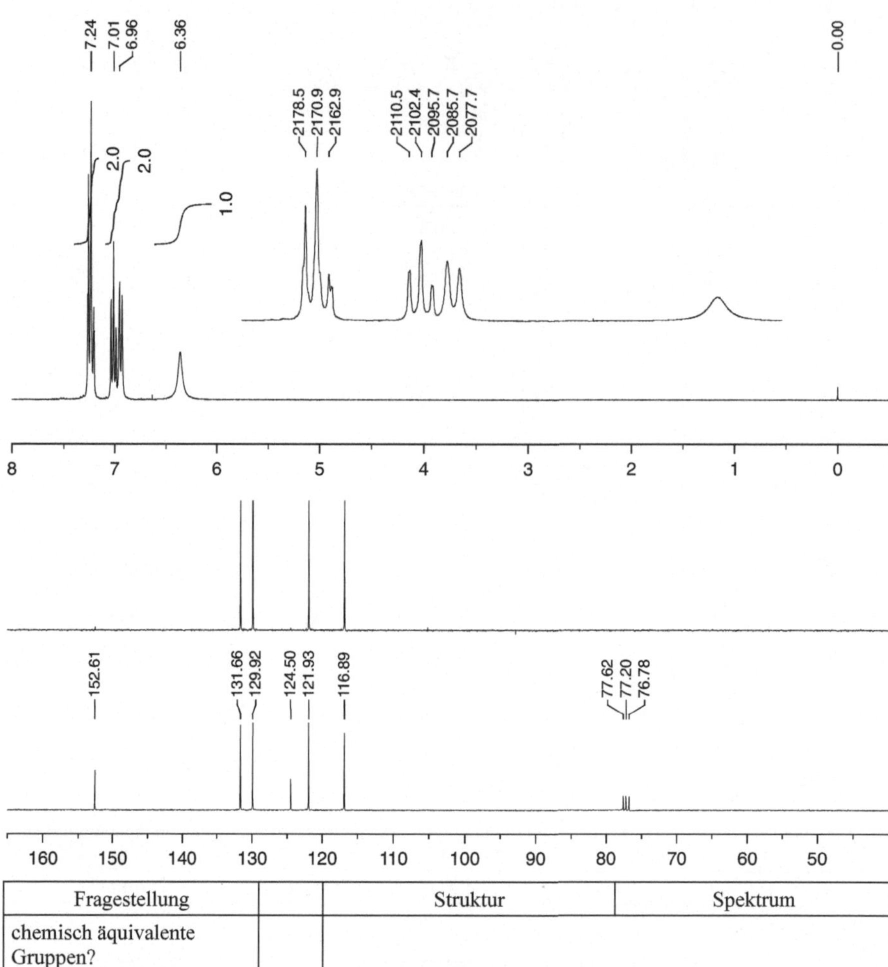

Fragestellung		Struktur			Spektrum		
chemisch äquivalente Gruppen?							
Anzahl chemisch nicht äquivalenter Atome oder Atomgruppen und (^{1}H-Gesamtintensität):	^{1}H						
	^{13}C						
Multiplizität und (^{1}H Intensität) der Signale unterteilt nach Verschiebungsbereichen: ^{1}H(^{13}C): Singulett s (S), Dublett d (D), Triplett t (T) usw.		X-H/C = O	Tieffeld	Hochfeld	X-H/C = O	Tieffeld	Hochfeld
	^{1}H:						
	^{13}C						

Nr. 075

N und I	Shift δ	Kopplung	X-H	Sym	Stereochem.	2D	anderes	Schwierigkeit	$^1H/^{13}C$
×	×	×	×	×	–	–	–	2	300 MHz $CDCl_3$

Bestimmen Sie die Struktur dieser Substanz.

$C_8H_{11}NO$; 137,2 g/mol

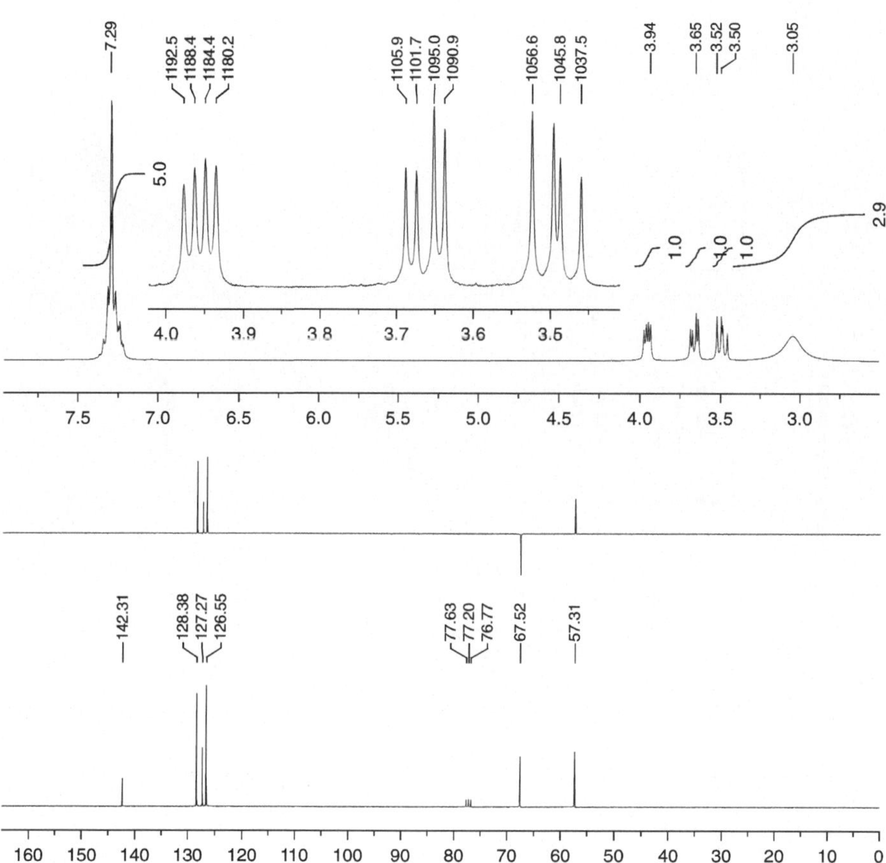

Fragestellung		Struktur			Spektrum		
chemisch äquivalente Gruppen?							
Anzahl chemisch nicht äquivalenter Atome oder Atomgruppen und (^{1}H-Gesamtintensität):	^{1}H						
	^{13}C						
Multiplizität und (^{1}H Intensität) der Signale unterteilt nach Verschiebungsbereichen: ^{1}H(^{13}C): Singulett s (S), Dublett d (D), Triplett t (T) usw.		X-H/C = O	Tieffeld	Hochfeld	X-H/C = O	Tieffeld	Hochfeld
	^{1}H:						
	^{13}C						

Nr. 076

N und I	Shift δ	Kopplung	X-H	Sym	Stereochem.	2D	anderes	Schwierigkeit	^{1}H/^{13}C
×	×	×	×	×	–	–	–	2	300 MHz DMSO

Bestimmen Sie die Struktur dieser Verbindung.

$C_{11}H_{12}O_3$; 192,2 g/mol

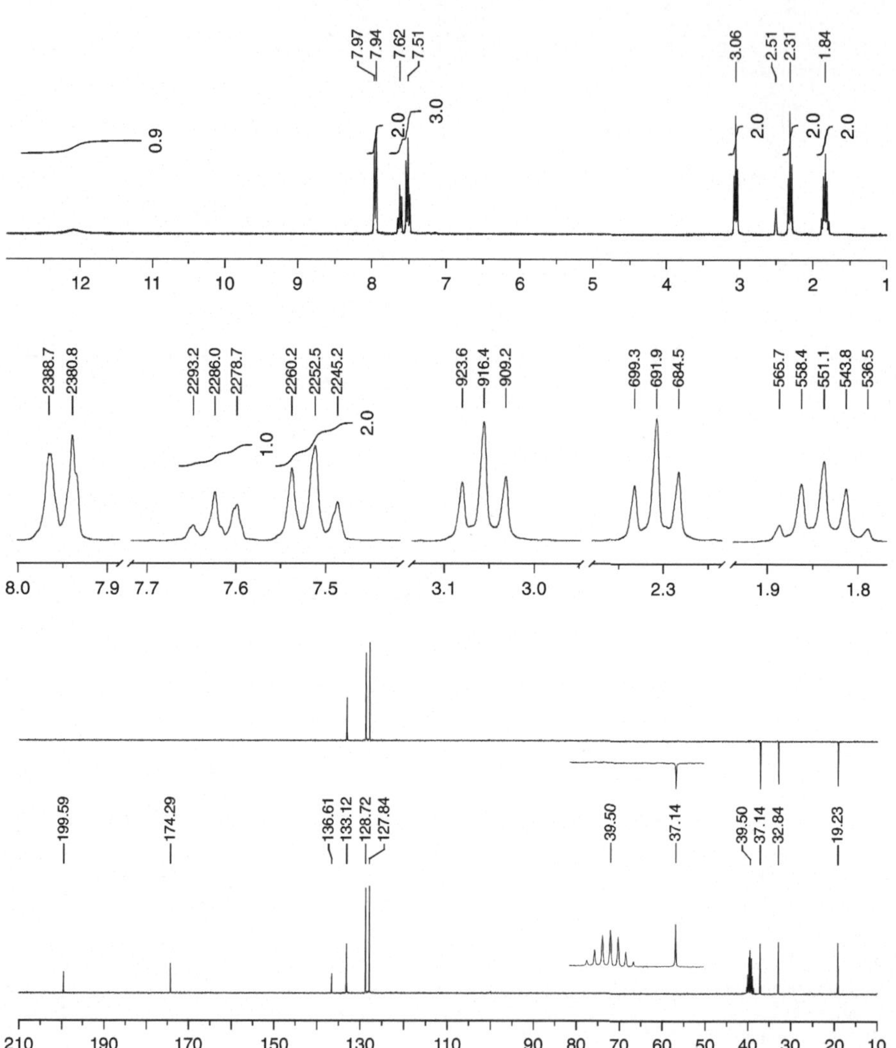

Nr. 077

N und I	Shift δ	Kopplung	X-H	Sym	Stereochem.	2D	anderes	Schwierigkeit	$^1H/^{13}C$ 500 MHz $CDCl_3$
×	–	×	×	×	–	–	–	2	

Bestimmen Sie die Struktur dieser Verbindung.

$C_8H_{19}N$; 129,2 g/mol

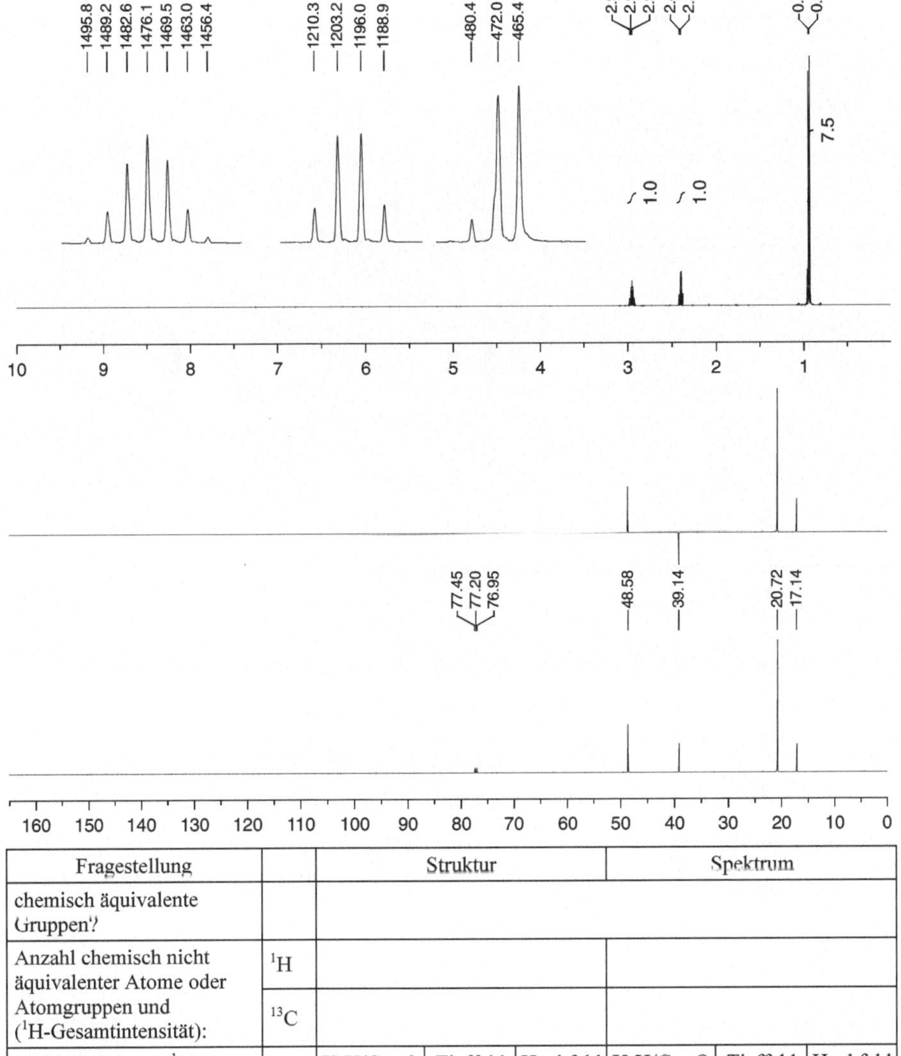

<table>
<tr><td>Fragestellung</td><td></td><td colspan="3">Struktur</td><td colspan="3">Spektrum</td></tr>
<tr><td>chemisch äquivalente Gruppen?</td><td></td><td colspan="6"></td></tr>
<tr><td rowspan="2">Anzahl chemisch nicht äquivalenter Atome oder Atomgruppen und (¹H-Gesamtintensität):</td><td>¹H</td><td colspan="3"></td><td colspan="3"></td></tr>
<tr><td>¹³C</td><td colspan="3"></td><td colspan="3"></td></tr>
<tr><td rowspan="3">Multiplizität und (¹H Intensität) der Signale unterteilt nach Verschiebungsbereichen: ¹H(¹³C): Singulett s (S), Dublett d (D), Triplett t (T) usw.</td><td></td><td>X-H/C = O</td><td>Tieffeld</td><td>Hochfeld</td><td>X-H/C = O</td><td>Tieffeld</td><td>Hochfeld</td></tr>
<tr><td>¹H:</td><td></td><td></td><td></td><td></td><td></td><td></td></tr>
<tr><td>¹³C</td><td></td><td></td><td></td><td></td><td></td><td></td></tr>
</table>

Nr. 078

N und I	Shift δ	Kopplung	X-H	Sym	Stereochem.	2D	anderes	Schwierigkeit	$^{1}H/^{13}C$
×	×	×	×	×	–	–	–	2	300 MHz $CDCl_3$

Bestimmen Sie die Struktur dieser Verbindung.

$C_6H_{10}O_3$, 130,1 g/mol

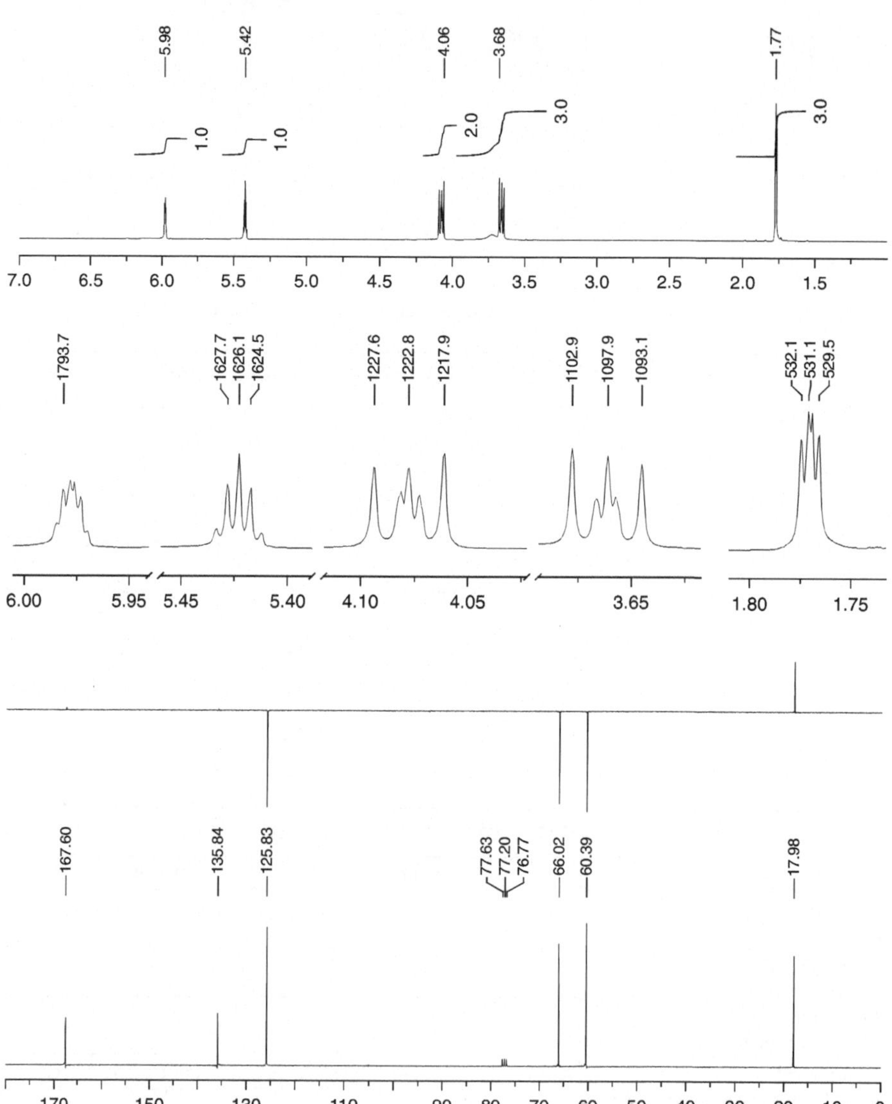

Nr. 079

N und I	Shift δ	Kopplung	X-H	Sym	Stereochem.	2D	anderes	Schwierigkeit	$^1H/^{13}C$
×	×	–	–	×	–	–	–	2	300 MHz $CDCl_3$

Bestimmen Sie die Struktur dieses *para*-substituierten Benzoesäureesters.

Achtung – ein Substituent ist mit einer Trimethylsilylschutzgruppe (TMS) geschützt. (Molmasse 246,4 g/mol)

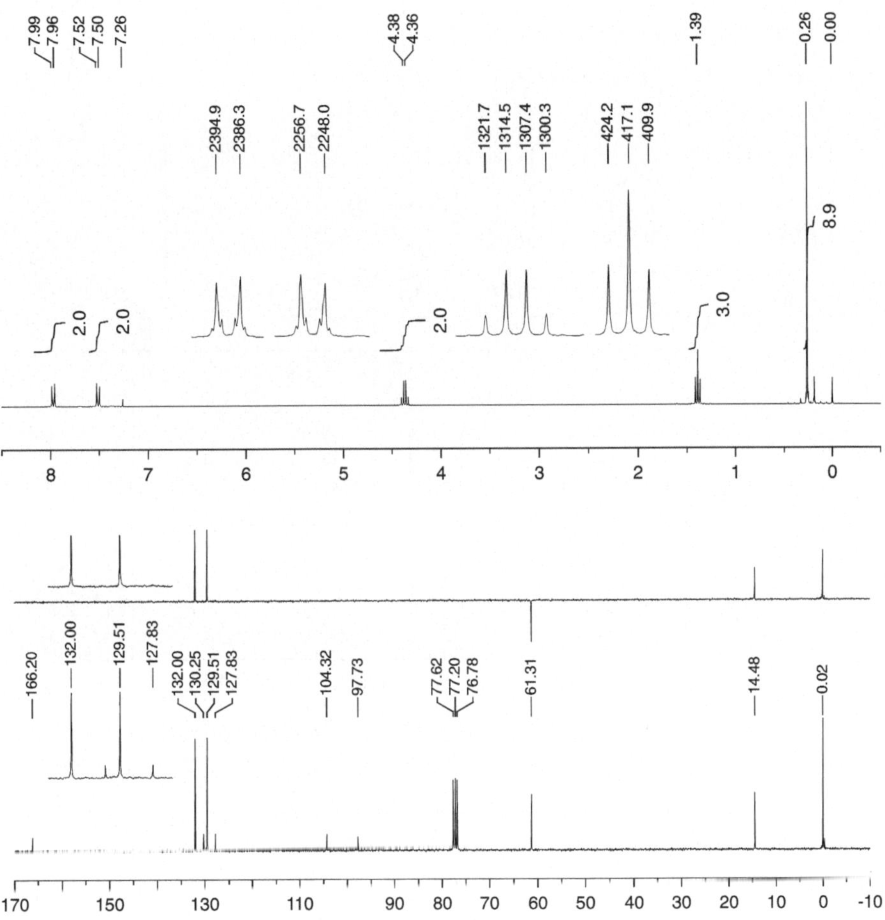

Nr. 080

N und I	Shift δ	Kopplung	X-H	Sym	Stereochem.	2D	anderes	Schwierigkeit	$^1H/^{13}C$
×	×	×	×	–	×	–	–	2	500 MHz $CDCl_3$

Ordnen Sie alle Signale zu und erklären Sie die ^{1}H-Signalmultiplizitäten.

2,3-Dibromisobuttersäure.

$C_4\,H_6\,Br_2\,O_2$; 245,9 g/mol

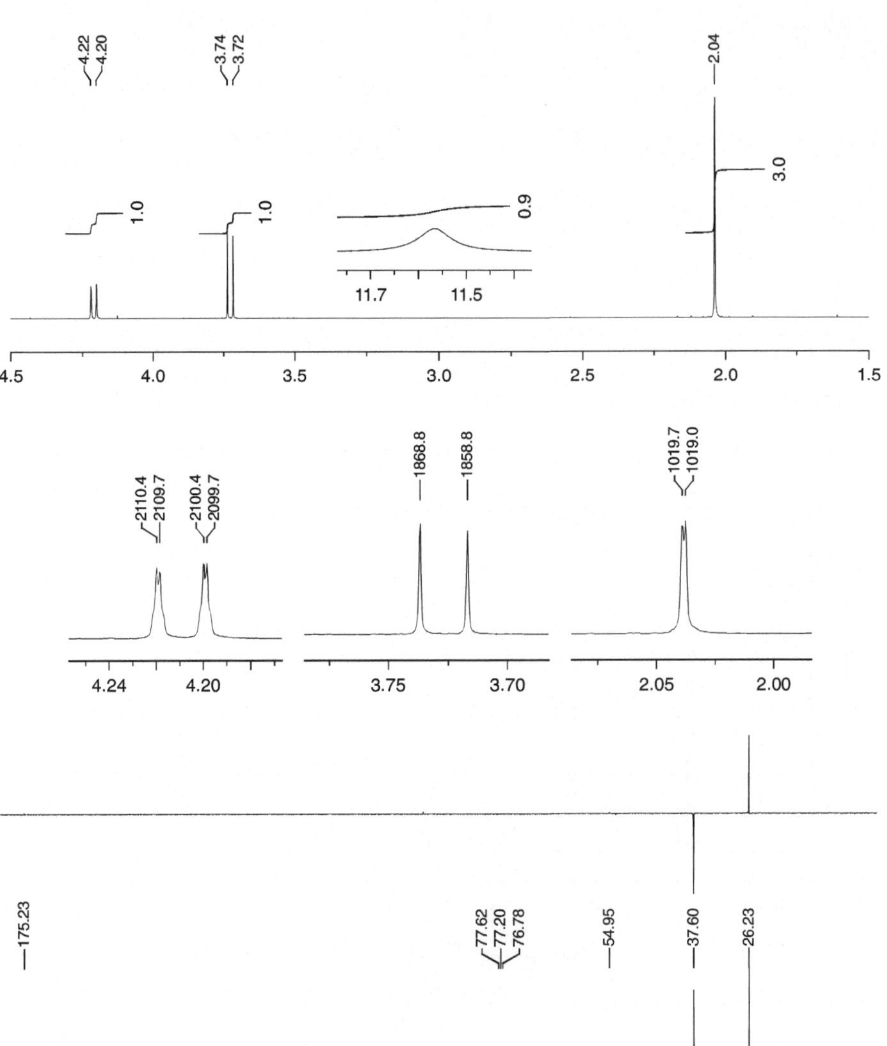

Nr. 081

N und I	Shift δ	Kopplung	X-H	Sym	Stereochem.	2D	anderes	Schwierigkeit	$^1H/^{13}C$ 300 MHz $CDCl_3$
×	–	×	–	–	×	–	–	3	

Bestimmen Sie die Struktur dieser Verbindung.

$C_3H_5Br_3$; 280,8 g/mol

Erklären Sie die Aufspaltungsmuster der ^1H-Signale.

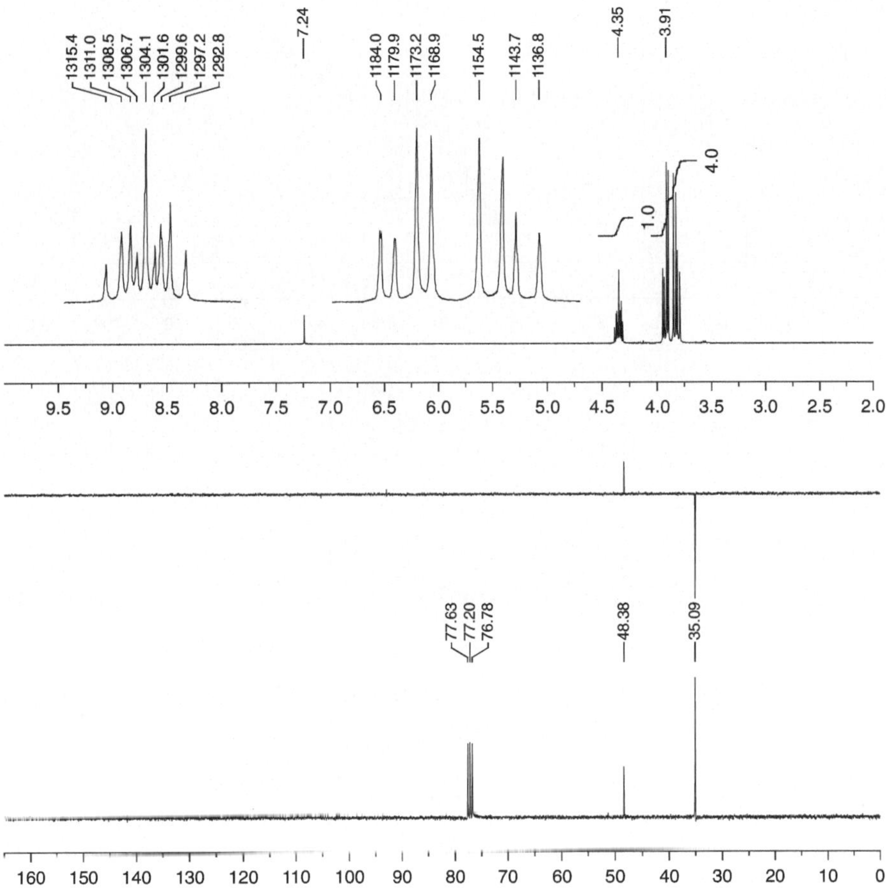

Nr. 082

N und I	Shift δ	Kopplung	X-H	Sym	Stereochem.	2D	anderes	Schwierigkeit	$^{1}H/^{13}C$
×	×	×	×	×	–	–	–	3	500 MHz $CDCl_3$

Bestimmen Sie die Struktur dieser aromatischen Verbindung.

$C_{10}H_{13}BrIN$; 354,0 g/mol

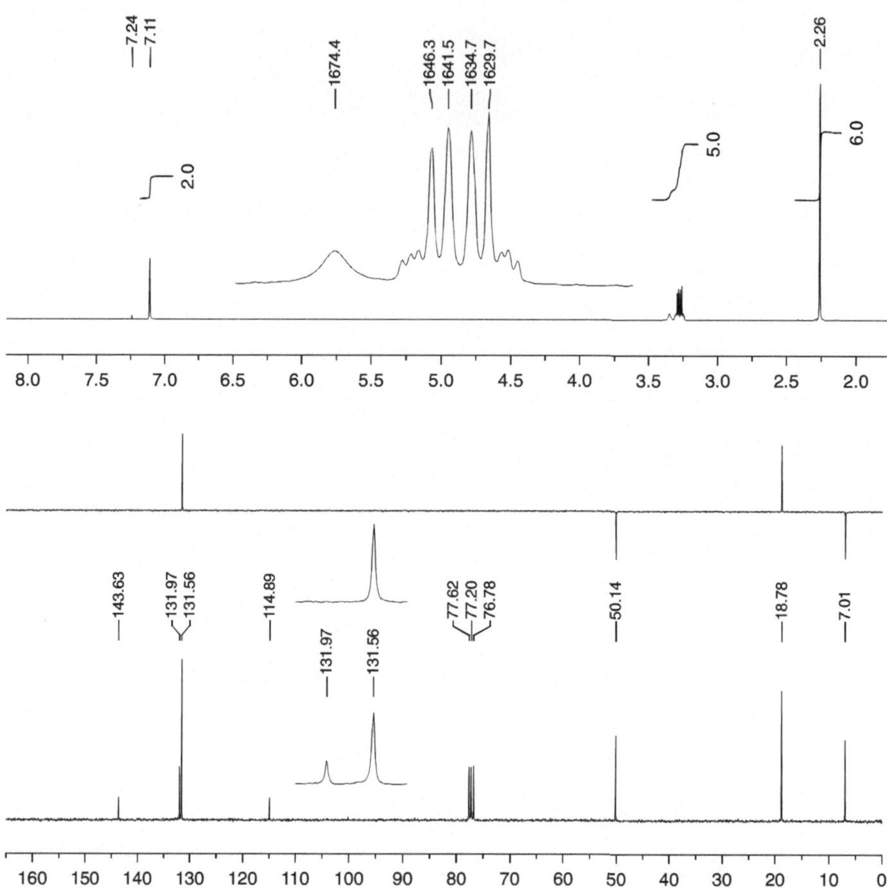

Nr. 083

N und I	Shift δ	Kopplung	X-H	Sym	Stereochem.	2D	anderes	Schwierigkeit	$^1H/^{13}C$ 500 MHz DMSO
×	×	×	×	–	×	–	–	3	

Bestimmen Sie die Struktur dieser organischen Säure.

$C_4H_6O_5$; 134,1 g/mol

Beachten Sie die Lösungsmittelsignale.

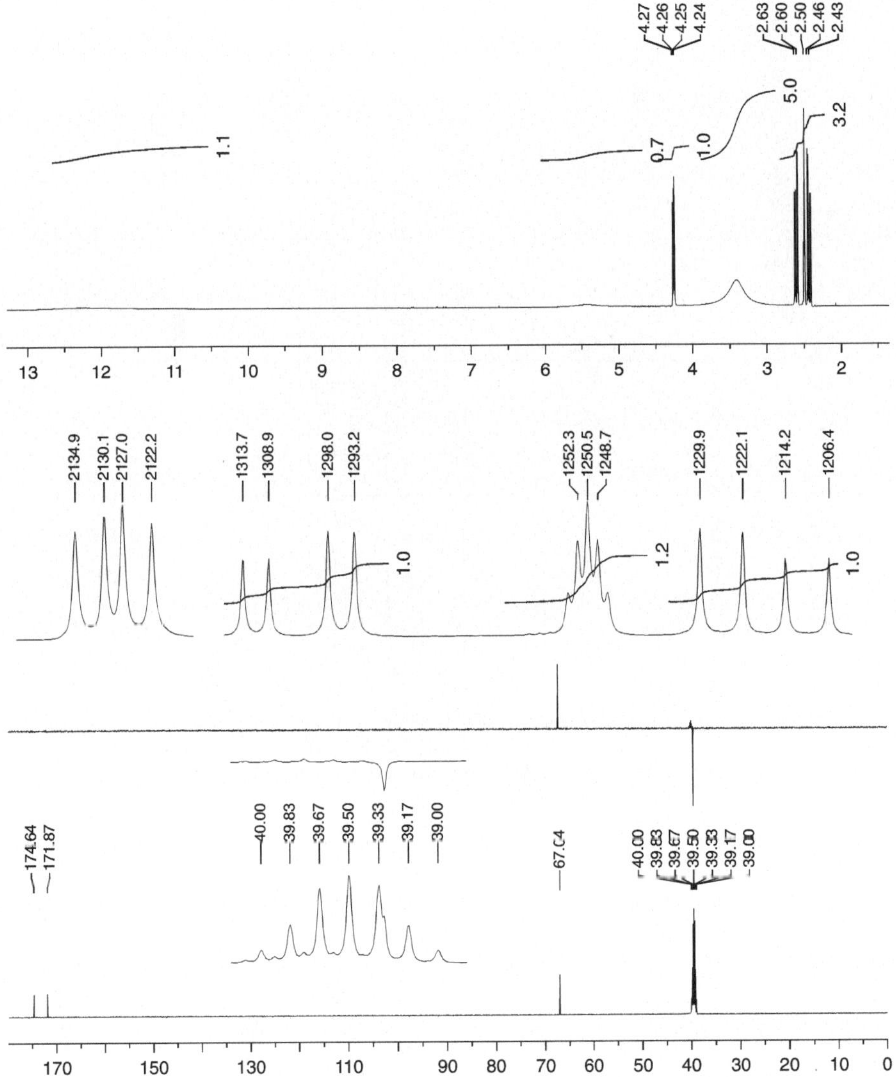

Nr. 084

N und I	Shift δ	Kopplung	X-H	Sym	Stereochem.	2D	anderes	Schwierigkeit	$^1H/^{13}C$
×	–	–	×	×	–	×	DMSO/H_2O	1	300 MHz DMSO

Ordnen Sie alle Signale in den NMR-Spektren der Barbitursäure zu.

$C_4 H_4 N_2 O_3$; 128,1 g/mol

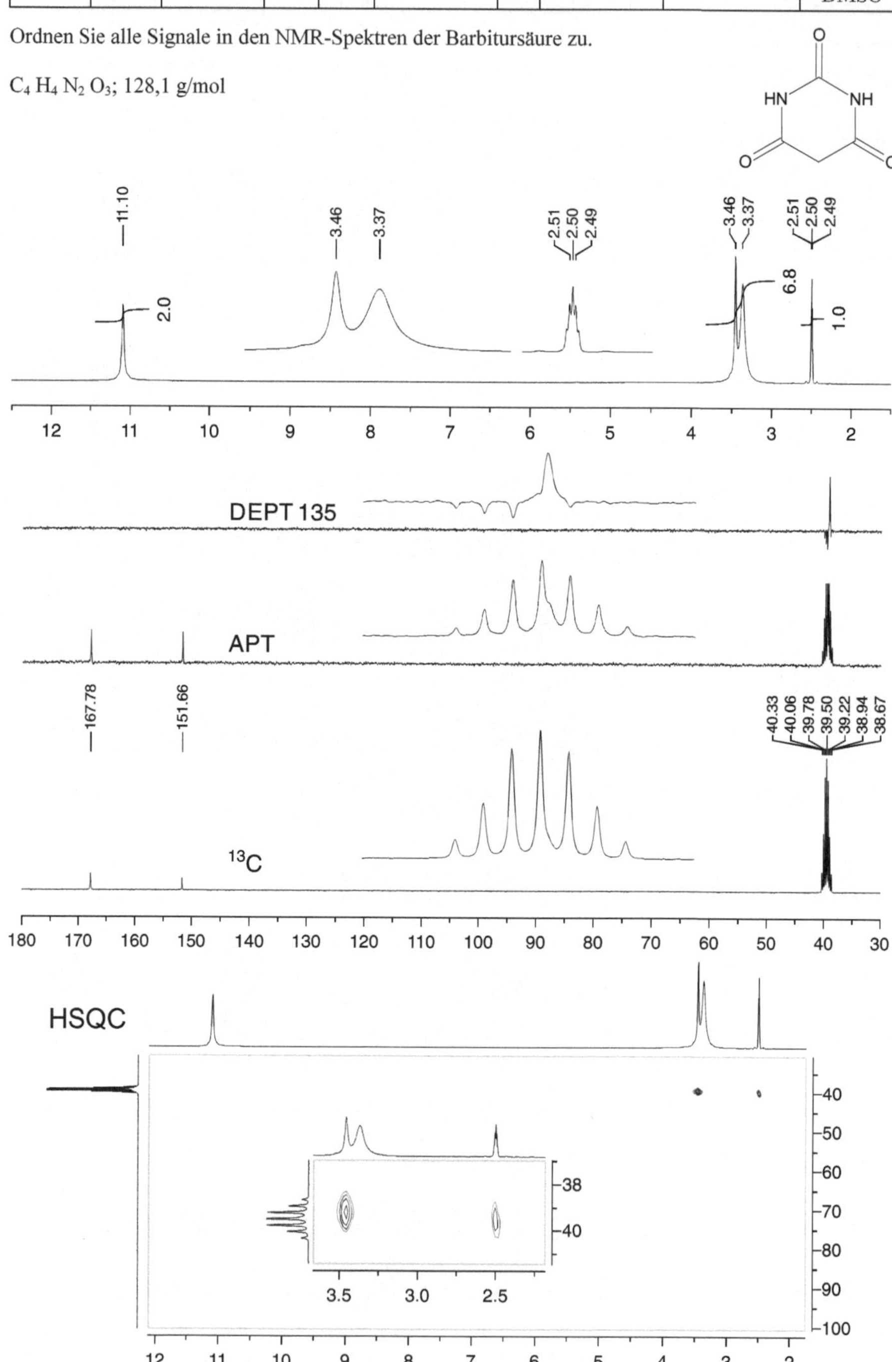

Nr. 085

N und I	Shift δ	Kopplung	X-H	Sym	Stereochem.	2D	anderes	Schwierigkeit	$^1H/^{13}C$
×	×	×	×	×	–	×	–	1	300 MHz CDCl$_3$

Bestimmen Sie die Struktur dieser Verbindung.

$C_4H_{11}NO$; 89,1 g/mol

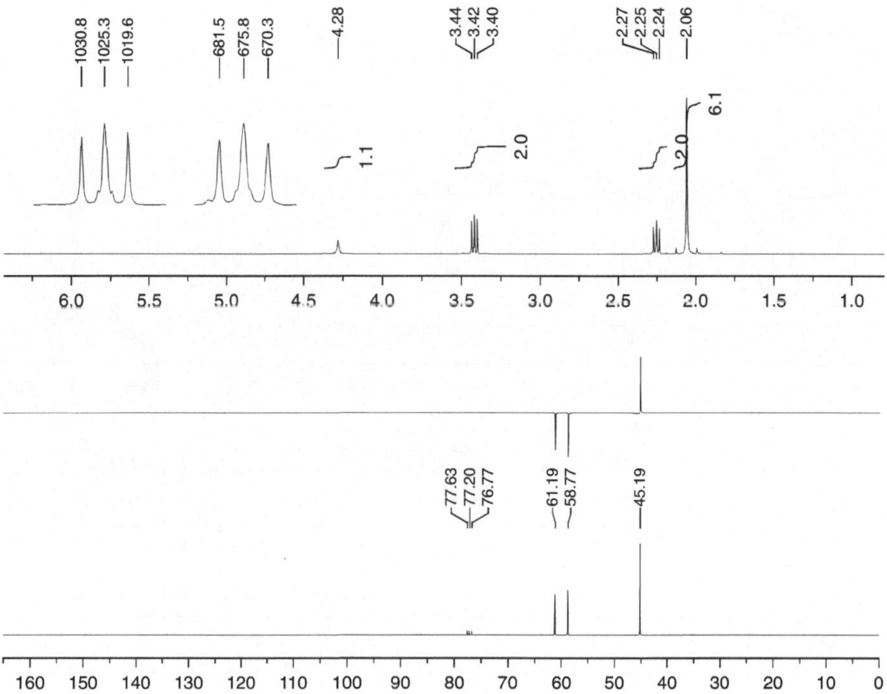

1030.8 1025.3 1019.6 681.5 675.8 670.3 4.28 3.44 3.42 3.40 2.27 2.25 2.24 2.06

1.1 2.0 2.0 6.1

6.0 5.5 5.0 4.5 4.0 3.5 3.0 2.5 2.0 1.5 1.0

77.63 77.20 76.77 61.19 58.77 45.19

160 150 140 130 120 110 100 90 80 70 60 50 40 30 20 10 0

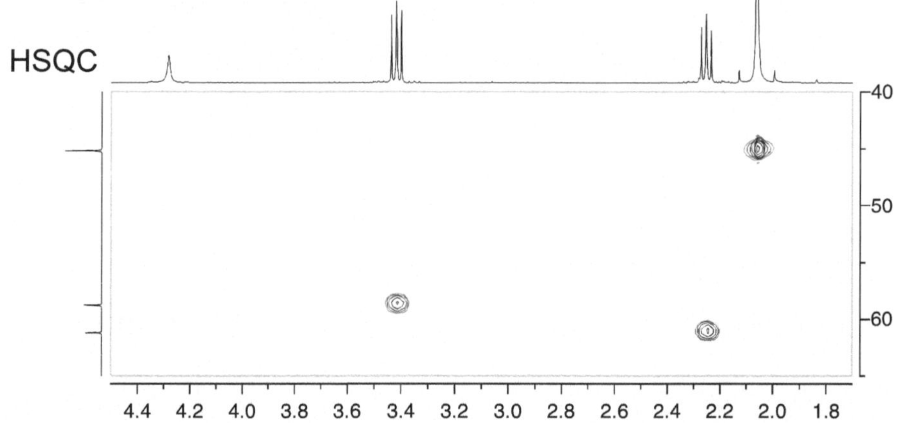

Nr. 086

N und I	Shift δ	Kopplung	X-H	Sym	Stereochem.	2D	Anderes	Schwierigkeit	$^{1}H/^{13}C$
×	×	×	–	–	×	×	–	1	500 MHz CDCl$_3$

Bewerten Sie die verschiedenen Spektren von 2-Methylcyclohexanon hinsichtlich ihrer Auswertbarkeit.

$C_7H_{12}O$; 112,2 g/mol

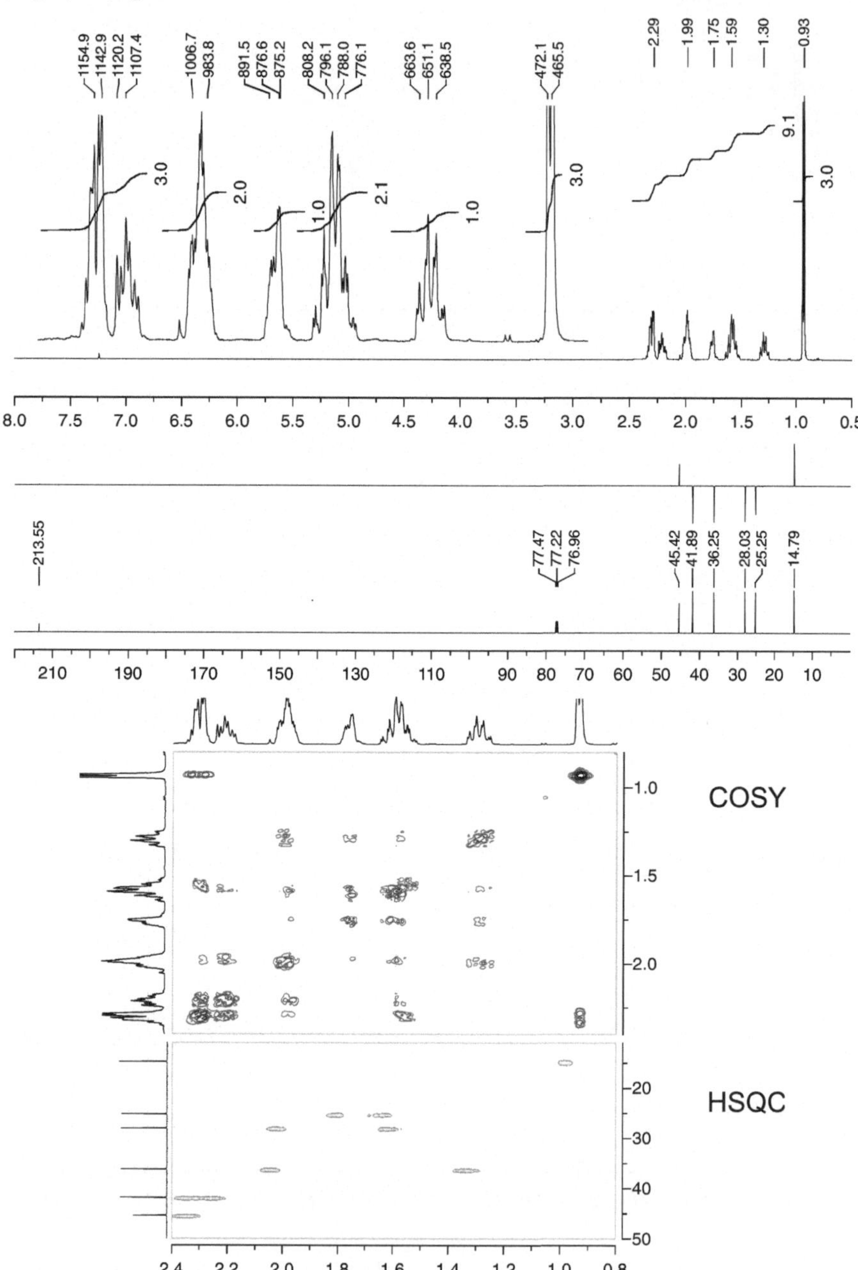

Nr. 087

N und I	Shift δ	Kopplung	X-H	Sym	Stereochem.	2D	anderes	Schwierigkeit	^{1}H/^{13}C
×	–	–	×	–	–	×	–	2	500 MHz CDCl$_3$

Ordnen Sie die Signale der 2-Methyl-hydrozimtsäure zu.

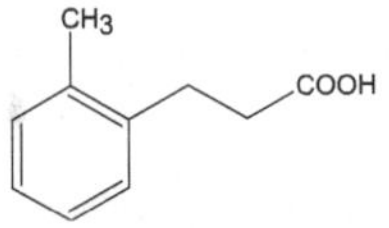

$C_{10}H_{12}O_2$; 164,2 g/mol

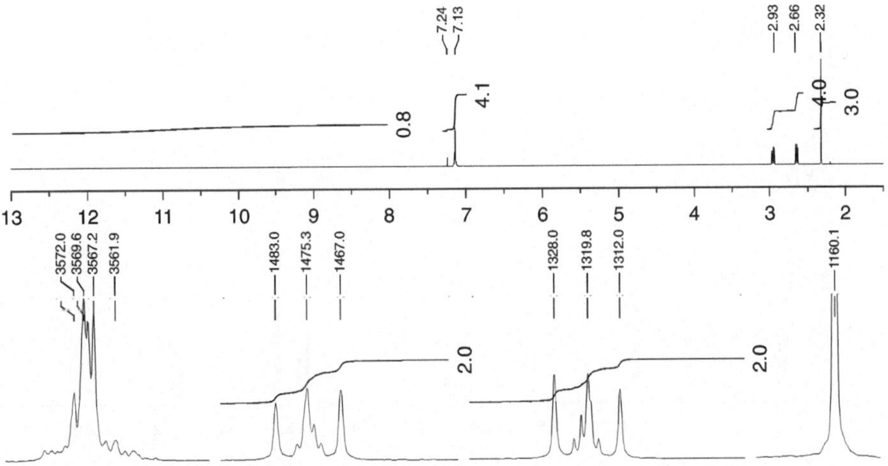

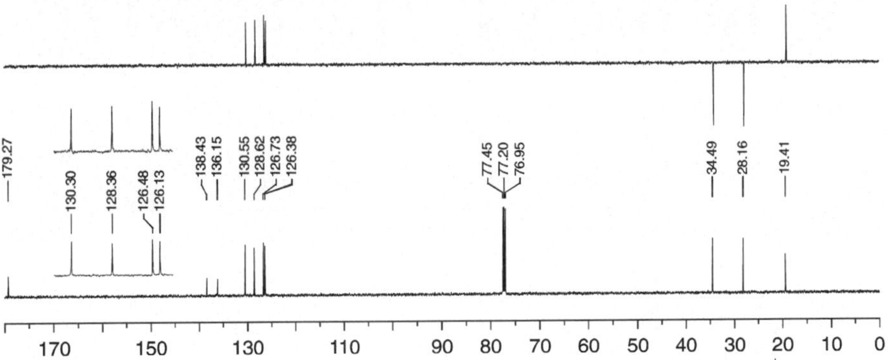

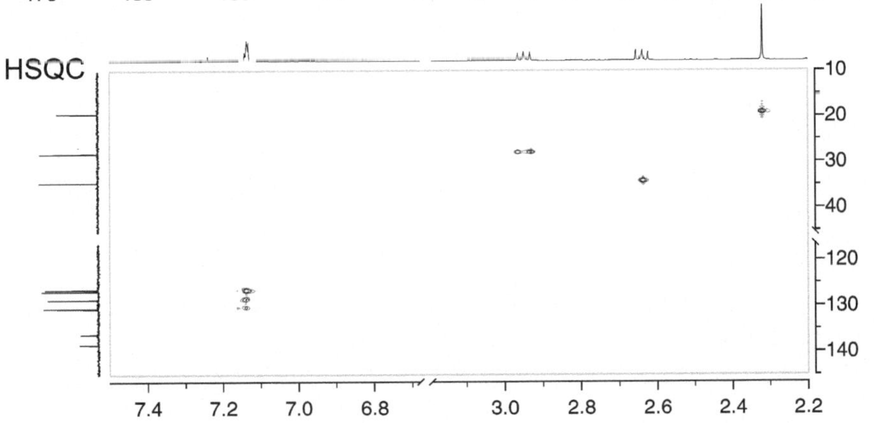

Nr. 088

N und I	Shift δ	Kopplung	X-H	Sym	Stereochem.	2D	anderes	Schwierigkeit	$^1H/^{13}C$ 500 MHz $CDCl_3$
×	×	×	×	×	×	×	–	2	

Verifizieren Sie die richtige Struktur zu diesen Spektren.

$C_{10}H_{13}NO$; 163,2 g/mol

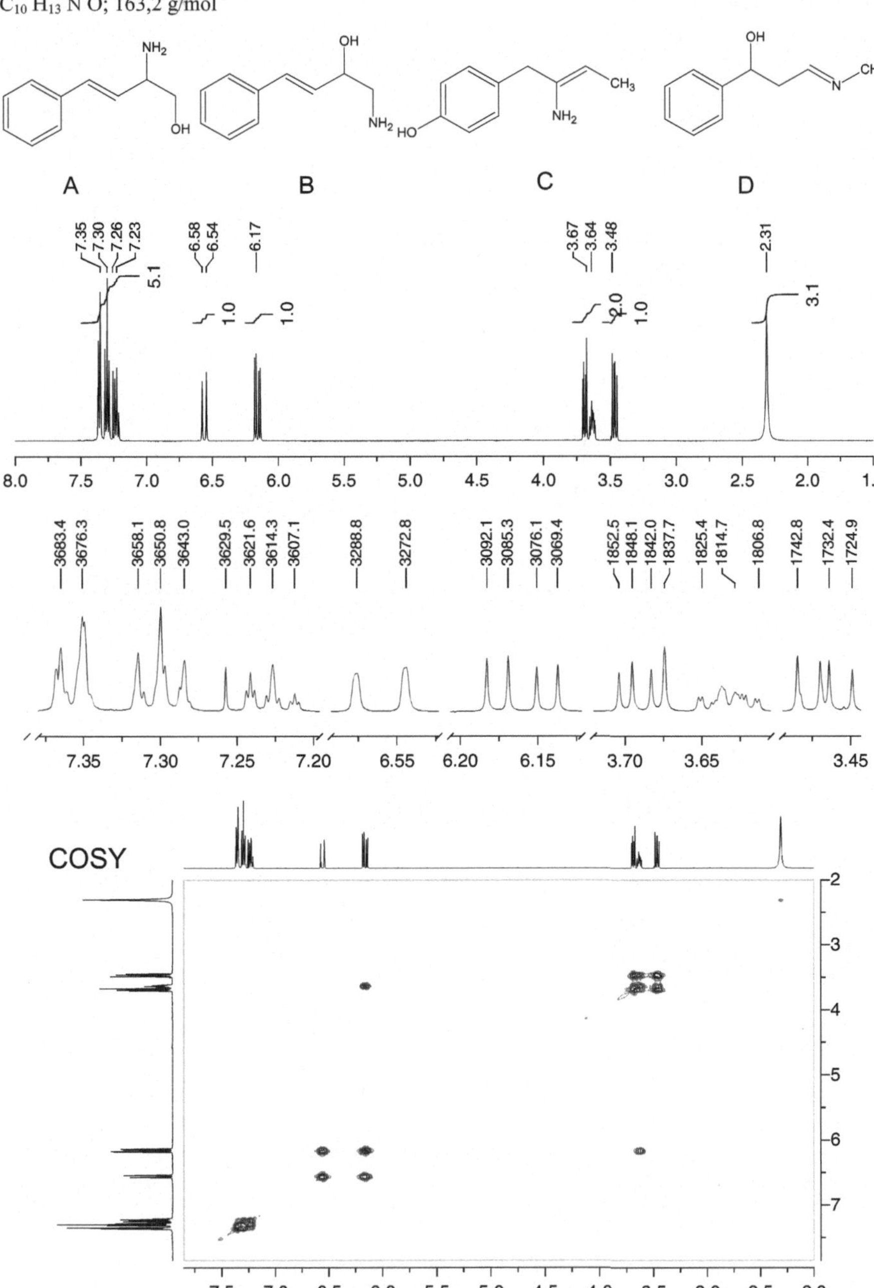

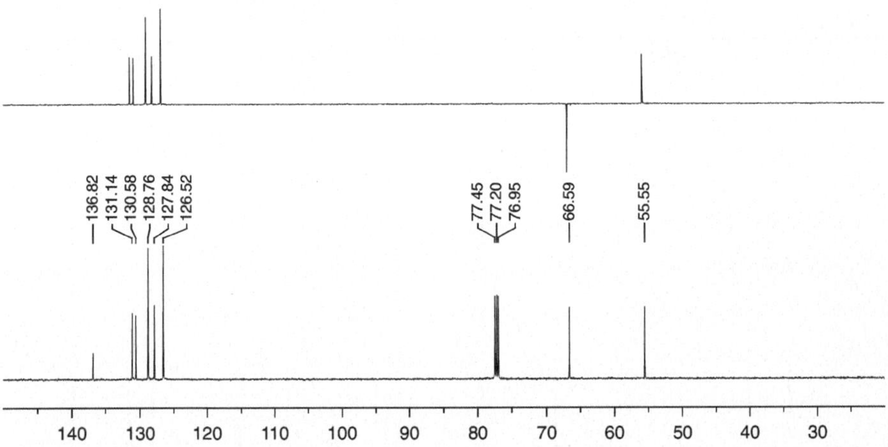

136.82
131.14
130.58
128.76
127.84
126.52
77.45
77.20
76.95
66.59
55.55

140 130 120 110 100 90 80 70 60 50 40 30

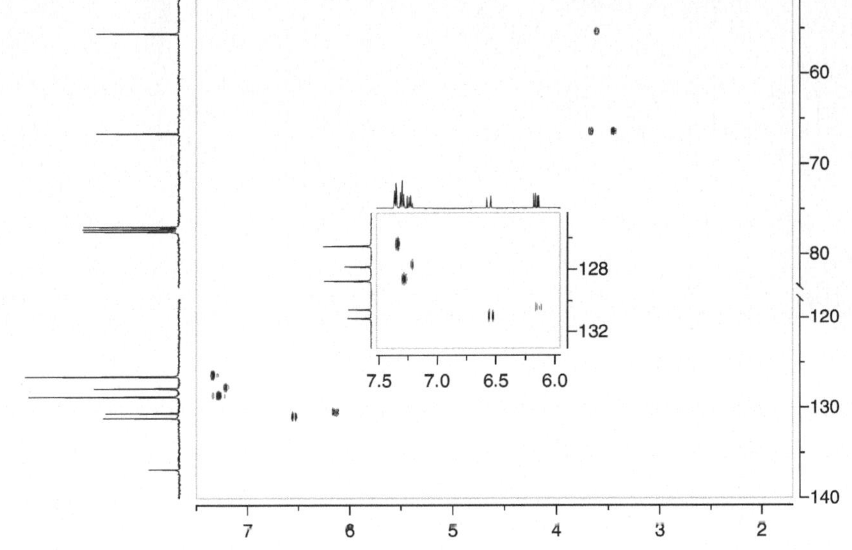

Nr. 089

N und I	Shift δ	Kopplung	X-H	Sym	Stereochem.	2D	anderes	Schwierigkeit	$^1H/^{13}C$
×	×	×	×	×	–	×	–	2	500 MHz DMSO

Bestimmen Sie die Struktur dieser Verbindung.

$C_9H_{12}O_2$; 152,2 g/mol

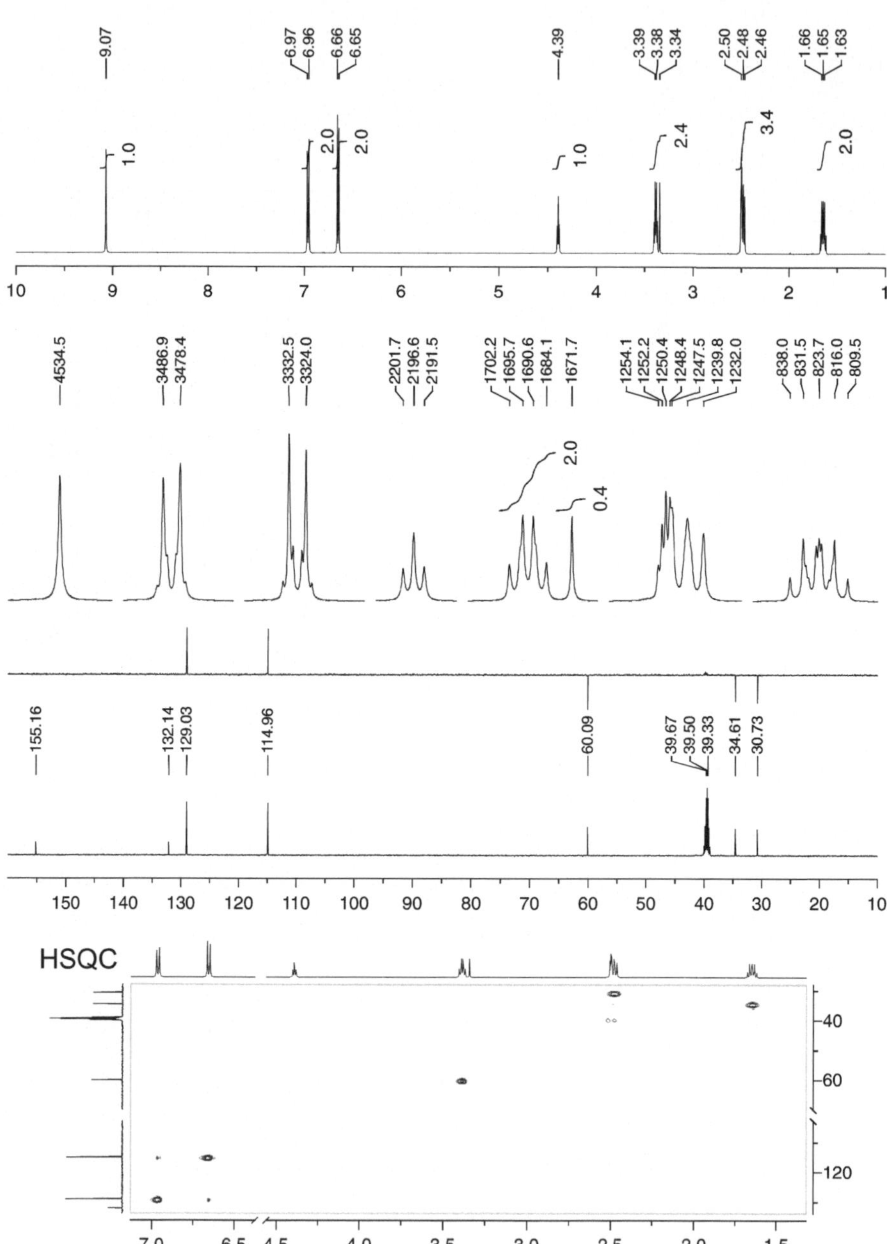

Nr. 090

N und I	Shift δ	Kopplung	X-H	Sym	Stereochem.	2D	anderes	Schwierigkeit	$^1H/^{13}C$
×	×	×	×	×	–	×	–	2	500 MHz $CDCl_3$

Bestimmen Sie die Struktur dieser Verbindung.

$C_5H_8O_3$; 116,1 g/mol

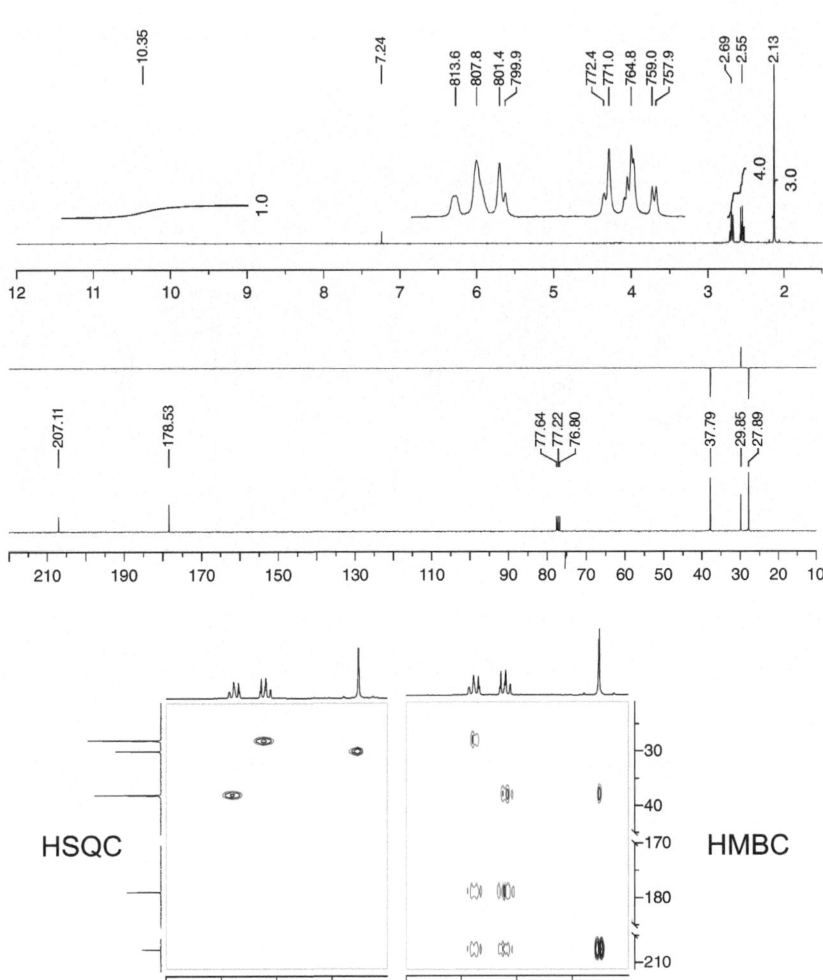

Nr. 091

N und I	Shift δ	Kopplung	X-H	Sym	Stereochem.	2D	anderes	Schwierigkeit	$^1H/^{13}C$
×	×	×	–	×	–	×	–	2	300 MHz $CDCl_3$

Bestimmen Sie die Struktur dieser Verbindung und ordnen Sie alle Signale zu.

$C_{11}H_{12}O_2$; 176,2 g/mol

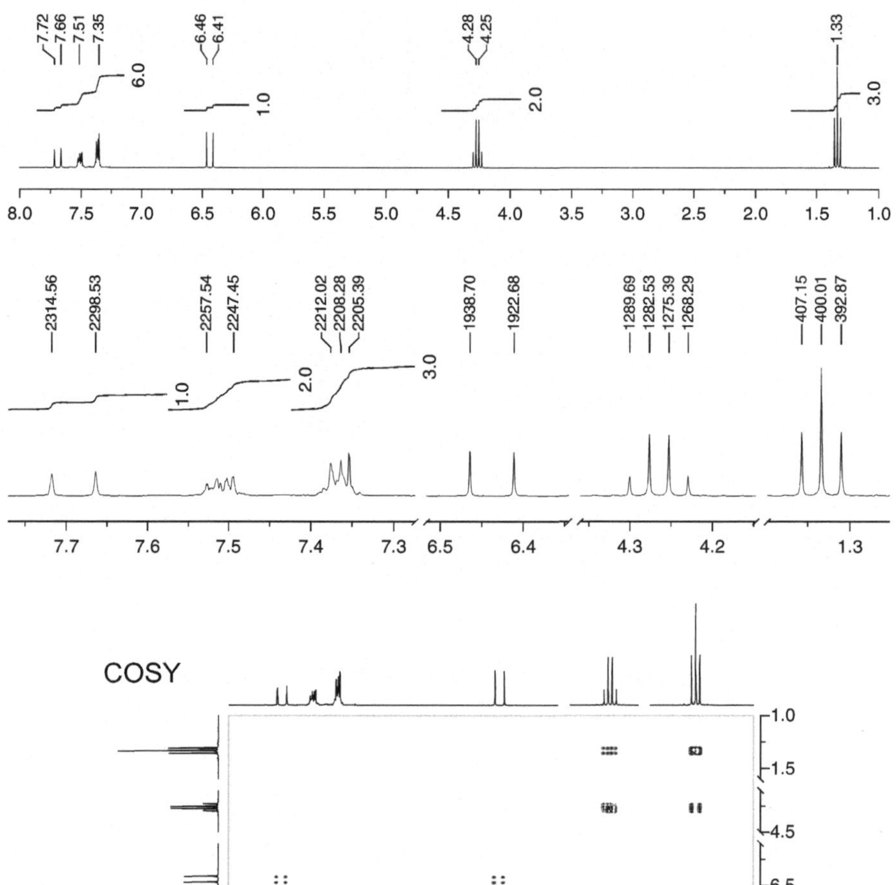

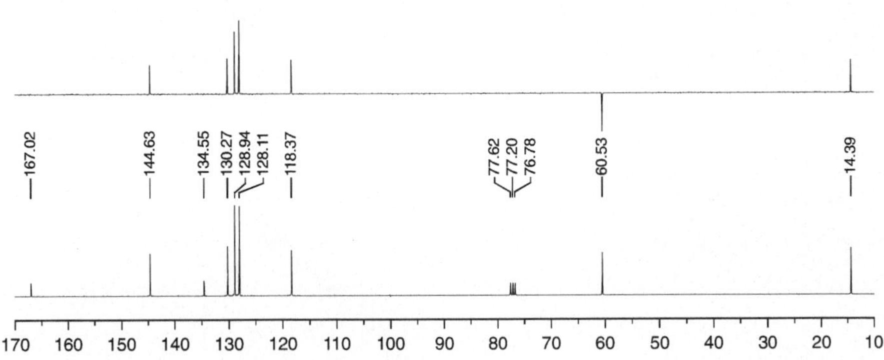
167.02
144.63
134.55
130.27
128.94
128.11
118.37
77.62
77.20
76.78
60.53
14.39
170 160 150 140 130 120 110 100 90 80 70 60 50 40 30 20 10

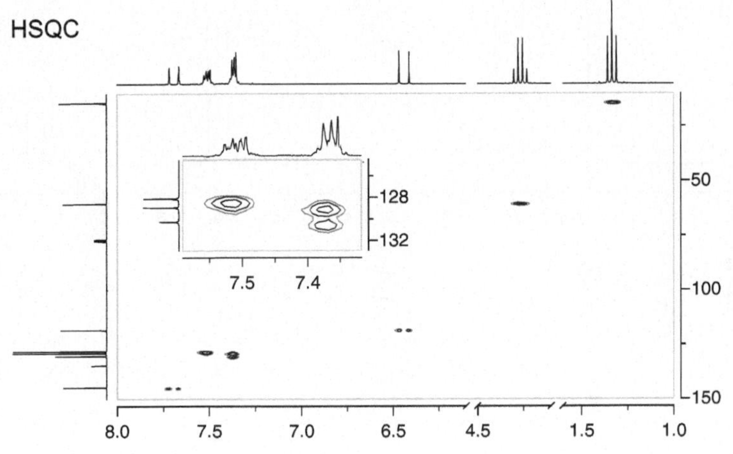
HSQC
128
132
7.5 7.4
50
100
150
8.0 7.5 7.0 6.5 4.5 1.5 1.0

Nr. 092

N und I	Shift δ	Kopplung	X-H	Sym	Stereochem.	2D	anderes	Schwierigkeit	$^1H/^{13}C$
×	×	×	–	×	×	×	–	2	500 MHz $CDCl_3$

Verifizieren Sie die Struktur dieser Diels-Alder Verbindung und interpretieren Sie die Spektren.

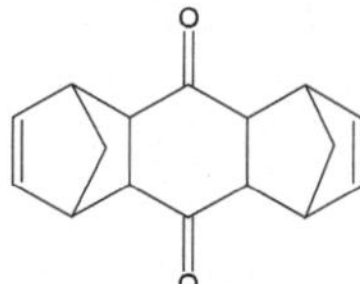

$C_{16}H_{16}O_2$; 240,3 g/mol

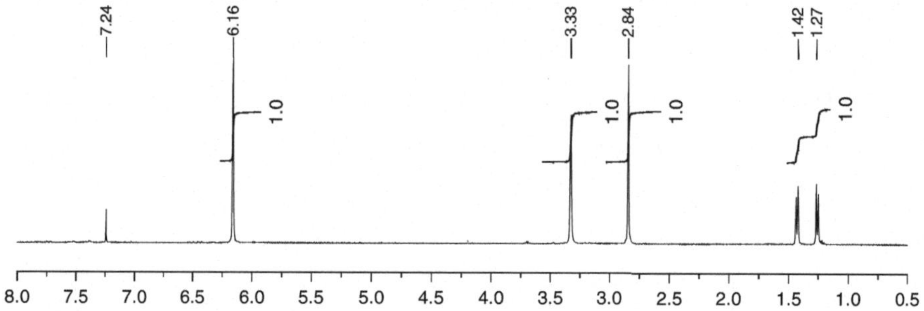

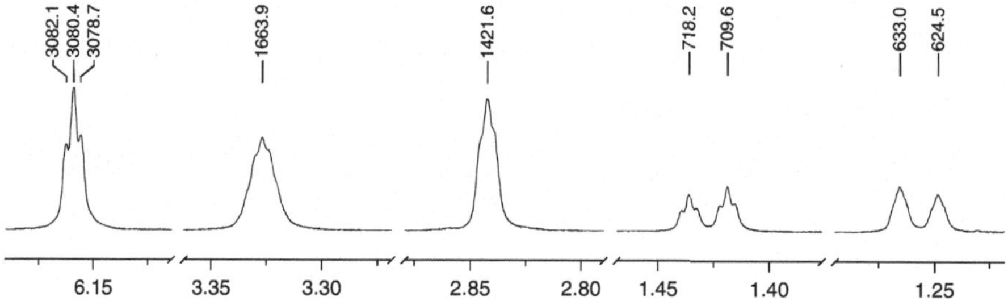

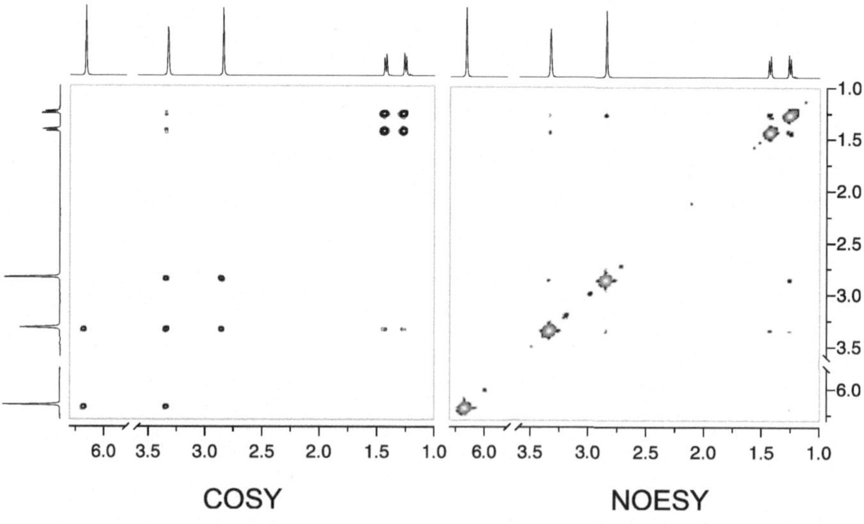

COSY

NOESY

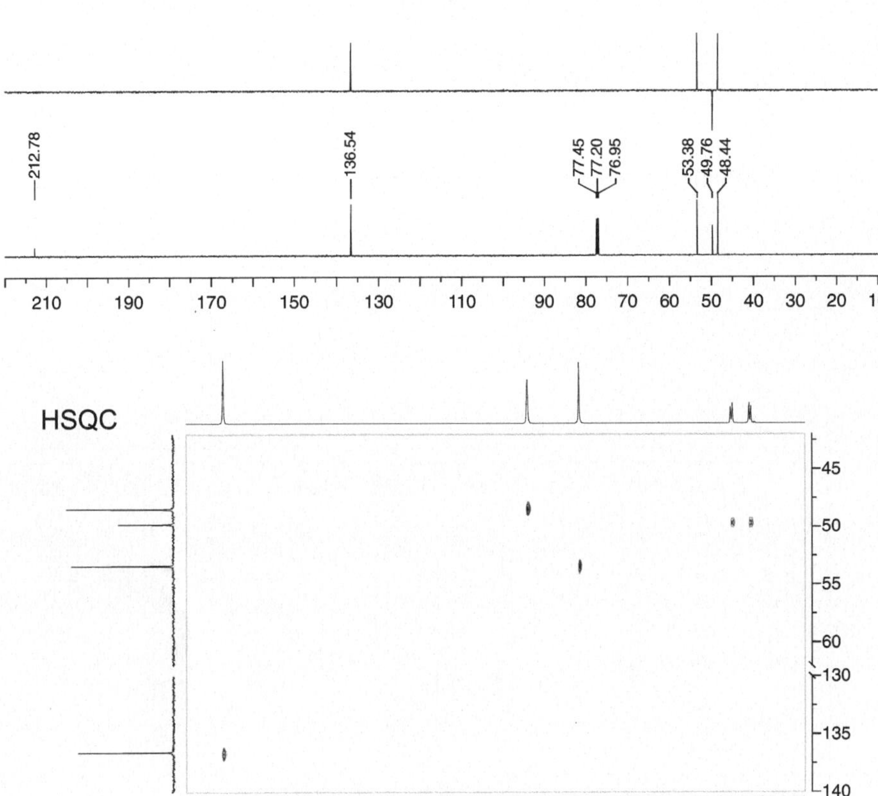
212.78
136.54
77.45
77.20
76.95
53.38
49.76
48.44
210
190
170
150
130
110
90
80
70
60
50
40
30
20
10
HSQC
45
50
55
60
130
135
140
6.5
6.0
5.5
5.0
4.5
4.0
3.5
3.0
2.5
2.0
1.5
1.0

Nr. 093

N und I	Shift δ	Kopplung	X-H	Sym	Stereochem.	2D	anderes	Schwierigkeit	$^1H/^{13}C$
×	×	×	×	–	–	×	–	2	500 MHz $CDCl_3$

Bestimmen Sie die Struktur dieser aromatischen Verbindung.

$C_7H_6O_2$; 122,1 g/mol

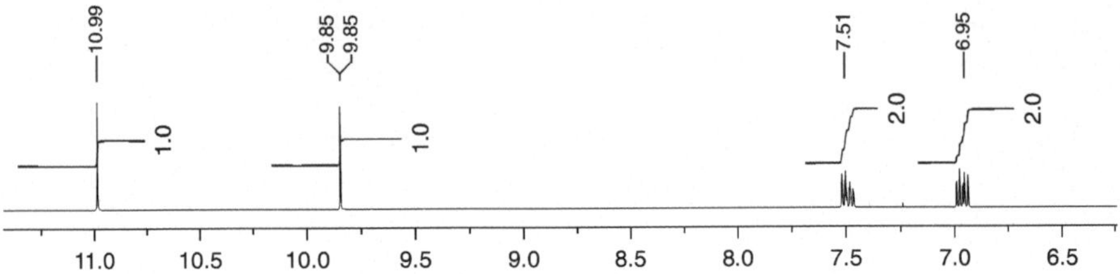

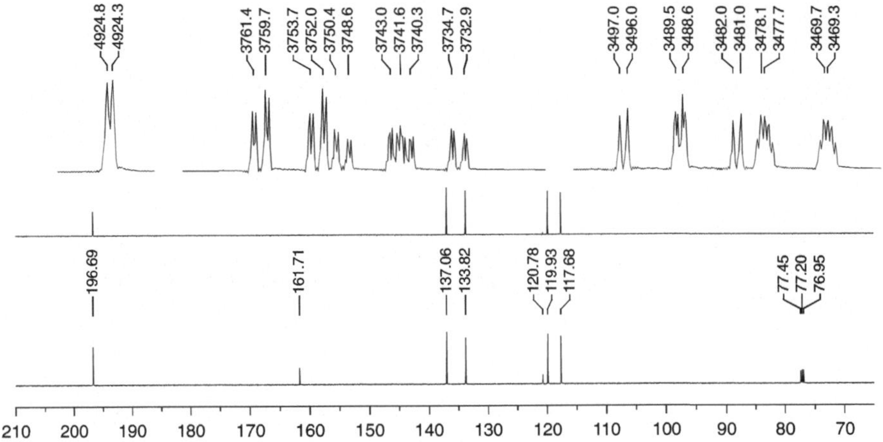

10.99 9.85 9.85 7.51 6.95
1.0 1.0 2.0 2.0
11.0 10.5 10.0 9.5 9.0 8.5 8.0 7.5 7.0 6.5

4924.8 4924.3 3761.4 3759.7 3753.7 3752.0 3750.4 3748.6 3743.0 3741.6 3740.3 3734.7 3732.9 3497.0 3496.0 3489.5 3488.6 3482.0 3481.0 3478.1 3477.7 3469.7 3469.3

196.69 161.71 137.06 133.82 120.78 119.93 117.68 77.45 77.20 76.95
210 200 190 180 170 160 150 140 130 120 110 100 90 80 70

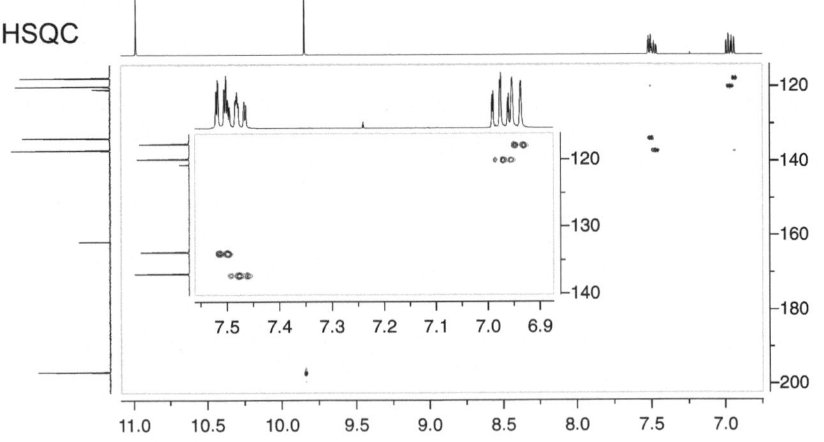

Nr. 094

N und I	Shift δ	Kopplung	X-H	Sym	Stereochem.	2D	anderes	Schwierigkeit	$^1H/^{13}C$ 500 MHz $CDCl_3$
×	×	×	×	–	–	×	–	2	

Bestimmen Sie die Struktur dieser aromatischen Verbindung.

C_7H_9NO; 123,1 g/mol

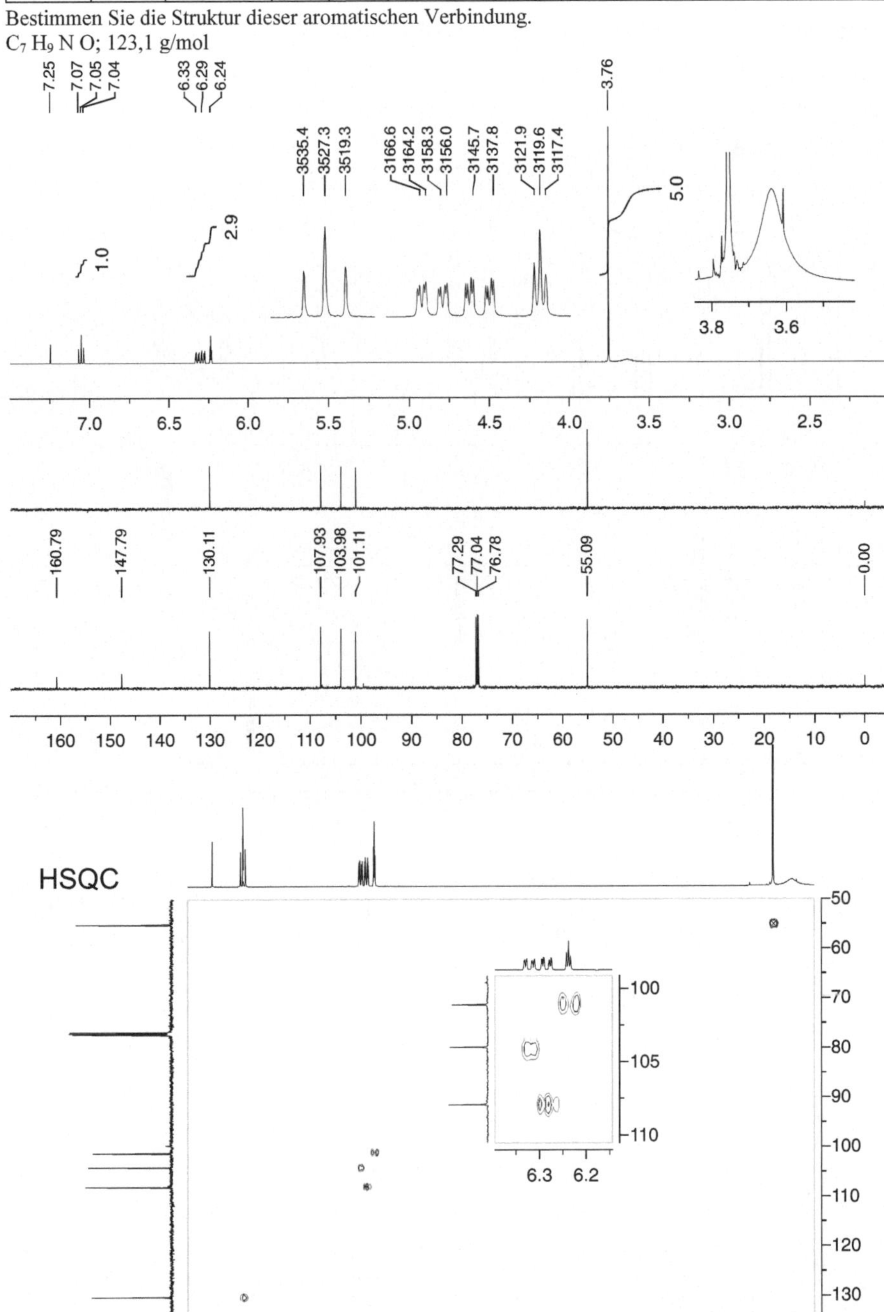

Nr. 095

N und I	Shift δ	Kopplung	X-H	Sym	Stereochem.	2D	anderes	Schwierigkeit	$^{1}H/^{13}C$
×	×	×	–	–	–	×	–	2	300 MHz $CDCl_3$

Bestimmen Sie die Struktur dieser Verbindung und ordnen Sie alle Signale richtig zu.

C_6H_4BrI; 282,9 g/mol

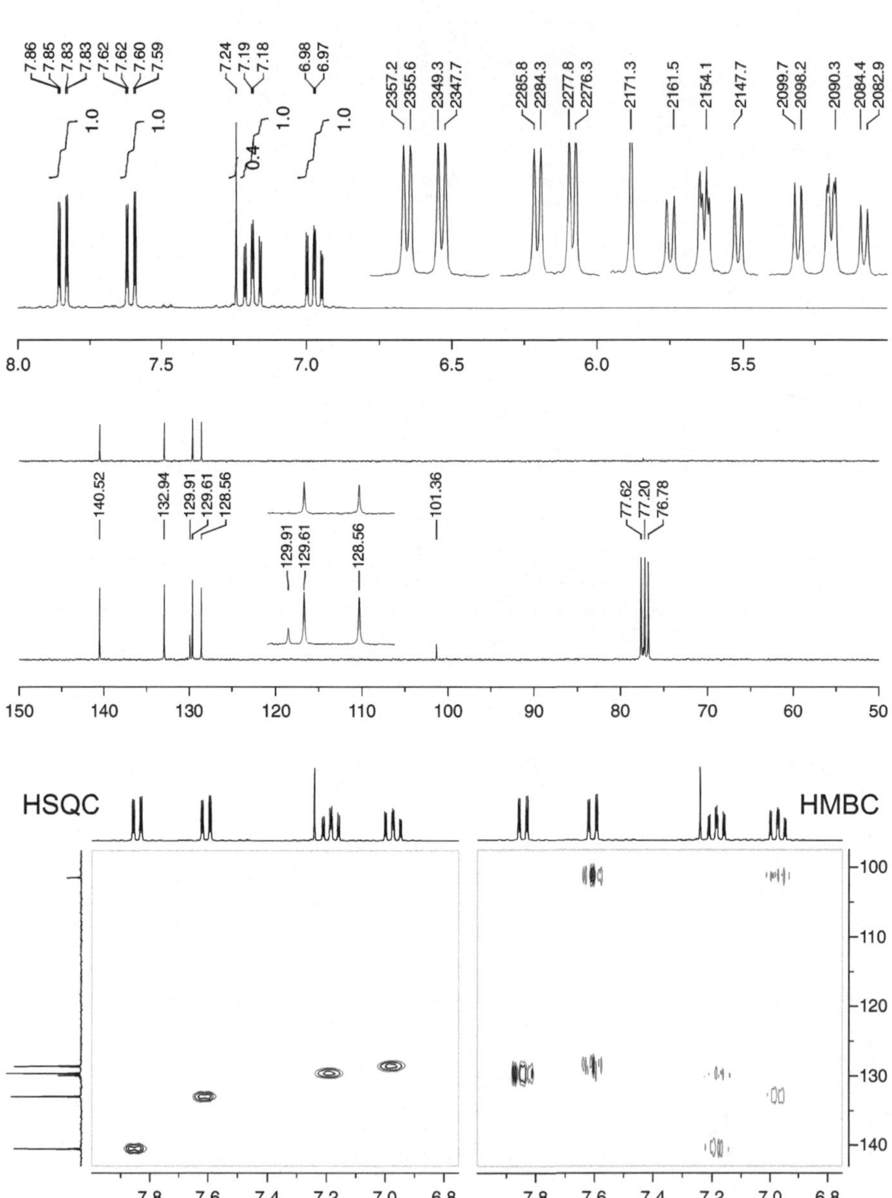

Nr. 096

N und I	Shift δ	Kopplung	X-H	Sym	Stereochem.	2D	anderes	Schwierigkeit	$^{1}H/^{13}C$
×	×	×	–	–	×	×	–	3	300 MHz $CDCl_3$

Bestimmen Sie die Struktur dieser Verbindung.

$C_7H_{14}O_2$; 130,2 g/mol

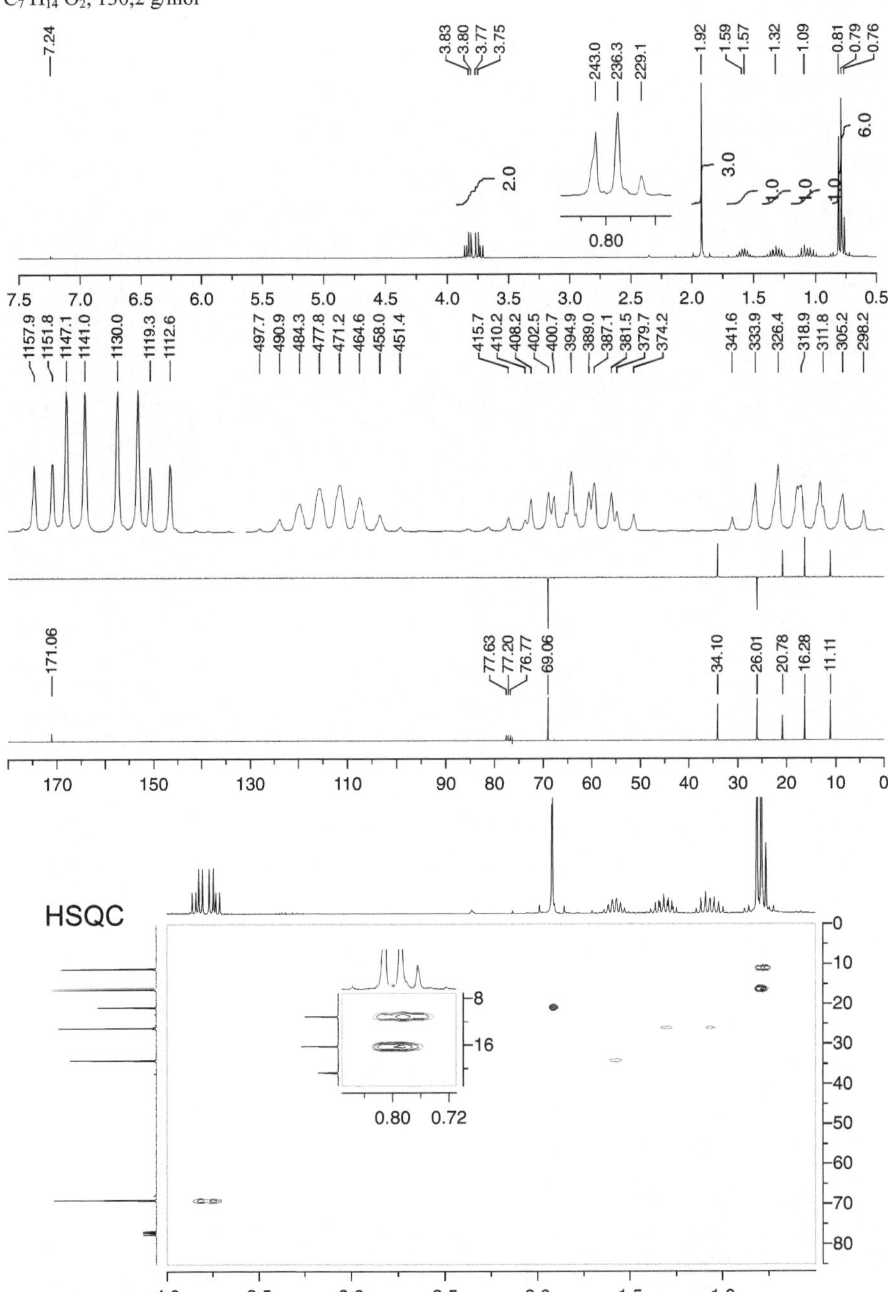

Nr. 097

N und I	Shift δ	Kopplung	X-H	Sym	Stereochem.	2D	anderes	Schwierigkeit	^{1}H/^{13}C
×	×	×	×	–	–	×	D_2O	3	500 MHz $CDCl_3$

Ordnen Sie die Signale der 1,2;4,5-Di-O-isopropylidenfructopyranose zu.

Alle Spektren wurden nach Zugabe von D_2O aufgenommen (vgl. Aufgabe Nr. 036).

$C_{12}H_{20}O_6$; 260,3 g/mol

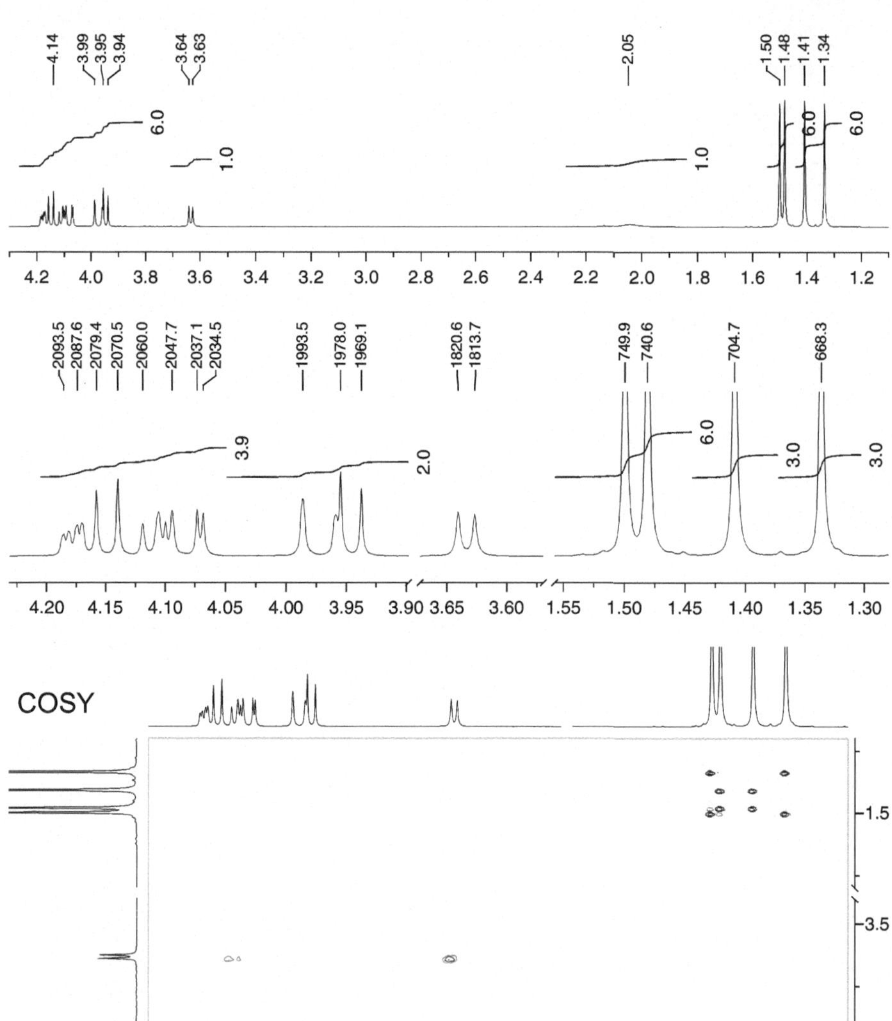

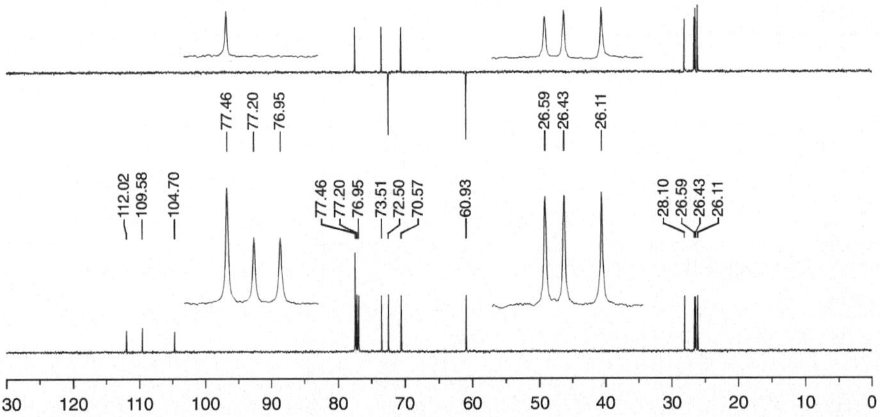

HSQC

HMBC

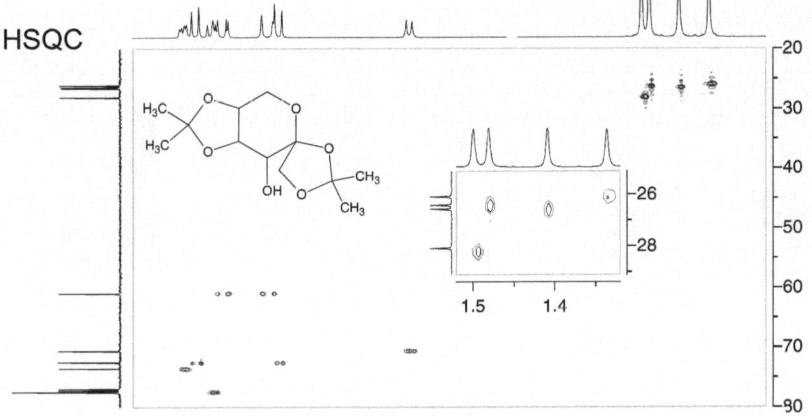

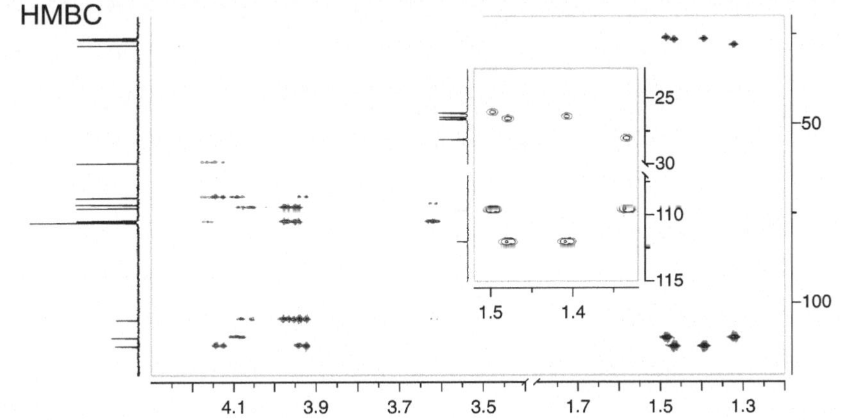

Nr. 098

N und I	Shift δ	Kopplung	X-H	Sym	Stereochem.	2D	anderes	Schwierigkeit	^{1}H/^{13}C
×	×	×	×	×	×	×	Feldstärke	3	300 MHz CDCl$_3$

Bestimmen Sie die Struktur dieser Verbindung mit der Summenformel $C_5H_{12}O$ (88,1 g/mol).

Ordnen Sie alle Signale zu Ihrer Struktur zu und interpretieren Sie die Spektren.

Beachten Sie die Unterschiede zwischen den 300 MHz und 500 MHz ^{1}H-NMR Spektren. Die Spreizungen sind vergleichbar dargestellt.

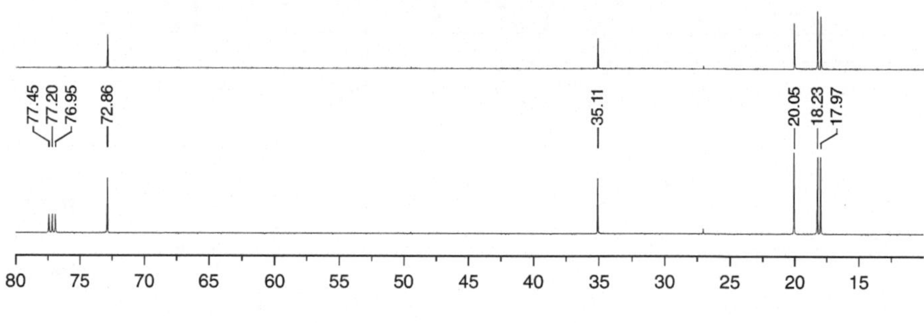

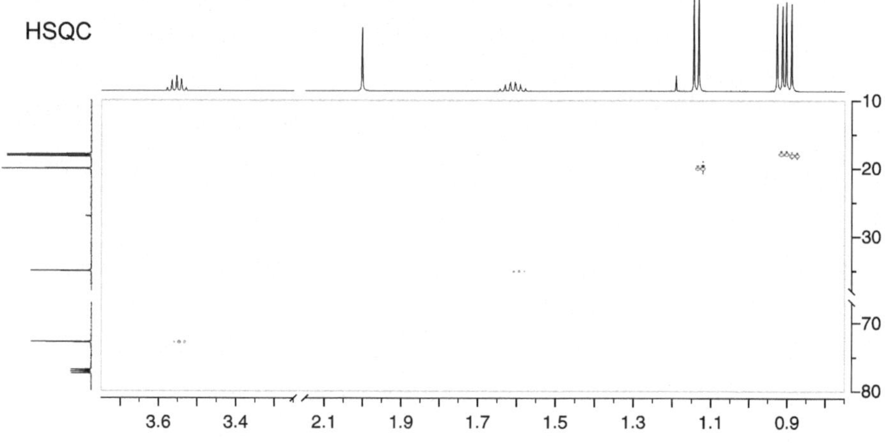

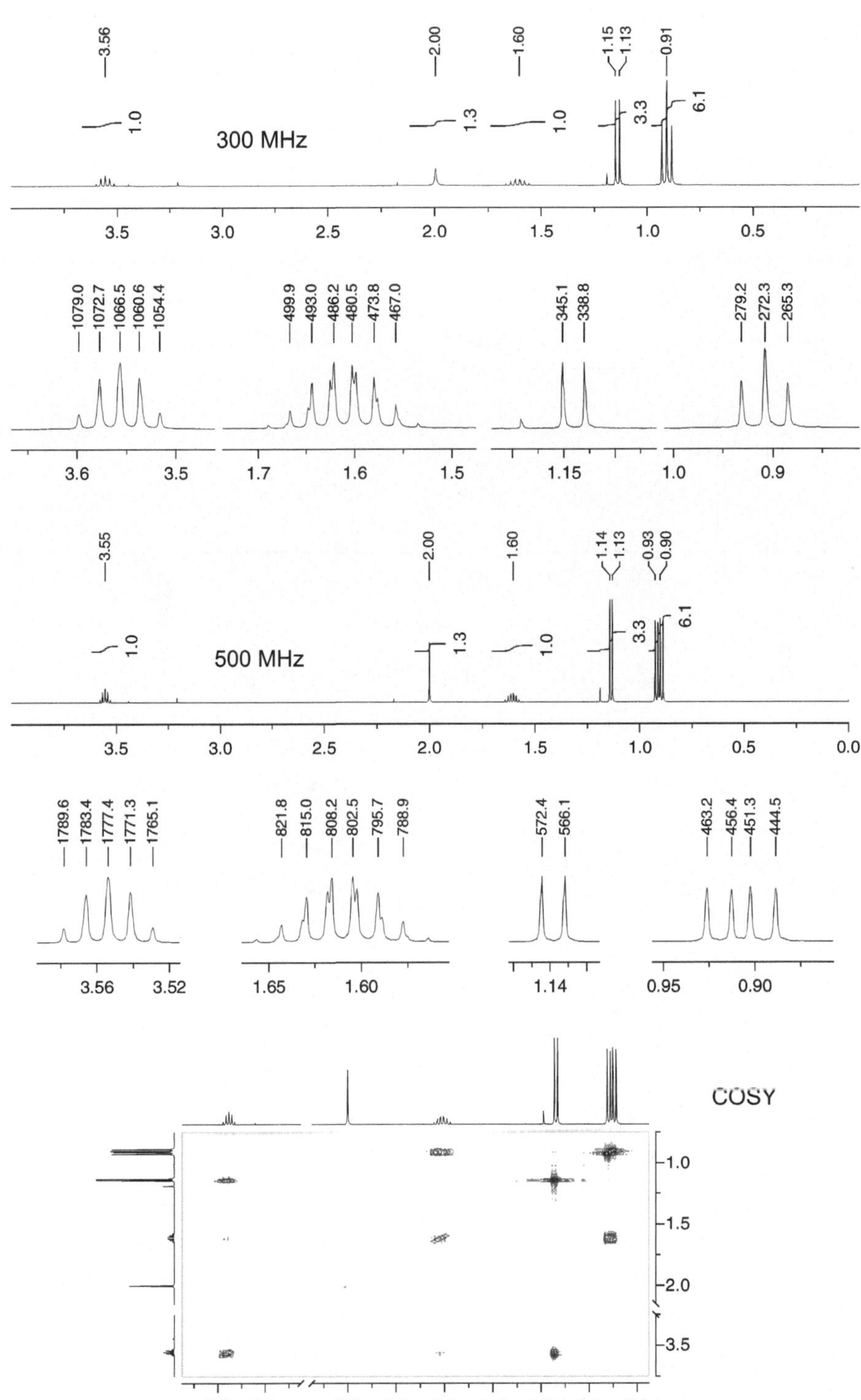
300 MHz
500 MHz
COSY

Nr. 099

N und I	Shift δ	Kopplung	X-H	Sym	Stereochem.	2D	anderes	Schwierigkeit	$^{1}H/^{13}C$
×	×	×	×	–	×	×	–	3	500 MHz $CDCl_3$

Bestimmen Sie die Struktur dieser Verbindung.

Hinweis: Berechnen Sie zuerst aus der Summenformel die Anzahl der Doppelbindungsäquivalente.

$C_{10}H_{10}O$; 146,2 g/mol

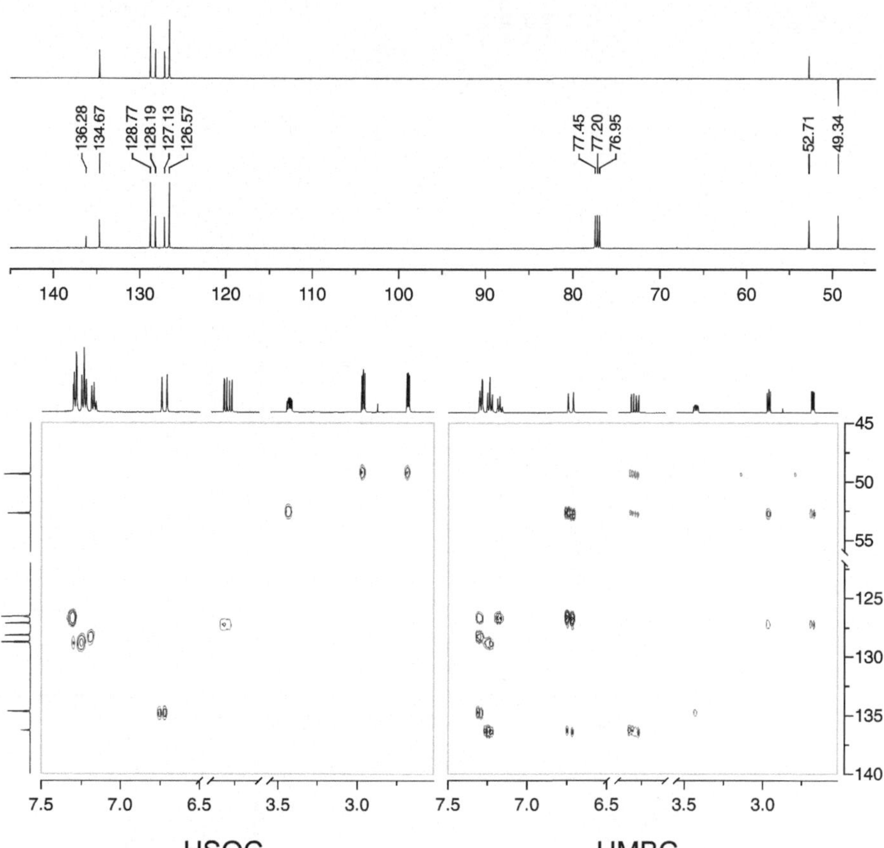

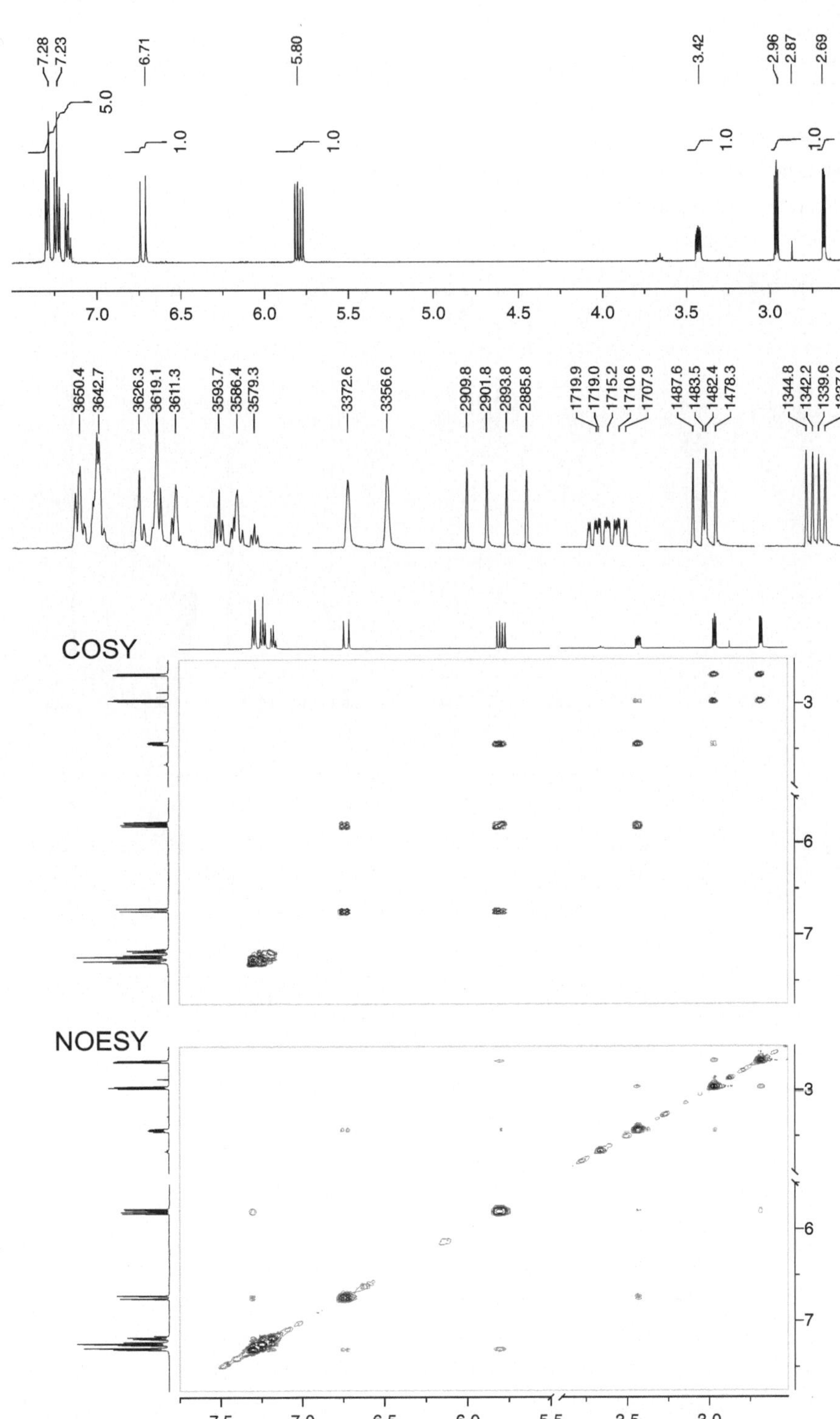
7.28
7.23
6.71
5.80
3.42
2.96
2.87
2.69
5.0
1.0
1.0
1.0
1.0
1.0
7.0
6.5
6.0
5.5
5.0
4.5
4.0
3.5
3.0
3650.4
3642.7
3626.3
3619.1
3611.3
3593.7
3586.4
3579.3
3372.6
3356.6
2909.8
2901.8
2893.8
2885.8
1719.9
1719.0
1715.2
1710.6
1707.9
1487.6
1483.5
1482.4
1478.3
1344.8
1342.2
1339.6
1337.0
COSY
3
6
7
NOESY
3
6
7
7.5
7.0
6.5
6.0
5.5
3.5
3.0

Nr. 100

N und I	Shift δ	Kopplung	X-H	Sym	Stereochem.	2D	anderes	Schwierigkeit	$^{1}H/^{13}C$
×	×	×	–	–	×	×	–	3	500 MHz $CDCl_3$

Bestimmen Sie die Struktur dieser Verbindung die eine Trimethylsilyl- (OTMS-) Schutzgruppe trägt.

$C_8H_{21}NOSi$; 175,3 g/mol

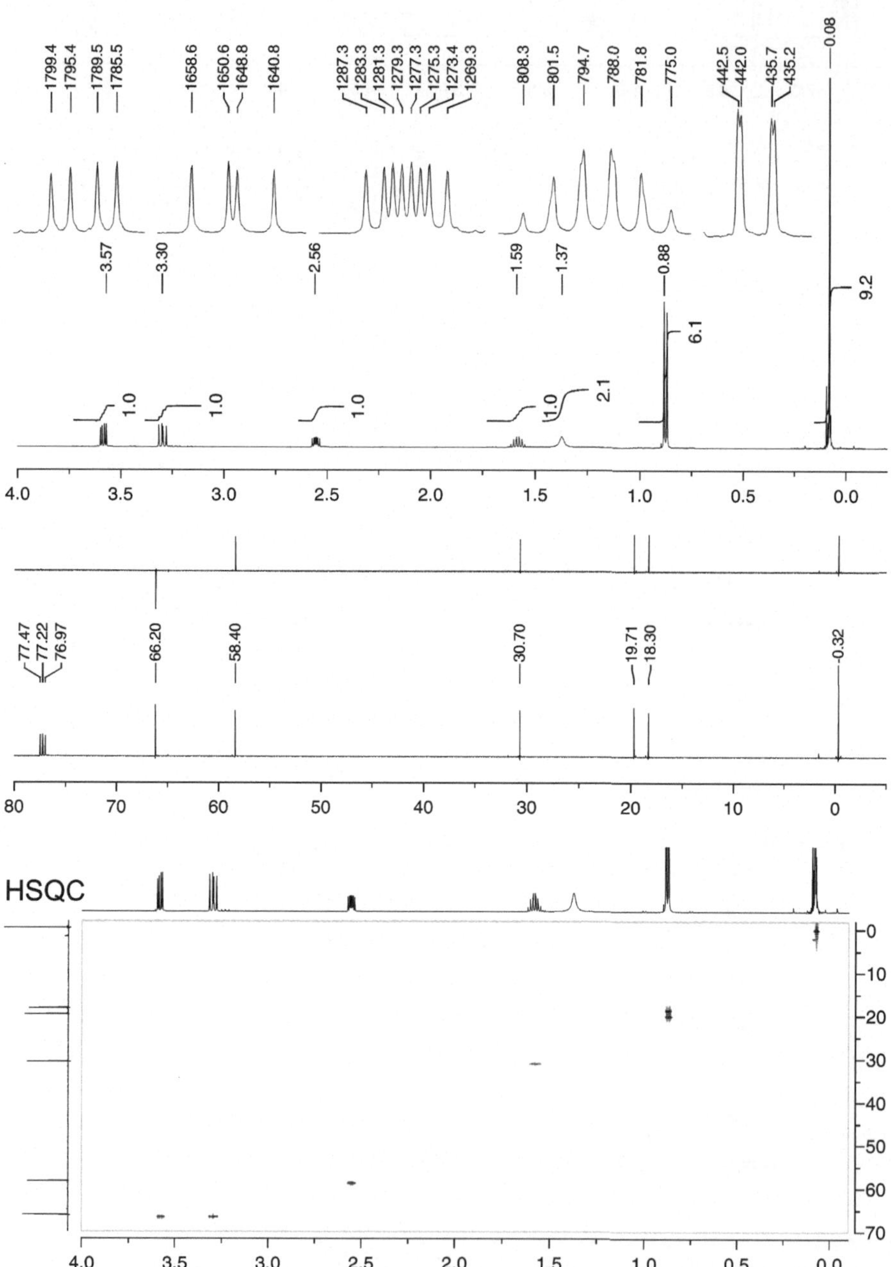

Kapitel 6
Lösungen

Nr. 024

Adipinsäurediethylester

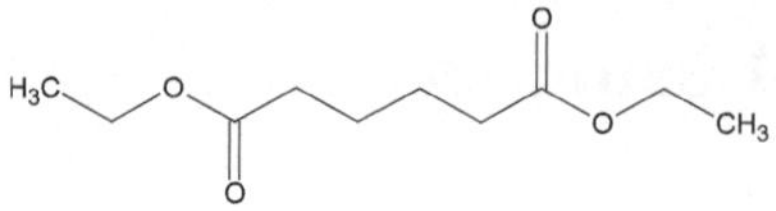

vier Signale
Intensitätsverhältniss: 6 : 4 : 4 : 4 (bzw. 3 : 2 : 2 : 2)

$-O-CH_2$	4.02 ppm, 4, q ($^3J = 7.2$ Hz)
$2,5-CH_2$	2.22 ppm, 4, Pseudotriplett ($^3J \approx 7$ Hz)
$3,4-CH_2$	1.56 ppm, 4, Pseudotriplett ($^3J \approx 7$ Hz)
$-CH_3$	1.15 ppm, 6, Triplett ($^3J = 7.2$ Hz)

Die Protonen der mittleren Methylengruppen bilden Spinsysteme höherer Ordnung.

Nr. 025

Methylethylketon
(2-Butanon)

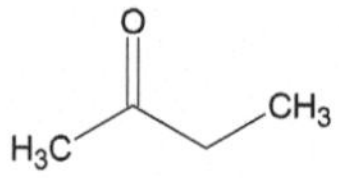

Das typische Kopplungsmuster einer Ethylgruppe (2, q; 3, t) ist leicht erkennbar. Das Singulett bei 2,14 ppm entspricht einer nichtkoppelnden Methylgruppe. Die Differenz zur Bruttoformel sind Kohlenstoff und Sauerstoff, welche als Carbonylgruppe >C=O vorliegen müssen (warum kann es kein Ether sein?). Für die Kombination dieser drei Strukturgruppen –Ethyl, -Methyl und >C=O gibt es nur eine Lösung: Methylethylketon.

$3-CH_2$	2,47 ppm, 2, q
$1-CH_3$	2,14 ppm, 3, s
$4-CH_3$	1,04 ppm, 3, t

$^3J_{3,4} = 7{,}3$ Hz
TMS bei 0,0 ppm

Nr. 026

1-Brom-2-methylpropan
(Isobutylbromid)

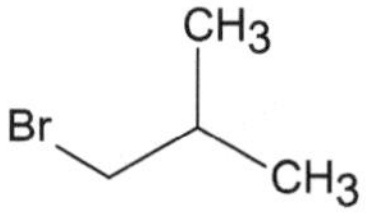

Wahrscheinliche Strukturgruppen aus NMR Intensitäten: $–CH_2$-, >CH- und $–(CH_3)_2$
Verknüpfungsreihenfolge (Konnektivität) aus Multiplizitäten: $–CH_2-CH–(CH_3)_2$
Differenz zur Bruttoformel: -Br

$1-CH_2$	3.30 ppm, 2, d ($^3J_{1,2} = 5.9$ Hz)
$2-CH$	1.97 ppm, 1, Pseudononett ($^3J_{2,1} \approx {}^3J_{2,3}$)
$3,3'-CH_3$	1.03 ppm, 6, d ($^3J_{3,2} = 6.7$ Hz)

Nr. 027

p-Hydroxybenzoesäureethylester
(Ethyl-4-hydroxybenzoat)

Das Spektrum stimmt mit der Struktur überein. Das OH-Signal hat zufällig die gleiche chemische Verschiebung wie die zwei aromatischen Protonen in der 3,3'-Position (*ortho*-ständig zur OH-Gruppe).

2,2'=CH	7,93 ppm, 2, d (Pseudodublett, $^3J_{2,3}$ = 8.8 Hz)
3,3'=CH	6,88 ppm, 2, d (Pseudodublett, $^3J_{3,2}$ = 8.8 Hz)
4-OH	ca 6.87 ppm, 1, s (breit)
$-CH_2$	4.34 ppm, 2, q (^3J = 7.1 Hz)
$-CH_3$	1.36 ppm, 3, t (^3J = 7.1 Hz)

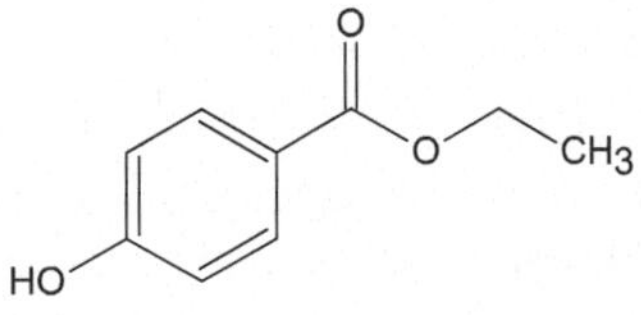

O
O CH3
HO

Nr. 028

Amino(4-methoxyphenyl)acetonitril

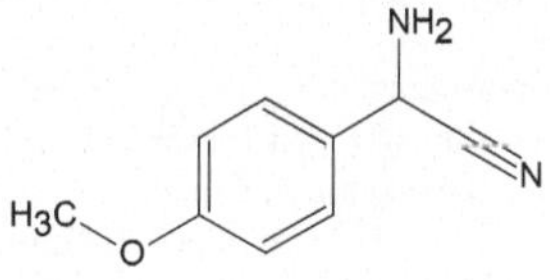

NH2
N
H3C O

Zuordnung der Singulettsignale:

7,24 ppm	Restprotonensignal von $CHCl_3$	
4,84 ppm	-CH	etwas verbreitert durch Kopplung mit NH_2 Protonen
3,80 ppm	$-CH_3$	schmal
1,94 ppm	$-NH_2$	breit aufgrund von Quadrupol- und Austauscheffekten

Bei Routine ^1H-NMR Spektren müssen die Integrale häufig gerundet werden. Die Signale von austauschbaren Protonen (-OH und –NH) können durch Spuren von Wasser verbreitert und in der Intensität verfälscht sein.

Nr. 029

3,7-Dibrom-5H-dibenzo[a,d][7]annulen-5-on

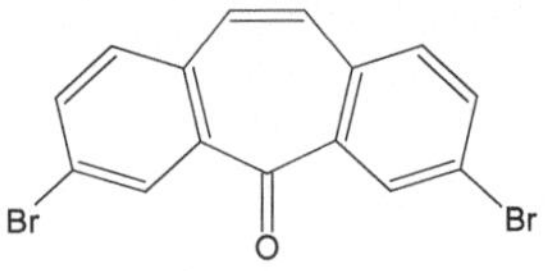

4,6=CH	8,33 ppm, 2, d
2,8=CH	7,73 ppm, 2, dd
1,9=CH	7,40 ppm, 2, d
10,11=CH	6,99 ppm, 2, s

$^3J_{1,2}$ = 8.3 Hz, $^4J_{2,4}$ = 2.1 Hz

Br Br
O

Das Lösungsmittelsignal bei 7,24 ppm ($CHCl_3$) hat zufällig eine ganzzahlige Intensität.

Nr. 030

1-Amino-2-nitrobenzol
(*ortho*-Nitroanilin)

3=CH	8,08 ppm, 1, dd ($^3J_{3,4}$ = 8.5 Hz, $^4J_{3,5}$ = 1.5 Hz)
5=CH	7,33 ppm, 1, td ($^3J_{5,6}$ = $^3J_{5,4}$= 8.5 Hz, $^4J_{5,3}$ = 1.5 Hz)
6=CH	6,79 ppm, 1, dd ($^3J_{6,5}$ = 8.5 Hz, $^4J_{6,4}$ = 1.1 Hz)
4=CH	6,67 ppm, 1, td ($^3J_{4,3}$ = $^3J_{4,5}$= 8.5 Hz, $^4J_{4,6}$ = 1.1 Hz)
-NH_2	ca 6.1 ppm, 2, breit

Da vier Signale mit den Multipizitäten d, t, d, t vorliegen, kann es sich nur um die *ortho*-Verbindung handeln.

Verbindet man die Signalspitzen von zwei koppelnden Multipletts durch Hilfslinien miteinander, so bilden diese über den Multipletts ein „Dach". Dieses ist umso steiler, je geringer die Verschiebungsdifferenzen zwischen den Multipletts sind. Dieser „Dacheffekt" erleichtert die Suche nach dem jeweiligen Kopplungspartner in einem Spinsystem.

Zuordnung:
- für 3-H wird eine Tieffeldverschiebung durch die elektronenziehende NO_2-Gruppe erwartet (8,08 ppm, 2, d)
- für 6-H wird eine Hochfeldverschiebung durch die elektronenschiebende NH_2-Gruppe erwartet (6,79 ppm, 2, d)
- das 6-H Dublett zeigt einen deutlichen Dacheffekt nach links (siehe Abbildung)
- dadurch kann das Triplett bei 7,33 ppm dem 5-H Proton zugeordnet werden.

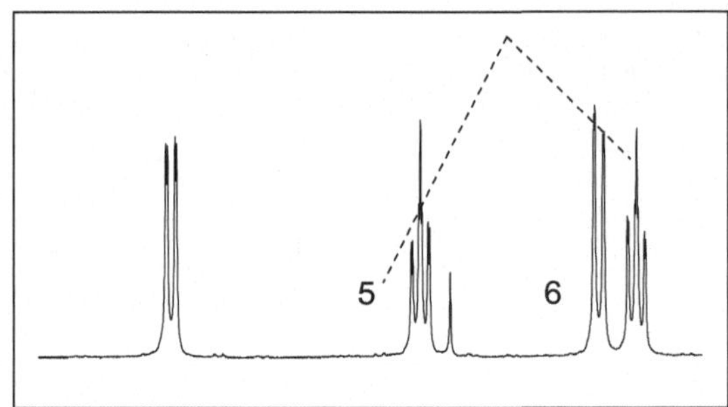

Nr. 031

2-Methylphenol
(*o*-Kresol)

OH
CH_3

	10^{-1} M in $CDCl_3$	10^{-1} M in DMSO
1-OH	4,7 ppm, 1, breit	9,21 ppm, 1, s
2-CH_3	2,29 ppm, 3, s	2,12 ppm, 3, s
3=CH	7,20 ppm, 1, d	7,03 ppm, 1, d
4=CH	6,89 ppm, 1, t	6,68 ppm, 1, t
5=CH	7,15 ppm, 1, t	6,97 ppm, 1, t
6=CH	6,81 ppm, 1, d	6,79 ppm, 1, d
Wasser	–	3,44 ppm, s

Die Konzentrationsunterschiede werden im Verhältnis des Lösungsmittelsignals zu den Probesignalen deutlich. Je geringer die Probenkonzentration umso intensiver wird das Restprotonensignal des NMR Lösungsmittels (hier $CHCl_3$ bei 7,24 ppm). Bei sehr geringen Konzentrationen können die Rotationsseitenbanden (siehe Nr. 005) und die ^{13}C-Satelliten des Lösungsmittelsignals bei der Integration erhebliche Fehler verursachen.

Die Linienbreite und die chemische Verschiebung des OH Signals zeigen eine starke Lösungsmittelabhängigkeit. Das benachbarte 6-H Proton ist davon ebenfalls stärker betroffen als die anderen Protonen. Hierdurch vertauscht sich die Reihenfolge der 4-H und 6-H Signale in Abhängigkeit vom verwendeten Lösungsmittel.

Nr. 032

3-(Dimethylamino)-1-phenylpropan-1-on
liegt als quartäres Ammoniumsalz vor

O
NH^+ CH_3
CH_3

-NH	ca 12.4 ppm, 1, breit
ortho CH	7,92 ppm, 2, d ($^3J_{o,m}$ = 8,5 Hz)
meta CH	7,42 ppm, 2, t (^3J = 7,7 Hz)
para CH	7,54 ppm, 1, t ($^3J_{p,m}$ = 7,4 Hz)
CO-CH_2	3,70 ppm, 2, t (^3J = 7,0 Hz)
N-CH_2	3,50 ppm, 2, td (^3J = 7,0 Hz und 5,5 Hz)
-CH_3	2,82 ppm, 6, d (^3J = 4,9 Hz)

Da man das stark tieffeldverschobene und sehr breite NH-Signal leicht übersehen kann, erscheint der Strukturvorschlag beim flüchtigen Betrachten durchaus plausibel. Wenn da nicht die Dublettaufspaltung des Methylsignals wäre. Diese „verrät" das quartäre Ammoniumproton ebenso wie die vicinale Kopplung zur benachbarten CH_2-Gruppe.

Eine long range Kopplung kann bei einer Kopplungskonstante von 4,9 Hz ausgeschlossen werden.

Nr. 033

5,5-Dimethylcyclohexan-1,3-dion
(Dimedon)

	in $CDCl_3$		in DMSO
	Keto (ca. 60 %)	Enol (ca 40 %)	Enol
1-OH	–	ca. 8,3 ppm, breit	ca. 11 ppm, sehr breit
2-CH_2	3,31 ppm, s	–	–
2=CH	–	5,45 ppm, s	5,19 ppm, 1, s
4,6-CH_2	2,50 ppm, s	2,23 ppm, s	2,12 ppm, 4, s
5-CH_3	1,01 ppm, s	1,05 ppm, s	0,89 ppm, 6, s
Lömi	7,24 ppm	–	2,50 ppm

Es ist für den Anfänger fast unglaublich, aber beiden Spektren wurden tatsächlich von der gleichen Substanz aufgenommen. Diese liegt in einem Keto-Enol-Gleichgewicht vor, welches stark lösunsgmittelabhängig ist. Dieses Beispiel demonstriert sehr schön die Vorteile der NMR Spektroskopie hinsichtlich der Interpretation von chemischen Strukturen. Falls Sie die chemischen Verschiebungen für einen Strukturvorschlag mit Hilfe eines Computerprogramms oder mit Inkrementen berechnen wollen, müssen Sie solche Gleichgewichte beachten, da die Programme die Verschiebungen immer nur für eine Form berechnen können.

Die Signalzuordnung kann man im DMSO-Spektrum, in dem fast ausschliesslich die Enol-Form vorliegt, einfach über die Signalintensitäten vornehmen. Aber Achtung bei der Übertragung auf das Chloroformspektrum. Das 4,6-Methylensignal der Ketoform hat hier mit 2,50 ppm zufällig die gleiche chemische Verschiebung wie das DMSO Restprotonensignal.

Nr. 034

Pent-4-en-1-ol

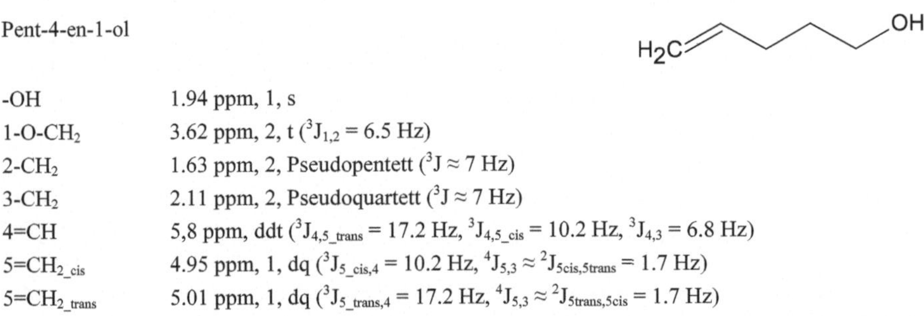

-OH	1.94 ppm, 1, s
1-O-CH_2	3.62 ppm, 2, t ($^3J_{1,2}$ = 6.5 Hz)
2-CH_2	1.63 ppm, 2, Pseudopentett ($^3J \approx 7$ Hz)
3-CH_2	2.11 ppm, 2, Pseudoquartett ($^3J \approx 7$ Hz)
4=CH	5,8 ppm, ddt ($^3J_{4,5\_trans}$ = 17.2 Hz, $^3J_{4,5\_cis}$ = 10.2 Hz, $^3J_{4,3}$ = 6.8 Hz)
5=CH_{2_cis}	4.95 ppm, 1, dq ($^3J_{5\_cis,4}$ = 10.2 Hz, $^4J_{5,3} \approx {}^2J_{5cis,5trans}$ = 1.7 Hz)
5=CH_{2_trans}	5.01 ppm, 1, dq ($^3J_{5\_trans,4}$ = 17.2 Hz, $^4J_{5,3} \approx {}^2J_{5trans,5cis}$ = 1.7 Hz)

Die Bezeichnungen *cis* und *trans* der 5=CH_2 Protonen beziehen sich jeweils auf das 4=CH Proton.

Nr. 035

1,4-Anhydrothreitol
→ Struktur C

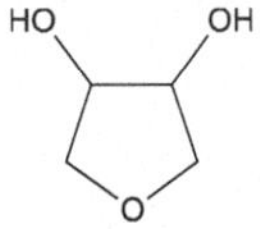

Aufgrund der Signalanzahl (drei) kann es sich nur um die symmetrische Struktur (C) handeln. Die diasterotopen Methylenprotonen bilden mit den CH Protonen ein ABM-Spinsystem:

2,3-CH(OH)	4.23 ppm, 2, d (^3J = 3.6 Hz)
1,4-O-CH_{2_A}	4.00 ppm, 2, dd ($^2J_{A,B}$ = 10.2 Hz, $^3J_{A,M}$ = 3.2 Hz)
1,4-O-CH_{2_B}	3.73 ppm, 2, d ($^2J_{B,A}$ = 10.3 Hz, $^3J_{B,M}$ < 1 Hz)

Beachten Sie, dass in dem Lösungsmittel D_2O (4.8 ppm) die OH-Protonen nicht beobachtbar sind, da sie mit den Deuteronen austauschen.

Nr. 036

1,2;4,5-Di-O-isopropylidenfructopyranose
→ Struktur A

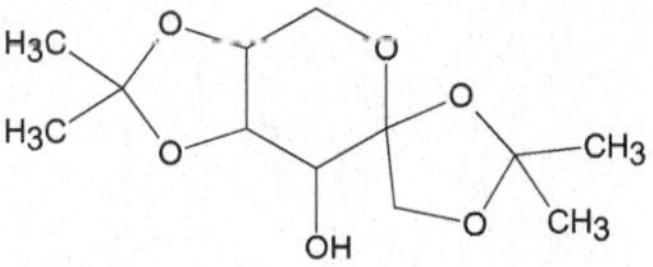

Die Messungen wurden in $CDCl_3$ durchgeführt. Nach der Zugabe von D_2O „verschwindet" das OH-Signal bei 2,2 ppm aufgrund schneller H-D-Austauschprozesse. Da es sich um ein Dublett handelt, kommt nur die Struktur A in Frage.
Die Signalmultiplizität des benachbarten 4-CH-Protons bei 3,61 ppm vereinfacht sich hierdurch vom Dublett-Dublett zu einem einfachen Dublettsignal, aufgrund der jetzt fehlenden OH-Kopplung.
Bei Struktur B wäre für das 1-OH Signal ein Triplett zu erwarten.

Nr. 037

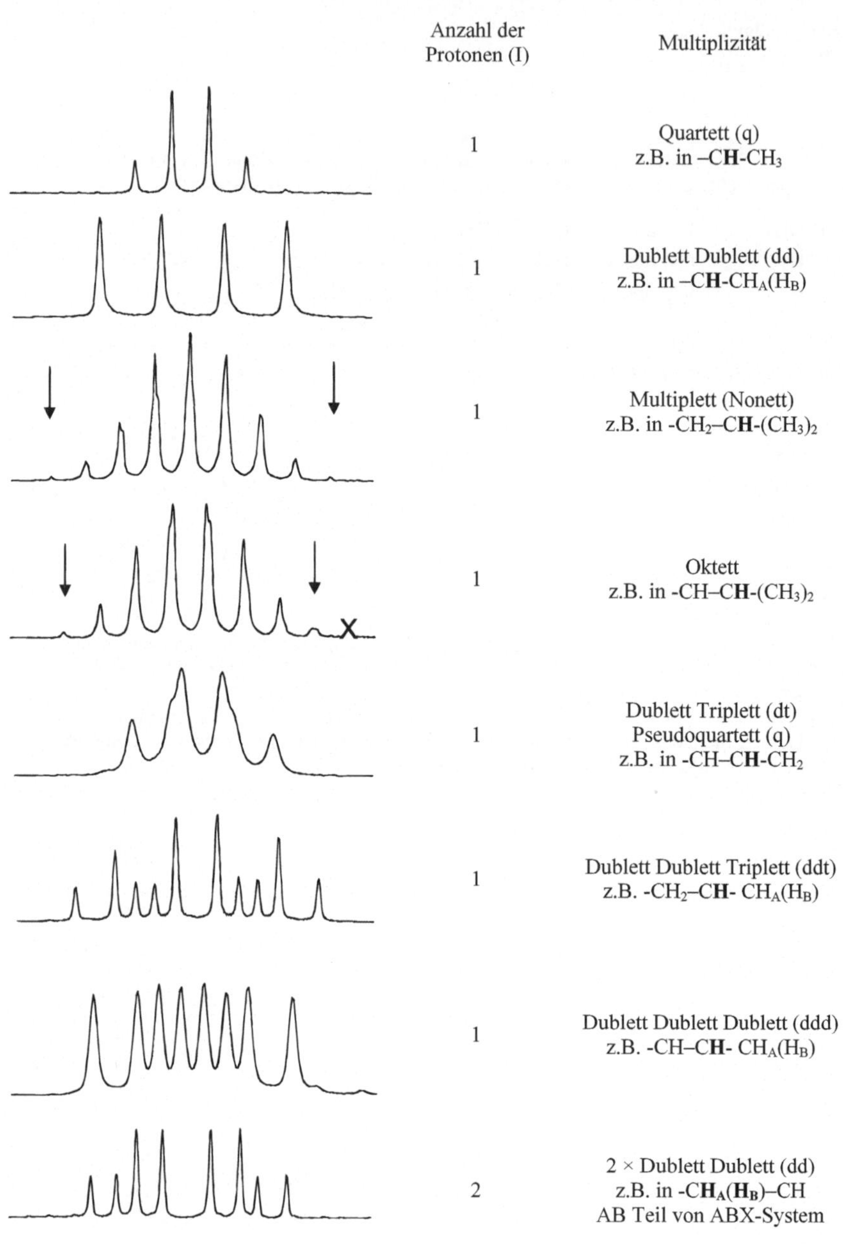

Anzahl der Protonen (I)	Multiplizität
1	Quartett (q) z.B. in –C**H**-CH_3
1	Dublett Dublett (dd) z.B. in –C**H**-$CH_A(H_B)$
1	Multiplett (Nonett) z.B. in -CH_2–C**H**-$(CH_3)_2$
1	Oktett z.B. in -CH–C**H**-$(CH_3)_2$
1	Dublett Triplett (dt) Pseudoquartett (q) z.B. in -CH–C**H**-CH_2
1	Dublett Dublett Triplett (ddt) z.B. -CH_2–C**H**- $CH_A(H_B)$
1	Dublett Dublett Dublett (ddd) z.B. -CH–C**H**- $CH_A(H_B)$
2	2 × Dublett Dublett (dd) z.B. in -C$\mathbf{H_A}$($\mathbf{H_B}$)–CH AB Teil von ABX-System

Nr. 038

Ordnen Sie die aromatischen Strukturen den abgebildeten Signalgruppen richtig zu.

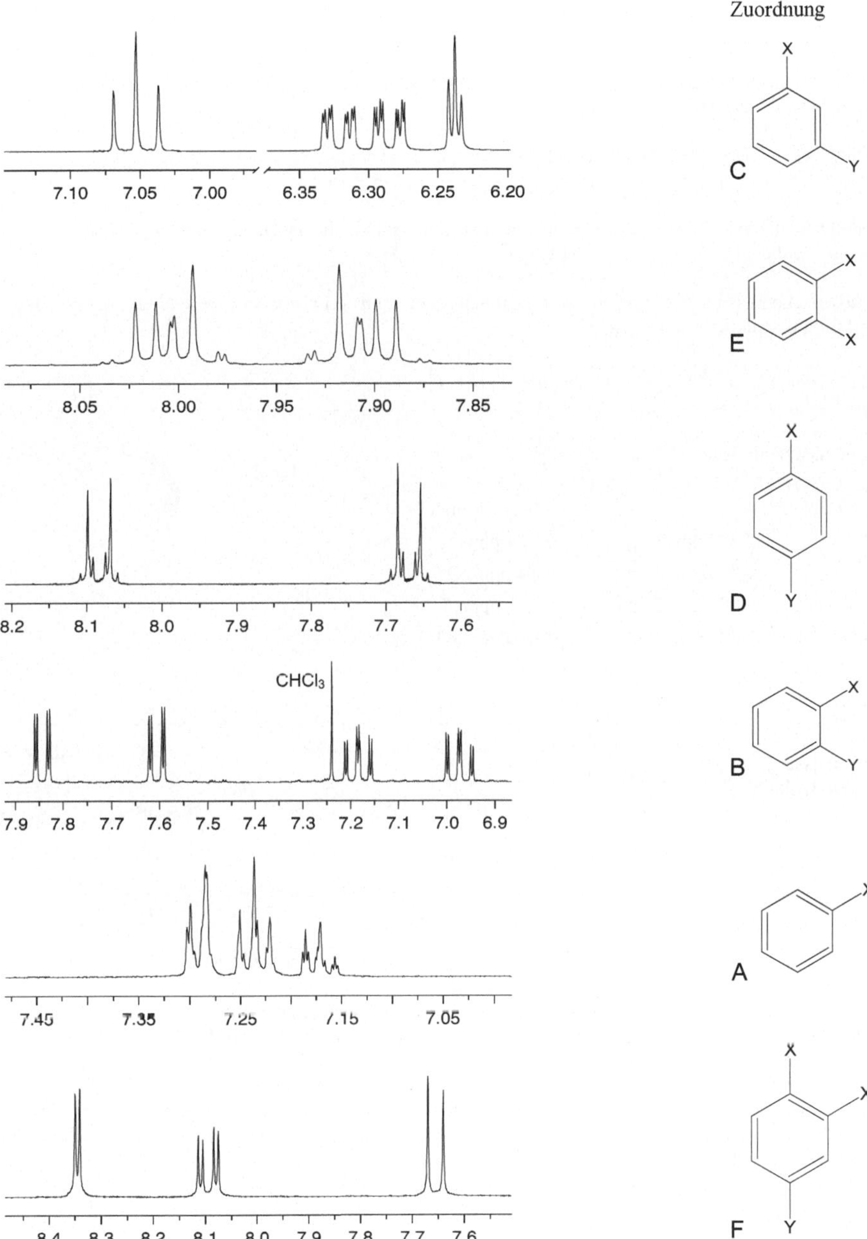

Nr. 039

2-Ethoxyessigsäureethylester
(2-Ethoxyethylacetat)
→ Struktur A

A

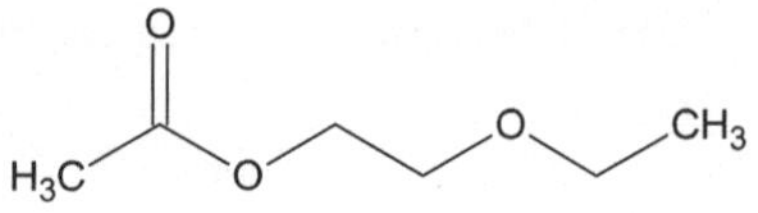

Die Signalanzahl, Intensitäten und alle Multiplizitäten sind bei A und B gleich. Unterschiede gibt es nur in den chemischen Verschiebungen:

Struktur A: alle drei CH_2-Gruppen befinden sich in einer ähnlicher Umgebung (jeweils –O- benachbart), d.h. es werden ähnliche chemische Verschiebungen erwartet.

Struktur B: die zwei CH_3-Gruppen befinden sich in unterschiedlicher Umgebung ($O\text{-}CH_3$ und $C\text{-}CH_3$), ebenso wie die CH_2-Gruppen (zwei $O\text{-}CH_2$ und eine $C\text{-}CH_2$).

Ohne die chemischen Verschiebungen berechnen zu müssen, kann man auf diese Weise die Verifizierung für die Struktur A vornehmen.

Nr. 040

Propionsäureethylester

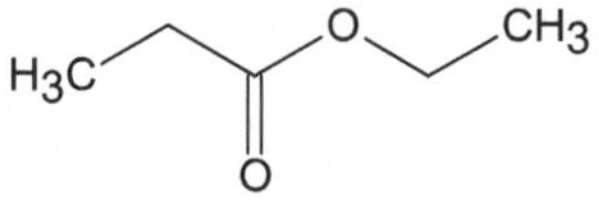

1-C=O	–	174,54 ppm, S
2-CH_2	2.24 ppm, 2, q;	27,64 ppm, T
3-CH_3	1.06 ppm, 3, t;	9,14 ppm, Q
4-O-CH_2	4.05 ppm, 2, q;	60,25 ppm, T
5-CH_3	1.18 ppm, 3, t;	14,26 ppm, Q

Nr. 041

Spektrensatz 1:
1-Phenylethanol B

Spektrensatz 2:
Phenylethylether (Phenethol) A

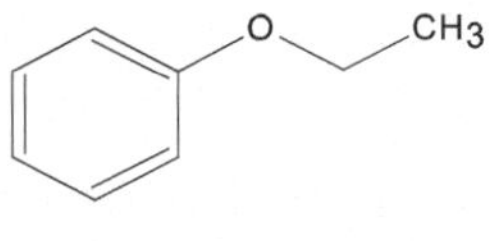

A 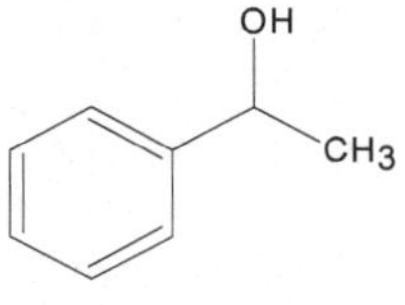 B

Sowohl in den ^{1}H- als auch in den ^{13}C-NMR Spektren sind die Unterschiede deutlich sichtbar.

Zwar beobachtet man in beiden ^{1}H-NMR Spektren je ein Quartett, aber mit jeweils unterschiedlichen Intensitäten. Und während das Methylsignal der Ethylgruppe zu einem Triplett aufspaltet (1,47 ppm, 3, t im Spektrensatz 2), beobachtet man im Spektrensatz 1 ein Dublett (2,05 ppm, 3, d) aufgrund der Kopplung mit nur einem CH Proton. Im ^{13}C-DEPT Spektrum des Spektrensatzes 2 ist das Methylenkohlenstoffsignal (63,36 ppm, T) eindeutig als solches erkennbar. Letztendlich wird im Spektrensatz 1 auch das OH-Signal beobachtet. Dies sollte man aber nicht als alleinigen Beweis verwenden, da es sich auch um eine Spur von Wasser handeln könnte.

Nr. 042

2-Aminodimethylacetal
→ Struktur A

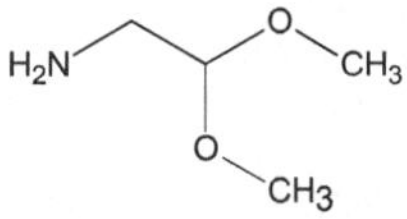

Da im ^{13}C-NMR Spektrum kein quartäres Kohlenstoffatom beobachtet wird, ist eine Verifizierung zwischen den beiden Strukturen einfach.

Des weiteren würde man für die diastereotopen Methylenprotonen in der Struktur B eine Dublett-Dublett Multiplizität statt des beobachteten einfachen Dubletts (2,74 ppm, d) erwarten.

Nr. 043

Pyridin-2-ethanol

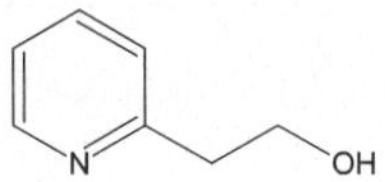

2=C	–	161,44 ppm, S
3=CH	7,28 ppm, 1, d	124,97 ppm, D
4=CH	7,65 ppm, 1, dt	137,75 ppm, D
5=CH	7,17 ppm, 1, dd	122,70 ppm, D
6=CH	8,46 ppm, 1, d	150,44 ppm, D
-O-CH_2	3,94 ppm, 2, t	62,70 ppm, T
2'-CH_2	2,99 ppm, 2, t	42,24 ppm, T
Aceton-D	2,05 ppm, m	30,50 ppm, Septett und 207,22 ppm
Aceton-H	2,09 ppm, s	

Für Verwirrung kann hier das Carbonylkohlenstoffsignal im ^{13}C-NMR Spektrum bei 207,22 ppm sorgen, welches vom Lösungsmittel Aceton stammt. Da das quartäre C-Atom nicht deuteriert ist, beobachtet man hier nicht die übliche C-D Kopplungsaufspaltung wie z.B. bei dem Aceton CD_3-Signal bei 30,50 ppm.

Nr. 044

Buttersäuremethylester
(Methylbutyrat)

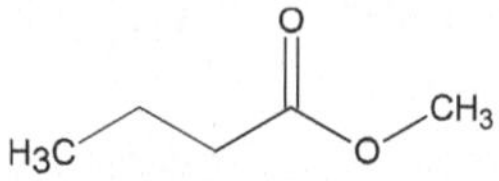

Man findet die Strukturgruppen: $–CH_3$ $–CH_2$ $–CH_2$ und $–CH_3$
Aus den Multiplizitäten ergibt sich die Verknüpfungsreihenfolge von einer Propylgruppe: $–CH_2–CH_2–CH_3$.
Im ^{13}C-NMR Spektrum beobachtet man einen quartären Kohlenstoff bei 174 ppm, welcher von einer Säure oder einem Ester stammen kann.

Es lassen sich zwei mögliche Isomere ableiten:

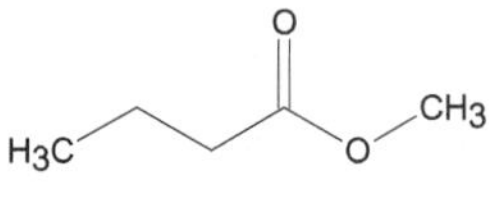

A 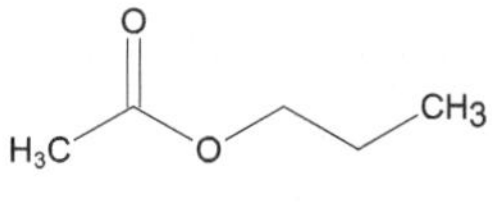 B

Die Entscheidung kann man leicht über die chemischen Verschiebungen treffen. Hier bietet sich der Vergleich der nichtkoppelnden Methylgruppe sowohl im ^{1}H- als auch im ^{13}C-NMR Spektrum an. Die gefundenen Tieffeldverschiebungen von 3,59 ppm bzw. 51,2 ppm beweisen das Vorhandensein einer Methoxygruppe (Struktur A).

Nr. 045

2-Methylpropanal
(Isobutyraldehyd)

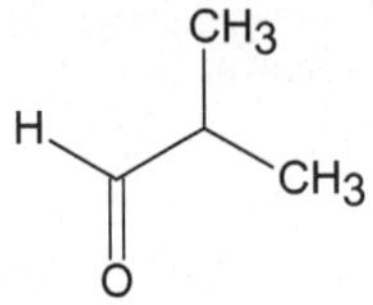

1-CHO	9.64 ppm, 1, d ($^3J_{1,2}$ = 1.2 Hz)	205,10 ppm, D
2-CH	2.44 ppm, 1, dublett-septett	40,99 ppm, D
3,3'-CH_3	1.13 ppm, 6, d ($^3J_{3,2}$ = 7.1 Hz)	15,39 ppm, Q

Da die vicinale Kopplung mit dem Aldehydproton ($^3J_{2,1}$) wesentlich kleiner ist, als die zwischen den aliphatischen Gruppen ($^3J_{2,3}$), spaltet das 2-CH Protonensignal bei 2,44 ppm nicht zu einem Pseudooktett, sondern zu einem Dublett-Septett auf.

Nr. 046

Phenol

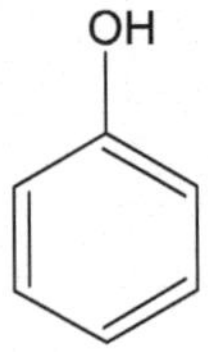

-OH	5,50 ppm, 1 (etwas verbreitert)	
1-C	–	155,22 ppm, S
2,6=CH	6,83 ppm, 2, Dublett ($^3J_{2,3}$ = 8,7 Hz)	115,36 ppm, D
3,5=CH	7,23 ppm, 2, Pseudotriplett (^3J = 8,5 Hz)	129,73 ppm, D
4=CH	6,93 ppm, 1, Triplett (^3J = 7,5 Hz)	120,93 ppm, D

Im ^{1}H-NMR werden zusätzlich long range Kopplungen ($^4J_{2,4}$) beobachtet. Das Spinsystem ist nicht mehr exakt 1. Ordnung und kann nur annähernd mit der Multiplizitätsregel ausgewertet werden.

Nr. 047

1,2-Dichlor-4-nitrobenzol

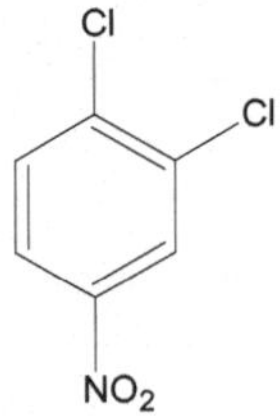

1=C	–	138,36 ppm, S
2=C	–	132,33 ppm, S
3=CH	8,34 ppm, 1, d	125,48 ppm, D
4=C	–	146,79 ppm, S
5=CH	8,08 ppm, 1, dd	123,55 ppm, D
6=CH	7,65 ppm, 1, d	131,64 ppm, D

$^3J_{5,6}$ = 8.9 Hz, $^4J_{3,5}$ = 1.6 Hz

Eine ausführliche Beschreibung der Konstitutionsbestimmung von dreifach substituierten Aromaten finden Sie in der Lösung der Aufgabe 056.

Nr. 048

	2-Methylbutan-2-ol	2-Chlor-isopentan
	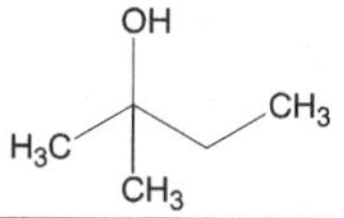	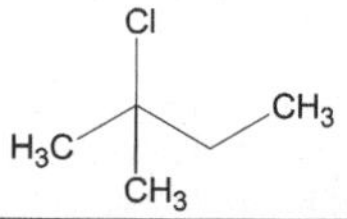
^{1}H	1-CH_3 1,20 ppm, 6, s 1'-CH_3 1,20 ppm, 6, s 2>C< – 3-CH_2 1,5 ppm, 2, q 4-CH_3 0,92 ppm, 3, t -OH 1,63 ppm, 1, s	1-CH_3 1,56 ppm, 6, s 1'-CH_3 1,56 ppm, 6, s 2>C< – 3-CH_2 1,78 ppm, 2, q 4-CH_3 1,03 ppm, 3, t
^{13}C	1-CH_3 28,75 ppm, Q 1'-CH_3 28,75 ppm, Q 2>C< 71,32 ppm, S 3-CH_2 36,47 ppm, T 4-CH_3 8,73 ppm, Q	1-CH_3 32,13 ppm, Q 1'-CH_3 32,13 ppm, Q 2>C< 71,84 ppm, S 3-CH_2 38,96 ppm, T 4-CH_3 9,68 ppm, Q

Die Unterschiede in den ^{1}H-NMR Spektren sind deutlich grösser als in den ^{13}C-Spektren.

Nr. 049

Allylbromid

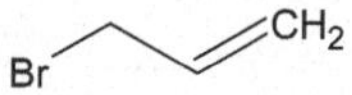

1-CH_2	3.85 ppm, 2, ddd ($^3J_{1,2}$ = 7,3 Hz, $^4J_{1,3cis}$ = 0,6 Hz, $^4J_{1,3tr}$ = 1,2 Hz)	32,83 ppm, T
2=CH	5,95 ppm, 1, ddt ($^3J_{2,1}$ = 7,3 Hz, $^3J_{2,3tr}$ = 16,8 Hz, $^3J_{2,3cis}$ = 9,9 Hz)	134,27 ppm, D
3=CH_{2_cis}	5,06 ppm, 1, ddt ($^3J_{3cis,2}$ = 9,9 Hz, $^2J_{3cis,3tr}$ = 1,2 Hz, $^4J_{3cis,1}$ = 0,6 Hz)	118,99 ppm, T
3=CH_{2_tr}	5,23 ppm, 1, dq ($^3J_{3trans,2}$ = 16,8 Hz, $^2J_{3cis,3tr}$ = $^4J_{3tr,1}$ = 1,2 Hz)	

Die Bezeichnungen *cis* und *trans* der 3=CH_2 Protonen beziehen sich jeweils auf das 2=CH Proton.

Nr. 050

3-Brompropanol

Durch den D_2O Austausch lässt sich das OH-Signal bei 3,92 ppm eindeutig zuordnen. Nach dem Austauschvorgang beobachtet man ein kleines Wassersignal bei ca. 3,5 ppm.

Nr. 051

4-Methylbenzaldehyd

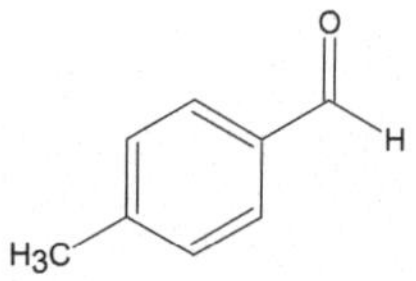

Das Aldehydkohlenstoffsignal bei 191,20 ppm (DEPT!) macht die Auswertung relativ leicht. An den Aldehyd- und Methylprotonensignalen werden keine long range Kopplung mit den dazu jeweils *ortho*-ständigen Aromatenprotonen beobachtet. Das Aromatendublett bei 7,04 ppm zeigt aber eine etwas grössere Linienbreite (kleinere Signalhöhe) aufgrund einer sehr kleinen long range Kopplung mit den Methylprotonen. Im ^{13}C-NMR Spektrum sind die beiden CH Signale zufällig fast isochron (Δ= 0,04 ppm).

Nr. 052

4-Bromnitrobenzol

Bei dieser einfachen Aufgabe besteht die einzige Schwierigkeit im Auffinden des quartären 4-C Kohlenstoffsignals bei 147,17 ppm. In den Routine ^{13}C-NMR Spektren können die Signale von stickstoffbenachbarten quartären C-Atomen sehr geringe Intensitäten besitzen, so dass sie im Rauschen scheinbar „verschwinden".

Nr. 053

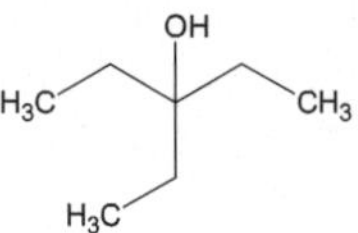

3-Ethylpentan-3-ol

Beachte das intensitätsschwache Signal des quartären Kohlenstoffs.

Nr. 054

Octan-3,6-dion

In dieser symmetrischen Verbindung sind die Methylengruppen 4 und 5 äquivalent und zeigen nur ein Singulett im ^{1}H-NMR Spektrum.

Nr. 055

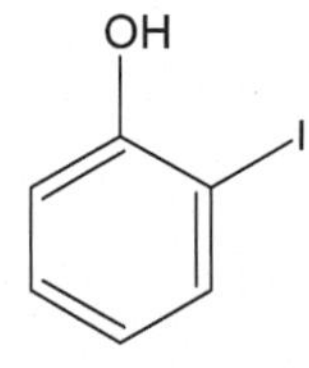

2-Iodphenol

-OH	5,29 ppm, 1, s	–
1=C(OH)	–	154,96 ppm, S
2=C(I)	–	85,93 ppm, S
3=CH	7,64 ppm, 1, dd	138,45 ppm, D
4=CH	6,66 ppm, 1, ddd	122,62 ppm, D
5=CH	7,23 ppm, 1, ddd	130,40 ppm, D
6=CH	6,98 ppm, 1, dd	115,35 ppm, D

Kopplungen:

$^3J_{3,4}$ = 7,9 Hz, $^3J_{4,5}$ = 7,3 Hz, $^3J_{5,6}$ = 8,1 Hz, $^4J_{3,5}$ = 1,5 Hz, $^4J_{4,6}$ = 1,5 Hz

Nr. 056

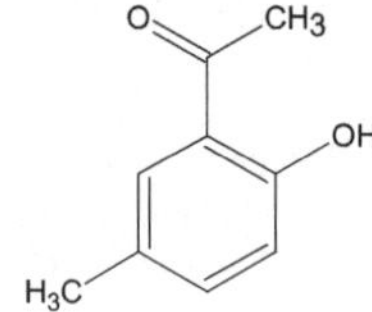

2-Hydroxy-5-methylacetophenon

Für eine systematische Lösung empfiehlt sich folgende Herangehensweise:

1. Um welche Substanzklasse handelt es sich?
2. Wie viele Substituenten sind vorhanden?
3. Welche Substituenten sind vorhanden?
4. Welches Substitutionsmuster liegt vor?

Lösung

1. Es handelt sich um einen Aromaten (drei ^{1}H-Signale im Tieffeldbereich, drei ^{13}CH-Dubletts im DEPT Spektrum im Bereich zwischen 110 und 140 ppm).
2. Beobachtet werden:
   - zwei Methylgruppen (2,29 ppm, 3, s /20,61 ppm, Q und 2,59 ppm, 3, s /26,76 ppm, Q)
   - eine Ketogruppe –COCH3 (^{13}C: 204,59 ppm) und
   - eine OH-Gruppe (12,07 ppm, 1, s).

   Bei dem tieffeldverschobenen ^{13}C Signal kann es sich aufgrund der chemischen Verschiebung von 204,59 ppm nur um ein Keton handeln. Demzufolge muss eine der beiden Methylgruppen am Carbonyl-C-Atom gebunden sein.
3. für dreifach substituierte Aromaten gibt es drei Substitutionsmuster:

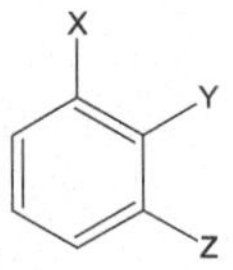

A 1d, 1dd, 1d | B 1d, 1d, 1s | C 1s, 1s, 1s

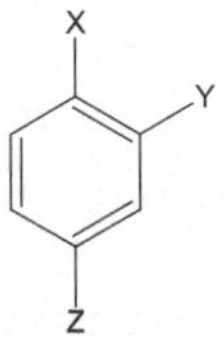

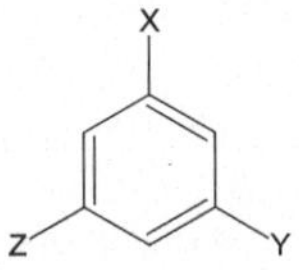

4. Aus dem Kopplungsmuster der aromatischen Protonen ist ersichtlich, dass es sich um eine 1,2,4 Substitution handeln muss (B). Zusätzlich wird noch eine $^{4}J_{3,5}$ long range Kopplung von 2,2 Hz beobachtet.
5. Eine Entscheidung darüber, um welches der sechs möglichen Konstitutionsisomere es sich letztendlich handelt, kann am besten durch Berechnung der ^{13}C chemischen Verschiebungen der aromatischen CH-Atome (3-C, 5-C, 6-C) getroffen werden (Tabelle):

   $^{13}C_{shift\_berechnet}$ = 128,5 ppm + Sum Zi

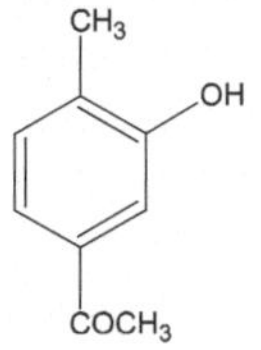

1 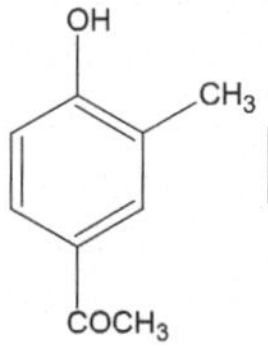 2 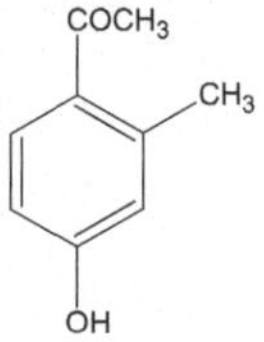 3 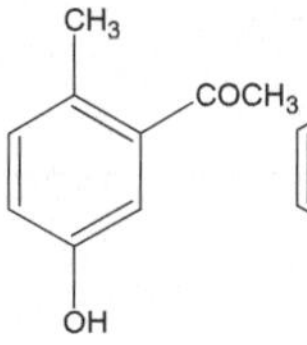 4 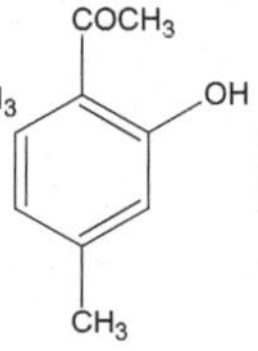 5 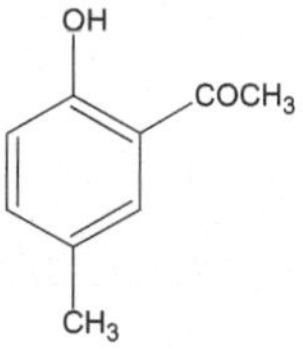 6

Substituenteninkremente zur Berechnung der ^{13}C chemischen Verschiebung in substituierten Aromaten:

Substituent	$\mathbf{Z1}_{ipso}$	$\mathbf{Z2}_{ortho}$	$\mathbf{Z3}_{meta}$	$\mathbf{Z4}_{para}$
$-CH_3$	9,2	0,7	-0,1	-3,0
$-CO-CH_3$	9,3	0,2	0,2	4,2
-OH	28,8	-12,8	1,4	-7,4

Berechnete Verschiebungen der aromatischen CH-Atome in aufsteigender shift-Reihenfolge:

Isomer:	1	2	3	4	5	6	exp
(#) C_{calc}	(3) 115,8	(6) 115,8	(5) 112,9	(3) 115,8	(3) 116,6	(6) 115,8	118,2
(#) C_{calc}	(5) 121,2	(5) 127,1	(3) 116,6	(5) 119,8	(5) 122,0	(3) 130,8	130,6
(#) C_{calc}	(6) 130,8	(3) 130,8	(6) 130,0	(6) 130,8	(6) 130,0	(5) 134,8	137,6
|Differenz|	6,2	8,2	9,0	6,7	5,9	1,8	

Die richtige Struktur Nr. 6 zeigt die kleinste mittlere Abweichung zwischen berechneten und experimentellen Shiftwerten.

Nr. 057

4-Aminophenylacetonitril
→ Struktur A

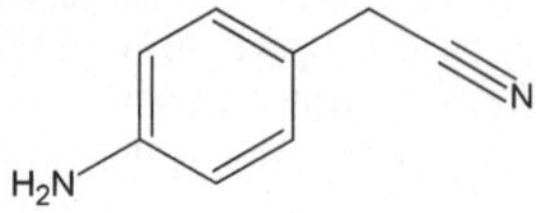

Die Anzahl, die Intensitäten und die Multiplizitäten der Signale sind für beide Strukturvorschläge identisch. Die Unterschiede werden durch die chemischen Verschiebungen der CH_2 Kohlenstoffe deutlich. Die berechnete Verschiebung von A stimmt sehr gut mit dem experimentellen Wert von 22,91 ppm überein:

CH_{2_calc} A: -2,3 + 22,1 + 4,3 = 24,1 ppm B: –2.3 + 22,1 + 28,3 = 48,1 ppm

Nr. 058

4-Brom-2,6-bis(hydroxymethyl)phenol

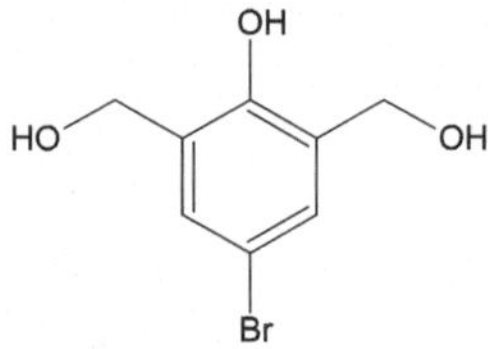

1-OH	8,74 ppm, 1, s	–
1=C	–	150,37 ppm, S
2,6=C	–	131,41 ppm, S
3,5=CH	7,28 ppm, 2, s	127,80 ppm, D
4=C	–	110,80 ppm, S
CH_2	4,52 ppm, 4, s	58,51 ppm, T
$(OH)_2$	5,30 ppm, 2, s	–

Die anderen Signale stammen vom Restprotonensignal des Lösungsmittels DMSO (2,50 ppm, m; 39,50 ppm, M) und von Wasser (3,38 ppm).

Nr. 059

2,4-Dioxopentansäureethylester

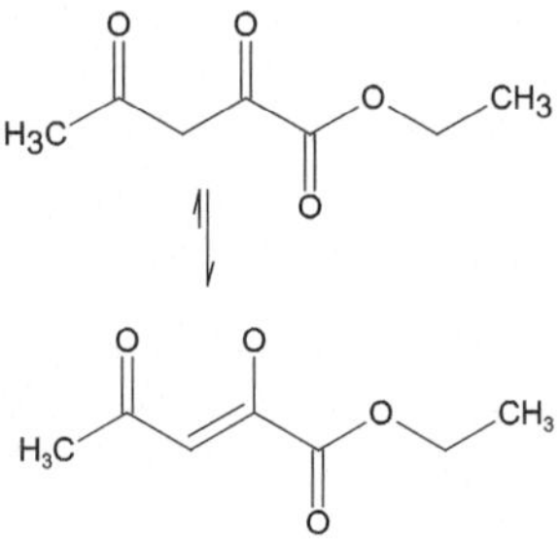

Bei dieser Verbindung ist das Keto-Enol-Gleichgewicht stark auf die Enolseite verschoben.

4-C=O	–	200,09 ppm, S
2-C=O	–	167,04 ppm, S*
1-C=O	–	162,11 ppm, S*
3=CH	6.22 ppm, 1, s;	102,20 ppm, D
6-O-CH_2	4.20 ppm, 2, q;	62,57 ppm, D
5-CH_3	2.11 ppm, 3, s;	27,70 ppm, Q
7-CH_3	1.22 ppm, 3, t;	14,10 ppm, Q
-OH	ca. 14 ppm, 1 (breit)	

* Die Zuordnung der 1-C und 2-C Kohlenstoffatome ist nicht sicher.

Nr. 060

2,3-Dimethylpyridin
(2,3-Lutidin)

2-CH_3	2,39 ppm, 3, s	22,44 ppm, T
3-CH_3	2,15 ppm, 3, s	19,02 ppm, T
2=C	–	156,96 ppm, S
3=C	–	131,28 ppm, S
4=CH	7,26 ppm, 1, d	136,92 ppm, D
5=CH	6,90 ppm, 1, dd	121,09 ppm, D
6=CH	8,21 ppm, 1, d	146,35 ppm, D

$^3J_{4,5}$ = 7.2 Hz, $^3J_{5,6}$ = 4,9 Hz

Von den sechs möglichen Konstitutionen (2,3-; 2,4-; 2,5-; 2,6-; 3,4- und 3,5-Lutidin) entfallen zwei (2,6- und 3,5-) aus Symmetriegründen (warum?). Da kein aromatisches Singulettsignal beobachtet wird, kann es sich nur um das 2,3-Isomer handeln.

Nr. 061

Ordnen Sie die beiden Spektrensätze den Aminophenylpropanolen A und B zu.

Der Spektrensatz 1 stammt von 3-Amino-3-phenylpropanol (B).
Der Spektrensatz 2 stammt von 2-Amino-3-phenylpropanol (A).

Während sich die ^{13}C-NMR Signale der CH_n Gruppen beider Verbindungen nur gering unterscheiden, beobachtet man größere Unterschiede in den ^{1}H-NMR Spektren. Dies wird insbesondere bei den diastereotopen Methylenprotonen der Verbindung A deutlich. Zwar sind beide Verbindungen asymmetrisch, aber nur bei Verbindung A sind die Differenzen in der chemischen Verschiebung so gross, dass man das Spektrum bequem auswerten kann.

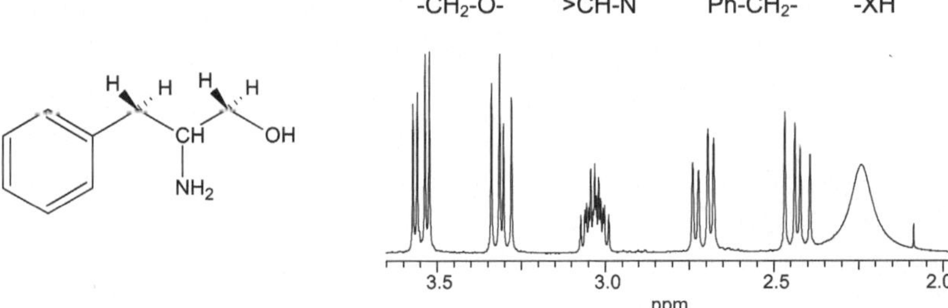

Nr. 062

2,5-Dibromanilin
→ Struktur A

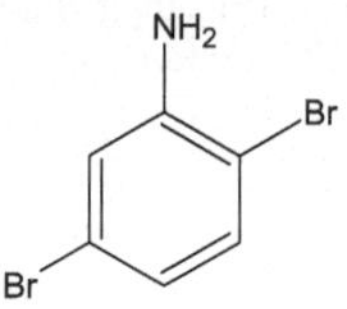

Der 1,2,4-substituierte Aromat ist an den drei ^{1}H-NMR Signalen (Dublett, Singulett mit Feinaufspaltung und Dublett mit Feinaufspaltung) zu erkennen.

Die richtige Konstitution kann man durch den Vergleich der berechneten ^{13}C chemischen Verschiebungen mit den experimentellen Werten bestimmen:

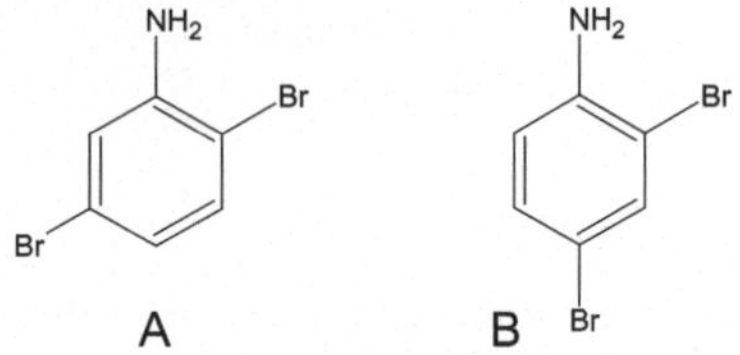

A B

experimentelle Werte	für A berechnete	für B berechnete
107,9 (S)	(2) 108,7 (S)	(2) 111,9 (S)
118,2	(6) 120,6	(4) 115,3 (S)
121,8 (S)	(5) 122,9 (S)	(6) 119,5
122,2	(4) 124,0	(5) 131,6
133,7	(3) 134,8	(3) 135,9
145,4 (S)	(1) 152,2 (S)	(1) 149,0 (S)
mittlere Abweichung	2,3 ppm	4,1 ppm

Die Struktur A stimmt sowohl bei den Verschiebungswerten als auch in der Reihenfolge der quartären C-Atome (s) besser mit dem Spektrum überein.

Nr. 063

m-Anisidinmethylether

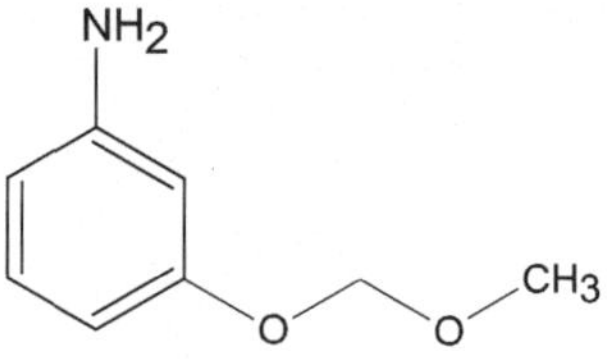

-CH_3	3,47 ppm, 3, s	56,12 ppm, Q
-CH_2	5,13 ppm, 3, s	94,55 ppm, T
1=C(N)	–	147,95 ppm, S
2=CH	6,39 ppm, 1, t	103,36 ppm, D
3=C(O)	–	158,63 ppm, S
4=CH	6,44 ppm, 1, ddd	109,14 ppm, D*
5=CH	7,05 ppm, 1, t	130,31 ppm, D
6=CH	6,35 ppm, 1, ddd	106,14 ppm, D*

$^{3}J_{4,5} = {}^{3}J_{5,6} = 8{,}0$ Hz; $^{4}J_{2,4} = {}^{4}J_{2,6} = 2{,}1$ Hz

* Zuordnung nicht sicher

Die nahezu symmetrische Anordnung der 2-H, 4-H und 6-H Signale ist rein zufällig. Aufgrund der ähnlichen long range Kopplungen ergibt sich für das 2-H Signal ein Pseudotriplett.

Nr. 064

4-Hydroxy-3-iodbenzonitril

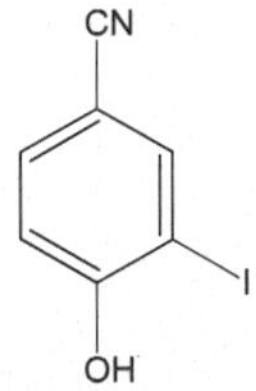

Die Substituenten sind mithilfe der Summenformel zu bestimmen. Das 1,3,4-Substitutionsmuster ergibt sich aus dem ^{1}H-NMR Spektrum (s, d, d), wobei zusätzlich noch eine $^4J_{2,6}$- long range Kopplung beobachtet wird.

Eine Möglichkeit der Konstitutionsbestimmung ist die Berechnung der ^{13}C chemischen Verschiebungen von allen sechs Isomeren mit einem 1,3,4-Substitutionsmuster:

	CBA	BCA	CAB	ACB	BAC	ABC	
C-1	**106,7**	90,6	112,8	156,9	103	163,2	
C-2	**142,3**	142,3	120,8	120,8	125,3	125,3	
C-3	**85,2**	101,3	166,9	122,8	162,4	102,2	
C-4	**170,5**	159,7	88,8	93,4	98,3	114	
C-5	**118**	118	139,5	139,5	135	135	
C-6	**132,3**	143,1	126,2	121,6	130,7	115,3	
In shift Reihenfolge							exp. Werte
	85,2	90,6	88,8	93,4	98,3	102,2	85
	106,7	101,3	112,8	120,8	103,0	114,0	103
	118,0	118,0	120,8	121,6	125,3	115,3	115,2
	132,3	142,3	126,2	122,8	130,7	125,3	133,9
	142,3	143,1	139,5	139,5	135,0	135,0	142,5
	170,5	159,7	166,9	156,9	162,4	163,2	161
mittlere Abweichung:	**3,0**	3,4	6,0	8,5	6,0	7,8	

A: -OH, B: -I, C: -CN

Das Isomere CBA (entspricht dem 4-Hydroxy-3-iodbenzonitril) zeigt die beste Übereinstimmung zwischen den berechneten und experimentellen Werten. Beachten Sie das Nitrilgruppensignal bei ca. 118 ppm.

Nr. 065

p-Chlormethylenbenzoesäuremethylester → Struktur A

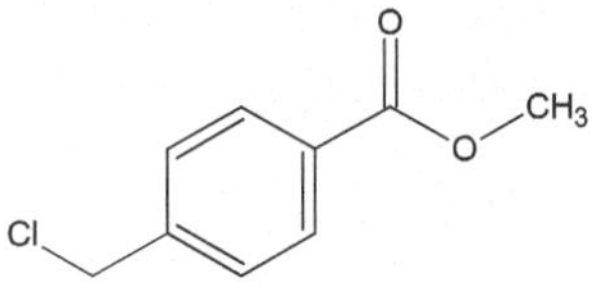

Die ^{1}H-NMR sowie die ^{13}C-NMR Signale der protonierten Kohlenstoffatome zeigen kaum Unterschiedliche in ihren chemischen Verschiebungen. Deutlich werden diese nur bei den quartären C-Atomen, z. B. im Unterschied zwischen dem beobachteten Carbonsäuresignal bei 165,55 ppm und dem Carbonylsignal, welches von der Struktur B bei ca. 190 ppm zu erwarten ist.

Nr. 066

Phthalsäureanhydrid
→ Struktur A

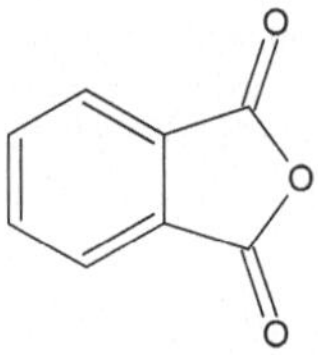

Im ^{1}H-NMR erwartet man für das Phthalimid (Struktur B) ein NH Signal. Dieses kann unter ungünstigen Messbedingungen aber sehr breit werden. Eine sichere Aussage bietet die Vorhersage der ^{13}C chemischen Verschiebung des Carbonylkohlenstoffs, z. B. aus einer Spektrensammlung (für A: 163 ppm, für B: 168 ppm). Die Protonen bilden ein Spinsystem höherer Ordnung wie es typisch ist für symmetrisch *ortho*-substituierte Aromaten.

Nr. 067

2-Anilincarbonyl-3-oxobutansäureethylester

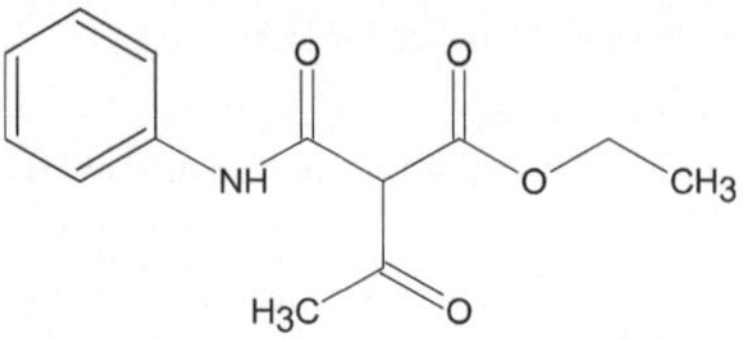

Es handelt sich tatsächlich um die angegebene Verbindung die aber in der Enolform vorliegt:

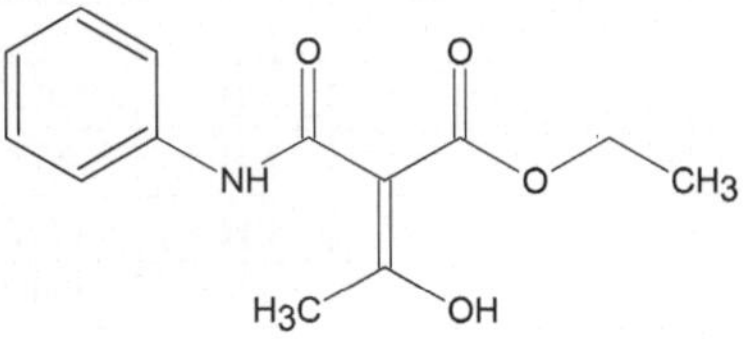

Dies erklärt das fehlende CH Signal sowohl im ^{1}H- als auch im ^{13}C-NMR Spektrum.

Nr. 068

2-Brommethyl-1,3-butadien
(Bromisopren)

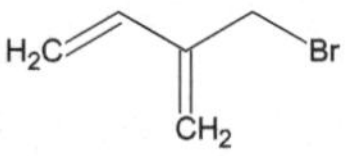

Die Verbindung ist zwar symmetrisch (die -CH_2-Methylenprotonen sind äquivalent), aber alle olefinischen Protonen sind anisochron. Die vicinalen *cis*- (ca. 11 Hz) und *trans*-Kopplungen (ca. 18 Hz) sind nur an dem =CH Proton (6,3 ppm) sichtbar. Die dazugehörigen 4=CH_2 Protonen spalten beide zu einem Dublett auf, wobei jeweils das rechte Dublettsignal zufällig von einem der beiden anisochronen Singuletts der 1=CH_2 Gruppe überlagert wird.

Nr. 069

3-(*p*-Chlorphenyl)-3-hydroxypropionsäureethylester

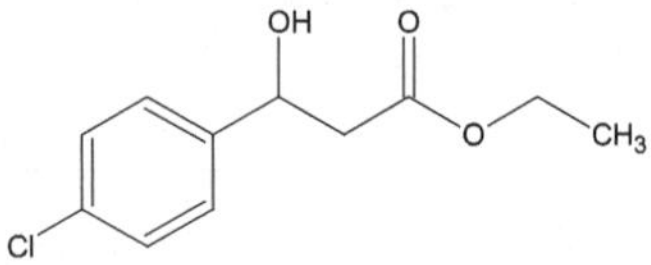

Achtung, es handelt sich um eine asymmetrische Verbindung mit diastereotopen Methylenprotonen in der Nachbarschaft zum Asymmetriezentrum (3-C). Alle phenylischen Protonen sind zufällig isochron.

Nr. 070

2,3-Dibrom-3-phenylpropionsäure → Struktur A

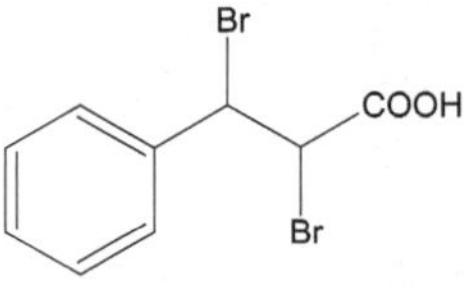

Die Zimtsäure (B) kann man sicher ausschliessen, da im ^{13}C-NMR Spektrum keine olefinischen CH-Signale beobachtet werden. Zwischen der Bromverbindung (A) und dem Oxiran (C) ist der grösste spektrale Unterschied für die ^{1}H-NMR Signale der beiden CH-Protonen zu erwarten. Im Dreiring kommen diese bei deutlich höherem Feld (ca. 4 ppm) zur Resonanz. Das Säureproton wird in Methanol-D_4 nicht beobachtet (Austauscheffekte).

Nr. 071

Dimethylamin-hydrochlorid

$-NH_2$	ca 9,4 ppm, 2, breit	–
$-CH_3$	2,70 ppm, 6, t (5,5 Hz)	34,92 ppm, Q

Die $^3J_{H,H}$ Kopplung ist wegen der grossen Linienbreite des NH_2-Signals nur am Methylgruppensignal zu beobachten.

Nr. 072

3-(4-Nitrophenoxy)propanal

1-CHO	9,80 ppm, 1, t ($^3J_{1,2}$ = 1,2 Hz)	199,16 ppm, D
$2-CH_2$	2.92 ppm, 2, td ($^3J_{2,3}$ = 6,0 Hz, $^3J_{2,1}$ = 1,2 Hz)	42,98 ppm, T
$3-CH_2$	4.33 ppm, 2, t ($^3J_{3,2}$ = 6,0 Hz)	62,34 ppm, T
1'=C	–	163,56 ppm, S
2',6'=CH	6,90 ppm, 2, d ($^3J_{2',3'} \approx$ 8 Hz)	114,62 ppm, D
3',5'=CH	8,11 ppm, 2, d ($^3J_{3',2'} \approx$ 8 Hz)	126,56 ppm, D
4'=C	–	141,94 ppm, S

Die kleine vicinale Kopplung ist typisch für Aldehyde.

Nr. 073

2-Vinylpyridin

2=C		155,48 ppm, S
3=CH	7.27 ppm, 1, d ($^3J_{3,4}$ = 7.8 Hz, $^4J_{3,5}$ = 1.1 Hz, $^5J_{3,6}$ = 0.9 Hz);	121,04 ppm, D
4=CH	7.57 ppm, 1, dd ($^3J_{4,3}$ = 7.8, $^3J_{4,5}$ = 7.6 Hz, $^4J_{4,6}$ = 1.8 Hz);	136,24 ppm, D
5=CH	7.08 ppm, 1, dd ($^3J_{5,6}$ = 4.8, $^3J_{5,4}$ = 7.6 Hz, $^4J_{5,3}$ = 1.1 Hz);	122,25 ppm, D
6=CH	8.55 ppm, 1, d ($^3J_{6,5}$ = 4.8 Hz, $^4J_{6,4}$ = 1.8 Hz, $^5J_{6,3}$ = 0.9 Hz);	149,28 ppm, D
7–CH=	6.80 ppm, 1, dd ($^3J_{7,8trans}$ = 17.5 Hz, $^3J_{7,8cis}$ = 10.8 Hz);	136,78 ppm, D
$8=CH_{2cis}$	5.45 ppm, 1, d ($^3J_{8cis,7}$ = 10.8 Hz, $^2J_{8,8}$ = 1.3 Hz);	117,94 ppm, T
$8=CH_{2trans}$	6.20 ppm, 1, d ($^3J_{8trans,7}$ = 17.5 Hz, $^2J_{8,8}$ = 1.3 Hz)	

Die Bezeichnungen *cis* und *trans* der $8=CH_2$ Protonen beziehen sich jeweils auf das 7=CH Proton.

Von den drei möglichen Isomeren (2-, 3- und 4-Vinylpyridin) entfällt letzteres aus Symmetriegründen. Die Multiplizität der tieffeldverschobenen (>7 ppm) Heteroaromatensignale mit d, t, d, dd, schliesst das *meta*-Isomere, bei dem ein Singulett zu erwarten ist, aus.

Nr. 074

2,2'-Biphenol

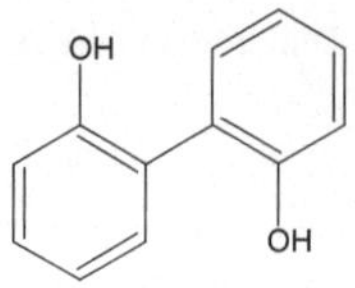

In dieser symmetrischen Verbindung ist das *ortho*-substituierte Phenol sein eigener Substituent. Ohne Angabe einer Summenformel oder zumindest der Molmasse ist weder im ^{1}H- noch im ^{13}C-NMR Spektrum erkennbar dass es sich um ein „dimeres" Molekül handelt (vgl. Aufgabe Nr. 031).

Zuordnung:

1,1'=C	–	152,61 ppm, S
2,2'=C	–	124,50 ppm, S
3,3'=CH	7,25 ppm, 2, d	131,66 ppm, D
4,4'=CH	7,01 ppm, 2, t	121,93 ppm, D
5,5'=CH	7,24 ppm, 2, t	129,92 ppm, D
6,6'=CH	6,96 ppm, 2, d	116,89 ppm, D

Nr. 075

2-Amino-2-phenylethanol
(*D*-Phenylglycinol)

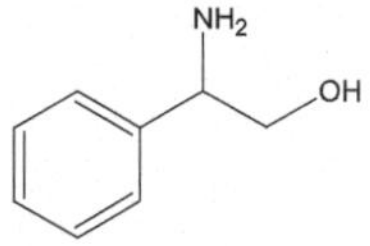

-OH, -NH_2	3,05 ppm, 3, breit	–
1-CH_{2_A}	3,51 ppm, 1, dd ($^2J_{1A,1B}$ = 10.8 Hz, $^3J_{1A,2}$ = 8.3 Hz)	67,52 ppm, T
1-CH_{2_B}	3,65 ppm, 1, dd ($^2J_{1B,1A}$ = 10.8 Hz, $^3J_{1A,2}$ = 4.2 Hz)	
2-CH	3,94 ppm, 1, dd ($^3J_{2,1A}$ = 8.2 Hz, $^3J_{2,1B}$ = 4.2 Hz)	57,31 ppm, D
3=C	–	142,31 ppm, S
ortho CH	7,29 ppm, 5, m	126,55 ppm, D
meta CH		128,38 ppm, D
para CH		127,27 ppm, D

Man findet zuerst die Strukturgruppen: -C_6H_5; >CH-CH_2-; -NH_2 und –OH.
Schliesst man die gleichzeitige Substitution von -NH_2 und –OH an einem Kohlenstoffatom aus, so gibt es nur zwei sinnvolle Konstitutionen:

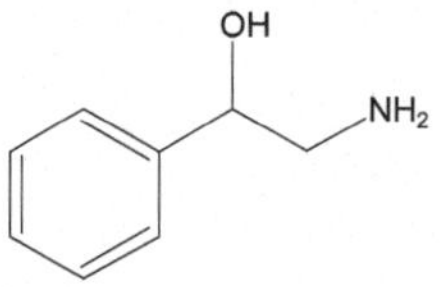

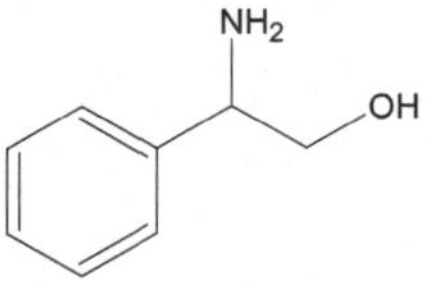

Die Verifizierung zwischen diesen beiden Strukturen ist über die Berechnung der chemischen Verschiebungen (z. B. ^{13}C von CH und CH_2) oder durch einen Vergleich mit einer Spektrendatenbank möglich.
Die aromatischen Protonen haben zufällig eine ähnliche chemische Verschiebung, da keine stark elektronenziehenden oder -schiebenden Substituenten direkt am Phenylring gebunden sind.

Nr. 076

5-Oxo-5-phenylpentansäure

Der große Unterschied zwischen den Kohlenstoffsignalen der Ketogruppe (199,59 ppm) und der Säuregruppe (174,29 ppm) wird hier deutlich.

Nr. 077

N-Ethyldiisopropylamin

Das Methylgruppensignale der Ethylgruppe (3, t) ist zufällig fast isochron mit denen der Isopropylreste (12, d) so dass dieses merkwürdige Multiplett bei 0,94 ppm entsteht. Im ^{13}C-NMR Spektrum wird aber ein deutlicher Unterschied von ca. 3,6 ppm zwischen den Methylsignalen beobachtet.

Nr. 078

2-Hydroxyethylmethylacrylat

Das austauschbare OH Proton gibt ein breites Signal bei ca. 3,7 ppm. Die beiden aliphatischen Methylengruppen bilden Multipletts höherer Ordnung und sind daher nur triplettähnlich. Die long range ^{4}J Kopplungen der terminalen olefinischen Protonen mit der Methylgruppe sind etwa gleichgross wie die geminale ^{2}J Kopplung zwischen diesen.

Nr. 079

para-Trimethylsilylethinylbenzoesäure-ethylester

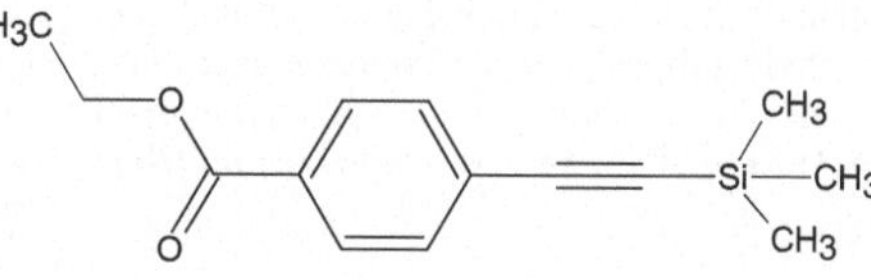

Die Besonderheit bei dieser Verbindung ist neben der TMS-Schutzgruppe die Acetylengruppe, welche im ^{1}H-NMR komplett unsichtbar ist. Im ^{13}C-NMR Spektrum fallen die beiden quartären C-Atome im Bereich um 100 ppm auf. In diesem Verschiebungsbereich sind Signale deutlich seltener als in den höher- und tiefergelegenen Bereichen. Die ^{13}C Signale von Alkinen findet man häufig im Bereich von 80 bis 90 ppm. Aufgrund der zweifachen Substitution wird hier eine deutliche Tieffeldverschiebung beobachtet.

Nr. 080

2,3-Dibromisobuttersäure.

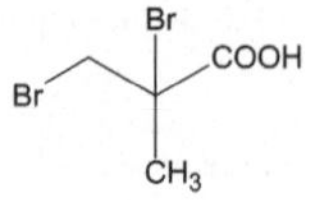

1-COOH	11,55 ppm, 1, breit	175,23 ppm, S
2-C	–	54,96 ppm, S
$2\text{-}CH_3$	2,04 ppm, 3, d	26,23 ppm, Q
$3\text{-}CH_{2\_A}$	4,21 ppm, 1, dq	37,60 ppm, T
$3\text{-}CH_{2\_B}$	3,73 ppm, 1, d	

$^2J_{A,B} = 10.0$ Hz, $^4J_{3A,CH3} = 0{,}7$ Hz

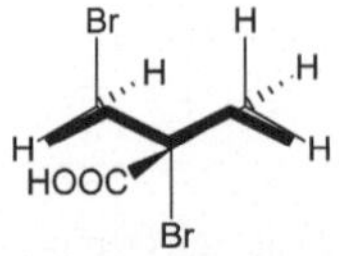

Es handelt sich um eine asymmetrische Verbindung mit diastereotopen Methylenprotonen (A B-System). Die in Aliphaten nur selten zu beobachtende long range Kopplung kann durch eine Vorzugskonformation mit *trans*-ständigen Bromatomen erklärt werden.

Nr. 081

1,2,3-Tribrompropan

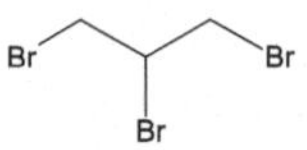

$1,3\text{-}CH_{2\_A}$	3,84 ppm, 2, dd	35,09 ppm, T
$1,3\text{-}CH_{2\_B}$	3,91 ppm, 2, dd	
2-CH	4,35 ppm, 1, dd	48,38 ppm, D

$^2J_{A,B} = 10{,}8$ Hz, $^3J_{1A,2} = 6{,}9$ Hz, $^3J_{1B,2} = 4{,}3$ Hz

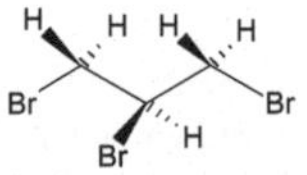

Warum ergibt diese scheinbar so einfache und symmetrische Struktur ein relativ kompliziertes ^{1}H-NMR Spektrum? Der mit der Stereochemie vertraute Leser erkennt, dass es sich um eine in der Br-(2-C)-H-Ebene spiegelsymmetrische prochirale Verbindung handelt. Die beiden Methylengruppen sind chemisch äquivalent und somit isochron. Im ^{13}C-NMR Spektrum bilden die spiegelsymmetrischen Methylenkohlenstoffatome auch deshalb ein gemeinsames Signal (35,09 ppm, T). Innerhalb jeder Methylengruppe sind die Protonen aber diastereotop, also chemisch nicht äquivalent und somit anisochron, da sie durch keine Symmetrieoperation ineinander überführt werden können. Es liegt ein $(AB)_2M$ Spinsystem vor (vergleiche mit Übung Nr. 010).

Nr. 082

4-Brom-2,6-dimethylphenyl-2(-iodethyl)anilin

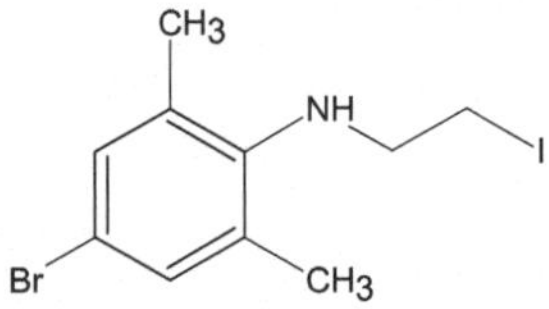

Da nur sieben ^{13}C-Signale beobachtet werden muss es sich um einen symmetrisch substituierten Aromaten handeln. Im DEPT Spektrum sind deutlich zwei Methylengruppen mit grossem Verschiebungsunterschied (50,14 ppm und 7,01 ppm) sichtbar, welche im ^{1}H-NMR Spektrum eine nahezu gleiche chemische Verschiebung haben (3,26 ppm).

Die zwei Methylgruppen (^{1}H: 2,26 ppm, s, 6; ^{13}C: 18,78 ppm, Q) sind äquivalent und darum in beiden Spektren isochron. Brom, Iod und Stickstoff sind jeweils nur einmal vorhanden und müssen in einer Symmetrieebene oder Achse angeordnet sein. Die Position des Iod-Atoms lässt sich durch den starken hochfeldverschiebenden Effekt auf das Nachbarkohlenstoffatom (CH_2 bei 7,01 ppm) erkennen.

Nr. 083

2-Hydroxybernsteinsäure
(Äpfelsäure)

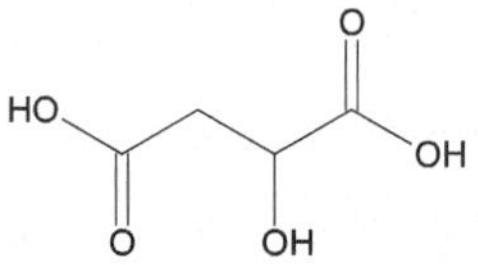

1-COOH	ca. 12,3 ppm, breit	174,64 ppm, S
2-OH	c. 5,4 ppm, 1 breit	
2-CH	4,25 ppm, 1, dd	67,04 ppm, D
$3\text{-}CH_{2\_A}$	2,44 ppm, 1, dd	39,3 ppm, D
$3\text{-}CH_{2\_B}$	2,62 ppm, 1, dd	
4-COOH	ca. 12,3 ppm, breit	171,87 ppm, S

$^{2}J_{3A,3B}$ = 15.7 Hz, $^{3}J_{2,3A}$ = 7,8 Hz, $^{3}J_{2,3B}$ = 4,8 Hz

Wassersignal bei ca. 3,3 ppm

Es handelt sich um eine asymmetrische Verbindung in der die aliphatischen Protonen als ABX-Spinsystem vorliegen.

Nr. 084

2,4,6-Trihydroxypyrimidin
(Barbitursäure)

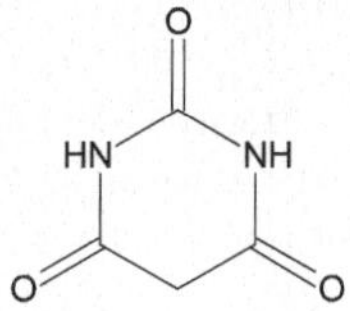

DMSO	2,50 ppm, m	39,50 ppm, Septett
Wasser	3,37 ppm, breit	–
CH_2	3,46 ppm, 2, s	39,42 ppm, T
2-C(O)	–	151,66 ppm, SS
4,6-C(O)	–	167,78 ppm,
NH_2	11,1 ppm, 2, s	–

Die wenigen NMR Signale dieser symmetrischen Verbindung überlagern sich teilweise mit den Lösungsmittel- und Wassersignalen. Der Vorteil des HSQC-Spektrums wird hier deutlich.

Nr. 085

Dimethylaminoethanol
(Norcholin)

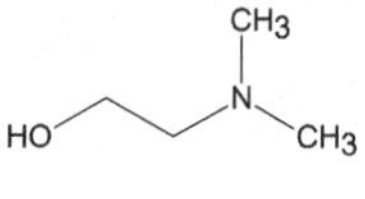

Strukturgruppen aus ^{1}H- und ^{13}C-NMR:	$-CH_2-$ $-CH_2-$ $-(CH_3)_2$ (2 isochrone CH_3 Gruppen)
Konnektivitäten aus Kopplungen:	$-CH_2-CH_2-$
Die Differenz zur Summenformel:	H, N und O
Einzig mögliche Konstitution:	$OH-CH_2-CH_2-N(CH_3)_2$

Nr. 086

2-Methylcyclohexanon

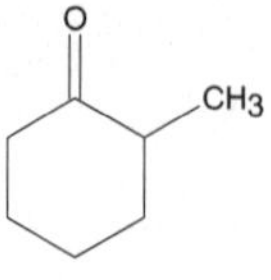

Das ^{1}H-NMR Spektrum liefert wichtige quantitative Informationen, wie z.B. das an seiner Intensität leicht erkennbare Methylgruppensignal (0,93 ppm, 3, d). Im Vergleich zum ^{13}C-NMR Spektrum ist es aber sehr unübersichtlich. Eine Signalzuordnung der alicyclischen Protonen ist sehr schwierig. Auch das COSY Spektrum hilft bei dieser Zuordnung wenig. Einzig das Signal vom 2-CH Proton kann hier eindeutig bestimmt werden (2,29 ppm, 1, m). Die im COSY Spektrum deutlich sichtbare Kopplung von diesem 2-CH Proton zu dem Multiplett bei ca. 2,2 ppm ist nicht wie vielleicht erwartet die vicinale Kopplung zur 3-CH_2 Gruppe sondern eine ^{4}J-Kopplung zu den 6-CH_2-Protonen.

Im Vergleich hierzu ist das HSQC-Spektrum sehr viel einfacher zu interpretieren und erlaubt die Zuordnung der jeweiligen diastereotopen Methylenprotonen. Die Zuordnung der ^{13}C-Signale der Methylengruppen gelingt teilweise durch Berücksichtigung von Substituenteneffekten (6-C). Für die sichere Zuordnung von 4-C und 5-C benötigt man aber ein HMBC-Spektrum oder die genaue Berechnung der ^{13}C chemischen Verschiebungen.

1=CO	–	213,55 ppm, S
-CH_3	0,93 ppm, 3, d	14,79 ppm, Q
2-CH	2,29 ppm, 1, m	45,42 ppm, D
3-CH_{2_A}	1,30 ppm, 2, q	36,25 ppm, T
3-CH_{2_B}	1,99 ppm, 1, m	
4-CH_{2_A}	1,59 ppm, 1, m	25,25 ppm, T
4-CH_{2_B}	1,75 ppm, 1, m	
5-CH_{2_A}	1,59 ppm, 1, m	28,03 ppm, T
5-CH_{2_B}	1,99 ppm, 1, m	
6-CH_{2_A}	2,2 ppm, 1, m	41,89 ppm, T
6-CH_{2_A}	2,29 ppm, 1, m	

Nr. 087

2-Methyl-hydrozimtsäure

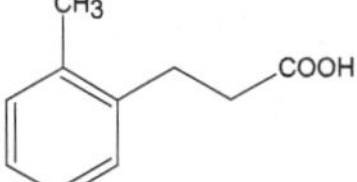

Alle aromatischen Protonen sind zufällig isochron. Das Säureproton liefert in Chloroform ein sehr breites Signal welches sich leicht übersehen lässt. Die beiden Methylenprotonen koppeln nicht mehr exakt nach 1. Ordnung, da die Differenz der chemischen Verschiebungen zu gering ist. Man kann die beiden Signale aber noch als Pseudotripletts erkennen. Aufgrund des Anisotropieeffektes des Phenylrings sind die Protonen der benachbarten α-CH_2 Gruppe stärker tieffeldverschoben als die β-ständigen.

2-CH_3	3,46 ppm, 4, s	39,5 ppm, T
COOH	ca 11 ppm, breit	179,27 ppm, S
CO-CH_2	2,66 ppm, 2, t	34,49 ppm, T
Ph-CH_2	2,93 ppm, 2, t	28,16 ppm, T
1 =C	–	138,43 ppm, S
2 =C	–	136,15 ppm, S
3,4,5,6 =CH	7,13 ppm, 4, m	4: 126,38 ppm, 5: 126,73 ppm, 6: 128,62 ppm, 3: 130,55 ppm*

* Zuordnung mit Inkrementrechnung

Nr. 088

(3*E*)-2-Amino-4-phenylbut-3-enol
→ Struktur A

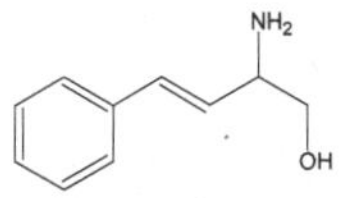

Die Struktur C kann leicht ausgeschlossen werden da fünf aromatische H-Atome detektiert werden. Die Struktur D lässt sich ebenfalls ausschliessen, da kein Methylkohlenstoffsignal im ^{13}C-NMR Spektrum gefunden wird. Das ^{1}H-Singulett bei 2,31 ppm hat zwar eine Intensität von drei, aber es fehlt das dazu gehörige ^{13}C-Signal. Demzufolge kann es sich hier nur um austauschbare X-H Protonen handeln. Zufällig sind die –OH und die $-NH_2$ Protonen isochron, eventuell sind sie auch über eine Wasserstoffbrücke miteinander verbunden. Die Verifizierung zwischen A und B gelingt nur über die chemischen Verschiebungen. Bei der Struktur B würde man eine umgekehrte Reihenfolge der aliphatischen CH und CH_2 Signale erwarten.

1-OH	2,31 ppm, s (breit)	–
$1\text{-}CH_{2\_A}$	3,48 ppm, 1, dd	66,59 ppm, T
$1\text{-}CH_{2\_B}$	3,67 ppm, 1, dd	
$2\text{-}NH_2$	2,31 ppm, s (breit)	–
2-CH	3,64 ppm, 1, m	55,55 ppm, D
3–CH	6,17 ppm, 1, dd	130,58 ppm, D
4=CH	6,56 ppm, 1, d	131,14 ppm, D
5=C	–	136,82 ppm, S
6,6'=CH	7,35 ppm, 2, d	126,52 ppm, D
7,7'=CH	7,30 ppm, 2, t	128,76 ppm, D
8=CH	7,23 ppm, 1, t	127,84 ppm, D

Nr. 089

4-(3-Hydroxypropyl)phenol

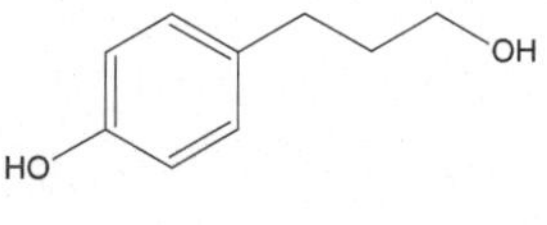

Strukturgruppen aus ^{1}H- und ^{13}C-NMR: $3 \times \text{-}CH_2$
1,4-disubstituierter Aromat
(typisches ^{1}H Kopplungsmuster)

Beachten Sie dass im ^{1}H-NMR eine Methylengruppe (2,48 ppm) mit dem DMSO Signal (2,50 ppm) überlagert ist. Eine weitere bei 3,38 ppm wird gemeinsam mit dem Wassersignal (3,34 ppm) integriert. Im ^{13}C- DEPT-NMR Spektrum sind die drei Methylenkohlenstoffsignale deutlich erkennbar.

Konnektivitäten aus Kopplungen: Kopplungen zwischen den aromatischen Protonen (AA'BB')

Alle Methylenprotonensignale spalten zu Multipletts auf (q, t, Pseudopentett). Diese lassen sich aber nur im Zusammenhang mit dem ebenfalls noch im ^{1}H-NMR beobachteten Triplett (4,39 ppm, 1, t) erklären.

Die Differenz zur Summenformel: H_2 und O_2

Sowohl bei dem tieffeldverschobenen Singulett (9,07 ppm) als auch bei dem Triplett bei 4,39 ppm muss es sich jeweils um OH-Signale handeln, da im HSQC Spektrum keine Kreuzpeaks beobachtet werden.

Ph-OH	9,07 ppm, 1, s	–
Prop-OH	4,39 ppm, 1, t*	–
1=C(OH)	–	155,16 ppm, S
2,2'=CH	6,65 ppm, 2, d	114,96 ppm, D
3,3'=CH	6,96 ppm, 2, d	129,03 ppm, D
4=C(C)	–	132,14 ppm, S
Ph-CH_2	2,48 ppm, 2, t	30,73 ppm, T
-CH_2	1,65 ppm, 2, Pseudopent.	34,11 ppm, T
O-CH_2	3,38 ppm, 2, Pseudoquart.	60,09 ppm, T

* ob Kopplungen zwischen austauschbaren und CH Protonen beobachtet werden hängt stark vom Lösungsmittel ab. In der Regel kann man diese Kopplungen in DMSO besser beobachten als in Chloroform.

Nr. 090

Lävulinsäure (4-Oxopentansäure)

Strukturgruppen aus ^{1}H- und ^{13}C-NMR: -CH_2- -CH_2- -CH_3
2× C=O

Konnektivitäten aus Kopplungen: -CH_2-CH_2-; |-CH_3 (nichtkoppelnde Methylgruppe)

Die Differenz zur Summenformel: H und O

Einzig mögliche Konstitution: H_3C-CO-CH_2-CH_2-COOH

Die Zuordnung der beiden Methylensignale ist über das HMBC-Spektrum möglich. Hier beobachtet man eine $^3J_{H,C}$ Kopplung der Methylprotonen mit der Methylengruppe bei 37,79 ppm. Diese muss der Acetylgruppe benachbart sein.

1-COOH	10,3 ppm, s (breit)	178,53 ppm, S
2-CH_2	2,55 ppm, 1, t	27,89 ppm, T
3-CH_2	2,69 ppm, 1, t	37,79 ppm, T
4=CO	–	207,11 ppm, S
5-CH_3	2,13 ppm, 3, s	27,89 ppm, Q

Nr. 091

Zimtsäureethylester

Strukturgruppen aus ^{1}H- und ^{13}C-NMR: monosubstituiertes Benzol (^{1}H-Integral und ^{13}C-Signale)
Ethylgruppe (Multipletts, COSY)
olefinisches AB-System (COSY)
C=O (^{13}C: 167,0 ppm, S; wahrscheinlich Säure oder Ester)

Die Differenz zur Summenformel: O

mögliche Konstitutionen:

Es sind noch weitere Konstitutionen möglich, die aber mit der NMR spektroskopischen Beobachtung ausgeschlossen werden können (z.B. –CH=CH-CH_2-CH_3 oder Konstitutionen mit einer Ketogruppe). Bei beiden Strukturen müssen jeweils noch die *Z*-Isomeren berücksichtigt werden.

Anhand der chemischen Verschiebung der Methylengruppe (4,26 ppm, 2, q; 60,53 ppm, T) kann der Zimtsäureethylester sicher verifiziert werden. Die Bestätigung das es sich tatsächlich um das *E*-Isomer handelt, erhält man aus der grossen Kopplungskonstante zwischen den beiden olefinischen Protonen ($^{3}J = 16$ Hz).

Nr. 092

1,4,4a,5,8,8a,9a, 10a-Octahydro-1,4,5,8-dimethano-9,10-anthrachion

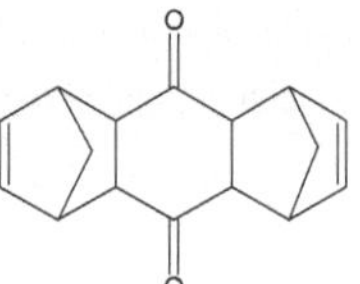

Für die Zuordnung wird hier die Nummerierung aus der unteren Abbildung verwendet.

Die vier olefinischen =CH Gruppen sind chemisch äquivalent, da das Molekül zwei Symmetrieebenen besitzt. Demzufolge beobachtet man im ^{1}H- und im ^{13}C-NMR jeweils nur ein CH Signal im Tieffeldbereich (6,16 ppm, 4, s; 136,54 ppm, D).
Die beiden Brückenmethylengruppen sind ebenfalls isochron besitzen aber jeweils diasterotope Methylenprotonen, die ein AB-System bilden (1,27 ppm und 1,42 ppm, je 1, jeweils d; 49,76 ppm, T).

Die Zuordnung der beiden Brückenkopf CH Gruppen gelingt über das COSY Spektrum. Nur die 2-CH-Protonen bei 3,3 ppm koppeln deutlich mit den olefinischen Protonen.

Anhand des NOESY Spektrums lassen sich die diastereotopen Methylenprotonen zuordnen. Das hochfeldverschobene Signal bei 1,27 ppm zeigt einen NOE-Kreuzpeak zum 3-CH Proton und kann dem zur Molekülmitte gerichteten Methylenproton zugewiesen werden. Gleichzeitig kann dadurch die *endo*-Verknüpfung der Sechsringe gezeigt werden (s. Beispiel 018). Das tieffeldverschobene Proton (1,42 ppm) zeigt keinen NOE mit den olefinischen Protonen, da der Abstand zu diesen zu gross ist.

Nr. 093

2-Hydroxybenzaldehyd
(Salicylaldehyd)

CHO
OH

Strukturgruppen aus ^{1}H- und ^{13}C-NMR:	disubstituiertes Benzol (je vier ^{1}H- und ^{13}CH-Signale) -CHO (DEPT!)
Die Differenz zur Summenformel:	H und O
Konstitution:	mit -CHO und -OH zweifach substituiertes Benzol

Die 1,4-Anordnung kann aus Symmetriegründen ausgeschlossen werden.
Bei einer 1,3-Anordnung ist ein Singulett zu erwarten, welches nicht beobachtet wird.
Multiplizität der aromatischen Protonen (bei Berücksichtigung nur der „grossen" Kopplungskonstanten von 7 bis 9 Hz): d, dd, t, d. Das entspricht einer 1,2-Substitution. Bei der Zuordnung der Signale sind die Substituenteneffekte (-CHO elektronenziehend, -OH elektronenschiebend) behilflich:

CHO	9,85 ppm, 1, s*	196,69 ppm, D
OH	10,99 ppm, 1, s	–
1 =C	–	120,78 ppm, S
2 =C	–	161,71 ppm, S
3 =CH	6,93 ppm, 1, d*	117,68 ppm, D
4 =CH	7,49 ppm, 1, dd*	137,06 ppm, D
5 =CH	6,95 ppm, 1, t*	119,93 ppm, D
6 =CH	7,51 ppm, 1, d*	133,82 ppm, D

* long range Kopplungen wurden hier nicht nicht berücksichtigt
$^3J_{3,4}$ = 8,4 Hz; $^3J_{4,5}$ = 7,3 Hz; $^3J_{5,6}$ = 7,7 Hz; $^4J_{3,5}$ = 1,1 Hz; $^4J_{4,6}$ = 1,7 Hz; $^5J_{3,6}$ = $^5J_{CHO,3}$ = 0,5 Hz; $^5J_{OH,4}$ = 0,4 Hz

Nr. 094

3-Methoxyanilin (*m*-Anisidin)

NH_2
CH_3
O

Strukturgruppen aus ^{1}H- und ^{13}C-NMR:	zweifach substituierter Aromat (4 × =CH) und $-CH_3$
Die Differenz zur Summenformel:	H_2, N und O
mögliche Substituenten:	$-N(H)CH_3$ und –OH -N(H)OH und $-CH_3$ $-NH_2$ und $-OCH_3$

Aufgrund der chemischen Verschiebungen der Methylgruppe muss es sich um eine Methoxygruppe handeln.

Die Multiplizität der aromatischen Protonen (bei Berücksichtigung nur „grosser" Kopplungskonstanten von 7 bis 9 Hz): t, d, d, s. Das entspricht einer 1,3-Substitution.

Zuordnung der Signale:

1-NH_2	3,63 ppm, 2, breit	–
-OCH_3	3,76 ppm, 3, s	55,09 ppm, Q
1 =C	–	147,79 ppm, S
2 =CH	6,24 ppm, 1, s*	101,11 ppm, D
3 =C	–	160,79 ppm, S
4 =CH	6,33 ppm, 1, d*	103,98 ppm, D
5 =CH	7,05 ppm, 1, t*	130,11 ppm, D
6 =CH	6,29 ppm, 1, d*	107,93 ppm, D

* long range Kopplungen wurden hier nicht nicht berücksichtigt
$^3J_{4,5}$ = 8,2 Hz; $^3J_{5,6}$ = 7,9 Hz; $^4J_{2,4}$ = 2,4 Hz; $^4J_{2,6}$ = 2,1 Hz; $^4J_{4,6}$ = 0,8 Hz

---

Nr. 095

1-Brom-2-iodbenzol

Br
I

Strukturgruppen aus ^{1}H- und ^{13}C-NMR: zweifach substituierter Aromat (4 × =CH)
Die Differenz zur Summenformel: Br und I
mögliche Konstitutionen: 1,2-, 1,3- und 1,4-

Die 1,4- Anordnung kann ausgeschlossen werden.
Die Multiplizität der aromatischen Protonen (bei Berücksichtigung „grosser" Kopplungskonstanten von 7 bis 9 Hz): d, d, t, t. Das entspricht einer 1,2-Substitution mit zwei unterschiedlichen Substituenten.

Die Zuordnung der Signale erweist sich hier als schwierig, da die Unterschiede in den Substituenteneffekten gering sind. Deutlich erkennbar ist aber das 2-C Kohlenstoffatom, an welchem Iod substituiert ist (101,36 ppm). Hiervon ausgehend kann man mit Hilfe des HMBC Spektrums die weiteren Signale sicher zuordnen. Beachten Sie, dass in aromatischen Systemen die $^3J_{H\text{-}C\text{-}C\text{-}C}$ Kopplungen häufig besser beobachtet werden als die $^2J_{H\text{-}C\text{-}C}$ Kopplungen.
Zuordnung:

1 =C	–	129,91 ppm, S
2 =C	–	101,36 ppm, S
3 =CH	7,84 ppm, 1, d*	140,52 ppm, D
4 =CH	6,97 ppm, 1, t*	128,56 ppm, D
5 =CH	7,19 ppm, 1, t*	129,61 ppm, D
6 =CH	7,61 ppm, 1, d*	132,94 ppm, D

* long range Kopplungen wurden hier nicht nicht berücksichtigt
$^3J_{3,4}$ = 7,9 Hz; $^3J_{4,5}$ = 8,1 Hz; $^3J_{5,6}$ = 8,0 Hz; $^4J_{3,5}$ = $^4J_{4,6}$ = 1,5 Hz

Nr. 096

2-Methylbutylacetat (Essigsäure-2-methylbutylester)

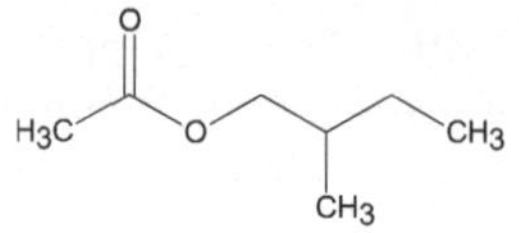

Strukturgruppen aus ^{1}H- und ^{13}C-NMR:	1× -CH 1× C=O	2× $-CH_{2A,B}$	3× $-CH_3$
Konnektivitäten aus Kopplungen:	$-CH_2-CH-CH_3$	$-CH_2-CH_3$	|$-CH_3$
Die Differenz zur Summenformel:	O		

Es sind verschiedene Kombinationen möglich. Da die am weitesten tieffeldverschobene Methylengruppe eine ABX Multiplizität zeigt (2× dd) muss es sich um eine $O-CH_2-CH-$ Gruppierung handeln. Davon ausgehend lassen sich die weiteren Strukturgruppen verbinden.

Nr. 097

1,2;4,5-Di-O-isopropyliden-*β-D*-fructopyranose

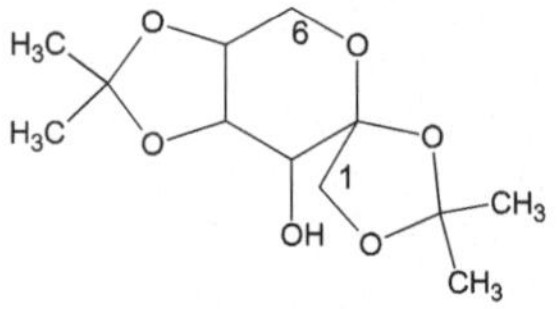

Die jeweils zu einer Isopropylgruppe gehörenden Methylgruppen lassen sich im COSY Spektrum durch die long range Kopplungen paarweise zuordnen. Im HSQC findet man die dazugehörigen C-Atome und im HMBC die jeweils benachbarten quartären Kohlenstoffatome. Danach lässt sich das dritte quartäre C-Atom dem 2-C zuordnen.

Für anspruchsvollere Auswertungen ist es stets ratsam die zweidimensionalen Spektren am Rechner zu bearbeiten, da häufig auch intensitätsschwache Signale berücksichtigt werden müssen. Ein Spektrenausdruck lässt sich nur mit einer Intensität darstellen, so dass man mit der Druckversion schnell die Darstellungsgrenze erreicht.

Zuordnung:

$1-CH_{2\_A}$	4,15 ppm, 1, d	72,50 ppm, T
$1-CH_{2\_B}$	3,94 ppm, 1, d	
2-C	–	104,70 ppm, S
3-CH	3,63 ppm, 1, d	70,57 ppm, D
4-CH	4,12 ppm, 1, d	77,46 ppm, D
5-CH	4,18 ppm, 1, dd	73,51 ppm, D
$6-CH_{2\_A}$	4,08 ppm, 1, dd	60,93 ppm, T
$6-CH_{2\_B}$	3,97 ppm, 1, d	

Die Isopropylgruppen lassen sich mit Hilfe des HMBC Spektrums ebenfalls zuordnen:

1,2-Schutzgruppe:
C_{quart} 112,02 ppm; CH_{3A} 1,48 ppm; 26,43 ppm; CH_{3B} 1,41 ppm; 26,59 ppm

4,5-Schutzgruppe:
C_{quart} 109,58 ppm; CH_{3A} 1,50 ppm; 28,10 ppm; CH_{3B} 1,34 ppm; 26,11 ppm.

Nr. 098

3-Methylbutan-2-ol

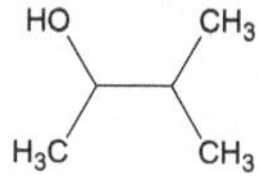

Der Verschiebungsunterschied zwischen den beiden diastereotopen Methylgruppen entspricht im 300 MHz ^{1}H-NMR Spektrum zufällig einer Kopplungskonstante (0,024 ppm ≈ 7 Hz). Durch die Überlagerung der beiden Dubletts mit diesem Abstand entsteht scheinbar ein Triplett. Da die Kopplungskonstanten nicht von der Magnetfeldstärke anhängig sind, beobachtet man im besser aufgelösten 500 MHz Spektrum die zwei getrennten Dubletts. Der Verschiebungsunterschied beträgt hier auch 0,024 ppm, was aber 12 Hz entspricht.

Strukturgruppen aus ^{1}H- und ^{13}C-NMR:	-CH	-CH	-CH_3	-CH_3	-CH_3
Konnektivitäten aus Kopplungen:	-CH-CH_3	-CH(-CH_3)$_2$ Isopropylrest			
Die Differenz zur Summenformel:	H und O (-OH)				

Da es sich um eine asymmetrische Verbindung handelt sind die beiden benachbarten Methylgruppen (4-CH_3 und 4'-CH_3) diasterotop.

Nr. 099

1,2-Epoxy-4-phenylbut-3-en

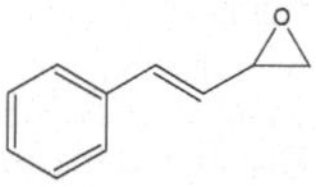

Berechnung der Doppelbindungsäquivalente (DBE) aus der Anzahl der C_a- und H_b-Atome:

$$DBE = \frac{2 \cdot a + 2 - b}{2} = \frac{2 \cdot 10 + 2 - 10}{2} = 6$$

Strukturgruppen aus ^{1}H- und ^{13}C-NMR:	monosubstituiertes Benzol	C_6H_5	DBE = 4
	2 × =CH	C_2H_2	DBE = 1
	-CH		
	-$CH_{2A,B}$		
Konnektivitäten aus Kopplungen:	-CH=CH-CH-$CH_{2A,B}$		
Die Differenz zur Summenformel:	-O-		

Ein verbleibendes DBE kann durch die Strukturgruppen nicht erklärt werden. Demzufolge muss es sich um eine cyclische Verbindung handeln. Der Sauerstoff muss als Etherbrücke vorliegen.
Es sind verschiedene Verknüpfungen denkbar. Durch das HMBC wird die Nachbarschaft der olefinischen Gruppe zum Aromaten sichtbar und durch das COSY deren Anbindung an die alicyclische Gruppe.

1-CH_{2_A}	2,96 ppm, 1, dd	49,34 ppm, T
1-CH_{2_B}	2,69 ppm, 1, dd	
2-CH	3,42 ppm, 1, ddd	52,71 ppm, D
3=CH	5,80 ppm, 1, dd	127,13 ppm, D
4=CH	6,71 ppm, 1, d	134,67 ppm, D
5=C	–	136,28 ppm, S
6,6'=CH	7,28 ppm, 2, d	126,57 ppm, D
7,7'=CH	7,23 ppm, 2, t	128,77 ppm, D
8=CH	7,20 ppm, 1, t	128,19 ppm, D

Ausser im Phenylring lassen sich alle Kopplungskonstanten gut bestimmen. Als Beispiel soll nur auf die olefinische Kopplung ($^3J_{3,4}$ = 16 Hz) aufmerksam gemacht werden, anhand derer sich eindeutig die *E*-Konfiguration bestimmen lässt.

Nr. 100

(S)-(+)-2-Amino-3-methyl-1-butanol
(OTMS-L-Valinol)

Strukturgruppen aus ^{1}H- und ^{13}C-NMR: $-CH_{2AB}$ $-CH$ $-CH$ $-CH_3$ $-CH_3$ $-O-Si(CH_3)_3$

Beachten Sie dass es sich um zwei getrennte Methylsignale handelt. Dies ist im ^{13}C-NMR Spektrum deutlich zu sehen. Im ^{1}H-NMR beträgt der Unterschied nur 0,001 ppm!

Konnektivitäten aus Kopplungen: $-CH_{2A,B}-CH-$ und $CH-(CH_3)_2$ = Isopropylrest

Das CH Multiplett bei 2,56 ppm zeigt acht Linien gleicher Intensität. Dies ist ein ddd Multiplett, welches durch Kopplung mit drei verschiedenen Protonen entsteht. Es lässt sich nur durch die Verknüpfung der beiden Strukturgruppen erklären.

Die Differenz zur Summenformel: H_2 und N (entspricht NH_2)

Durch wechselseitiges Vertauschen der NH_2 und OTMS Gruppen an den Molekülenden sind zwei Konstitutionen möglich. Die chemischen Verschiebungen der Methylengruppe (3,3 und 3,57 ppm; 66,2 ppm) zeigen aber deutlich dass es sich um eine OCH_2-Gruppe handeln muss.

2-NH_2	1,37 ppm, 2, breit	–
1-CH_{2_A}	3,57 ppm, 1, dd	66,20 ppm, T
1-CH_{2_B}	3,30 ppm, 1, dd	
2-CH	2,56 ppm, 1, ddd	58,40 ppm, D
3-CH	1,59 ppm, 1, oktett*	30,70 ppm, D
4-CH_3	0,88 ppm, 3, d	19,71 ppm, Q
4'-CH_3	0,88 ppm, 3, d	18,30 ppm, Q

* in der Spreizung ist nur ein Sextett zu erkennen. Vergleiche mit der mittleren Abbildung in der Aufgabe Nr. 037, dort ist das Multiplett vollständig abgebildet.

Register

Übersicht

Aufgabe	Aliphaten	Olefine	Aromaten	X-H	Stereochemie	anderes	Schwierigkeit	^{13}C	2D	Seite
Nr. 001	■		■	■			1			12
Nr. 002	■		■				1			15
Nr. 003	■	■		■			1			16
Nr. 004	■		■	■			1			18
Nr. 005	■						1			19
Nr. 006	■						1			21
Nr. 007	■						1			23
Nr. 008	■	■	■	■			2			25
Nr. 009	■			■			2			27
Nr. 010	■			■	■		3			29
Nr. 011			■	■			1	■		32
Nr. 012	■		■				1	■		33
Nr. 013	■						1	■		35
Nr. 014	■						1	■		37
Nr. 015	■						1	■		39
Nr. 016			■	■			1	■		41
Nr. 017	■				■		3	■		43
Nr. 018	■	■		■	■		3	■	■	46
Nr. 019	■			■	■		3	■	■	49
Nr. 020	■	■			■		3	■	■	51
Nr. 021	■		■	■			1	■	■	56
Nr. 022	■			■	■		3	■	■	59
Nr. 023	■	■	■	■	■		3	■	■	62
Nr. 024	■						1			66
Nr. 025	■						1			67
Nr. 026	■						1			68
Nr. 027	■		■	■			1			69
Nr. 028	■		■			■	1			70
Nr. 029			■				1			71
Nr. 030			■	■			1			72
Nr. 031	■		■	■		■	2			73
Nr. 032	■		■	■			2			74
Nr. 033	■			■		■	2			75
Nr. 034	■	■		■			2			76
Nr. 035	■				■		2			77
Nr. 036	■			■	■	■	2			78
Nr. 037							2			80
Nr. 038			■				2			81
Nr. 039	■						1	■		82
Nr. 040	■						1	■		83
Nr. 041	■		■	■			1	■		84
Nr. 042	■			■			1	■		85
Nr. 043	■		■	■			1	■		86
Nr. 044	■						1	■		87
Nr. 045	■						1	■		88
Nr. 046			■	■			1	■		89
Nr. 047			■				1	■		90
Nr. 048	■			■			1	■		91
Nr. 049	■	■					1	■		92
Nr. 050	■			■		■	1	■		93

Übersicht

Aufgabe	Aliphaten	Olefine	Aromaten	X-H	Stereochemie	anderes	Schwierigkeit	^{13}C	2D	Seite
Nr. 051	■		■				1	■		94
Nr. 052			■				1	■		95
Nr. 053	■			■			1	■		96
Nr. 054	■						1	■		97
Nr. 055			■	■			2	■		98
Nr. 056	■		■	■			2	■		99
Nr. 057	■		■				2	■		100
Nr. 058	■		■				2	■		101
Nr. 059	■						2	■		102
Nr. 060			■				2	■		103
Nr. 061	■		■	■			2	■		104
Nr. 062			■				2	■		106
Nr. 063	■		■				2	■		107
Nr. 064			■	■			2	■		108
Nr. 065	■		■	■			2	■		109
Nr. 066			■	■			2	■		110
Nr. 067	■		■	■			2	■		111
Nr. 068	■	■					2	■		112
Nr. 069	■		■	■	■		2	■		113
Nr. 070	■	■	■				2	■		114
Nr. 071	■			■		■	2	■		115
Nr. 072	■		■				2	■		116
Nr. 073		■	■				2	■		117
Nr. 074			■	■			2	■		118
Nr. 075	■		■	■			2	■		119
Nr. 076	■		■	■			2	■		120
Nr. 077	■			■			2	■		121
Nr. 078	■	■		■			2	■		122
Nr. 079	■		■				2	■		123
Nr. 080	■			■	■		2	■		124
Nr. 081	■				■		3	■		125
Nr. 082	■		■	■			3	■		126
Nr. 083	■			■	■		3	■		127
Nr. 084	■			■		■	1	■	■	128
Nr. 085	■			■			1	■	■	129
Nr. 086	■				■		1	■	■	130
Nr. 087	■		■	■			2	■	■	131
Nr. 088	■	■	■	■	■		2	■	■	132
Nr. 089	■		■	■			2	■	■	134
Nr. 090	■			■			2	■	■	135
Nr. 091	■	■	■				2	■	■	136
Nr. 092	■	■			■		2	■	■	138
Nr. 093			■	■			2	■	■	140
Nr. 094	■		■	■			2	■	■	141
Nr. 095			■				2	■	■	142
Nr. 096	■				■		3	■	■	143
Nr. 097	■			■		■	3	■	■	144
Nr. 098	■			■	■	■	3	■	■	146
Nr. 099	■	■	■	■	■		3	■	■	148
Nr. 100	■				■		3	■	■	150

Substanznamensverzeichnis

Substanznamensverzeichnis

Substanznamensverzeichnis

Summenformeln